普通高等教育“十三五”规划教材

化工原理课程设计

王要令　主编

靳遵龙　洪　坤　副主编

化学工业出版社

·北京·

《化工原理课程设计》从培养学生运用理论知识解决实际问题的能力出发，把理论知识与工程实例有机结合，内容包括绪论、设计计算基础、设计绘图基础、板式精馏塔的设计、填料吸收塔的设计、管壳式换热器的设计、干燥装置的设计、课程设计说明书的撰写及附录等九部分，突出了教材的实用性、实践性和综合性。

本书可作为普通高等院校化学工程与工艺、生物、环境工程、食品等专业化工原理课程设计的教材，也可作为化工相关专业毕业设计、分离工程课程设计、化工工艺课程设计等的参考资料，还可用于化工原理课程教学的参考用书。

图书在版编目（CIP）数据

化工原理课程设计/王要令主编．—北京：化学工业出版社，2016.11（2025.5 重印）

普通高等教育“十三五”规划教材

ISBN 978-7-122-28222-4

Ⅰ.①化… Ⅱ.①王… Ⅲ.①化工原理-课程设计-高等学校-教材 Ⅳ.①TQ02-41

中国版本图书馆 CIP 数据核字（2016）第 230845 号

责任编辑：张双进　　文字编辑：孙凤英

责任校对：宋　夏　　装帧设计：王晓宇

出版发行：化学工业出版社（北京市东城区青年湖南街 13 号　邮政编码 100011）

印　　装：北京建宏印刷有限公司

787mm×1092mm　1/16　印张 16¼　字数 398 千字　2025 年 5 月北京第 1 版第 8 次印刷

购书咨询：010-64518888　　售后服务：010-64518899

网　　址：http：//www.cip.com.cn

凡购买本书，如有缺损质量问题，本社销售中心负责调换。

定　　价：36.00 元

FOREWORD

前言

化工原理课程设计是化学工程与工艺及相关专业化工原理实践教学的重要环节之一。该课程既是对化工原理课程理论知识的巩固和应用，又是对先修课程所学知识的一个综合应用实训。

化工原理课程设计，从培养学生综合运用基础知识分析和解决问题的能力及工程设计能力出发，按照化工原理课程教学体系的基本要求，结合编者在化工企业的工作经验、高校化工原理课程教学及课程设计、毕业设计的体会和认识，同时参考同类教材的基础上编写而成。

本教材突出工程实用性，既注重理论性，又注重实践性、综合性，力求理论与实践相结合。绪论部分阐述了课程设计的内容、步骤、要求。基础知识部分简明扼要地介绍了设计计算基础和绘图基本知识、要求、规范。典型单元操作部分由实用案例、理论设计原理、设计步骤、设计内容、工艺计算方法、辅助设备的设计和选型、工程案例的详细设计过程、实例任务书等环节组成；工程案例的设计过程是对理论工艺计算知识的应用，可供读者设计时参考；实例设计任务书则可供不同专业学生选择及练习。为强化学生科技论文的撰写能力，后续增加了课程设计说明书撰写的内容及要求。最后附录部分提供了相关的规范、标准、物性参数等。

本书由河南城建学院王要令担任主编。绪论由河南城建学院王要令、淮阴工学院洪坤编写，第 1 章设计计算基础由武汉华夏理工学院姬乔娜编写，第 2 章设计绘图基础由河南城建学院王要令编写，第 3 章板式精馏塔的设计由郑州大学靳遵龙、陈晓堂，淮阴工学院洪坤编写，第 4 章填料吸收塔的设计由武汉华夏理工学院姬乔娜编写，第 5 章管壳式换热器的设计由郑州大学靳遵龙、陈晓堂编写，第 6 章干燥装置的设计由河南城建学院王要令编写，第 7 章课程设计说明书的撰写由河南城建学院王要令编写，附录由武汉华夏理工学院姬乔娜编写。

本教材的编写得到了河南城建学院、郑州大学、淮阴工学院和武汉华夏理工学院领导和同事的大力支持，并参考了国内许多优秀书籍和资料，在此一并致以诚挚的谢意！

由于时间仓促，编者水平有限，书中难免存在不妥之处，恳请读者批评指正。

编者

2016 年 8 月

CONTENTS

目录

0 绪论

第1章 设计计算基础

第 2 章　设计绘图基础

第 3 章　板式精馏塔的设计

第 5 章 管壳式换热器的设计

第 6 章 干燥装置的设计

第7章 课程设计说明书的撰写

附录

参考文献

绪　论

0.1　化工原理课程设计的性质和目的

化工原理课程设计是化工类相关专业的学生综合运用化工原理及有关先修课程所学知识去完成某一化工单元操作任务的一次较为全面的化工初步设计训练，是化工原理课程教学中综合性和实践性较强的教学环节，是理论联系实际的桥梁，是使学生体察工程实际问题复杂性的初次尝试。通过化工原理课程设计，要求学生了解工程设计的基本内容，掌握化工设计的主要程序和方法，培养学生分析和解决工程实际问题的能力。同时，培养学生正确的设计思想和实事求是、严谨负责的工作作风，也为后续课程的课程设计及毕业设计打下基础。其基本目的如下。

① 使学生掌握化工设计的基本步骤与方法。

② 培养和锻炼学生查阅资料、收集数据和选用公式的能力。通常设计任务是指导教师给定的，但设计过程中许多物料的理化参数等需要设计者从相关手册中查阅、收集，对于复杂的情况有时还需要选取合适的经验公式进行估算。这就要求设计者基础知识扎实，综合运用知识能力强，考虑问题详细而周全。

③ 在兼顾技术上先进、可行，经济上合理的前提下，能综合分析设计要求，确定工艺流程，选型主体设备。这要求设计者能从工程的角度综合考虑各种因素，包括后期的操作、维修以及对环境的要求等。

④ 准确而迅速地进行过程计算及主要设备的工艺设计计算。

⑤ 掌握化工设计的基本内容和要求。

⑥ 能用精练的语言、简洁的文字和清晰的图表编写设计说明书，表达自己的设计思想。

⑦ 能根据一般化工制图的基本要求，运用化工 CAD 或其他相关软件正确绘制图纸并清楚、准确地表达设计结果。

0.2　化工原理课程设计的基本内容及步骤

0.2.1　化工原理课程设计的基本内容

化工原理课程设计是以化工单元操作的典型设备为对象，要求结合平时的各种实习，从生产中选题，做到真题真做。其基本内容包括以下几点。

（1）设计方案的简介

根据任务的条件和要求，通过对实际生产的现场调查及查阅相关文献资料的对比分析，选定合适的流程和主要设备，初步确定方案。并对选定的工艺流程、主要设备进行简要的论述。

（2）工艺设计的计算

选定工艺参数，进行物料衡算、能量衡算、单元主体设备的工艺结构计算和流体力学验算。

（3）辅助设备的选型和计算

包括典型辅助设备的主要工艺尺寸计算和设备型号的选定。

（4）流程图和主体设备图的绘制

流程图是带控制点的工艺流程图，标出物料流向、物料量、能流量及主要控制点。主体设备图是主体设备设计工艺条件图，包括主要工艺尺寸、技术特性表、接管口及组成设备的各部件名称等。

（5）设计说明书的编写

完整的化工原理课程设计报告应包括两部分内容：设计说明书和说明书的附图、附表。

0.2.2 化工原理课程设计的基本步骤

① 明确设计任务及条件。接受任务，认真阅读、分析下达的设计任务书，明确要完成的主要任务及设计已经具备的条件。

② 课程设计的准备工作。为完成指定任务，在已经给定的设计条件下，还需要具备哪些条件？因此需要开展一些具体的准备工作。一方面结合需要完成的任务进行实际生产的调研，譬如相关工艺流程、操作条件、控制指标等；另一方面，查阅、收集相关资料，譬如所涉及物料的物性参数、设备设计的规范等。

③ 确定操作条件和流程方案。确定操作条件，如温度、压力、物流比等；对于单元主设备结构形式，要比较各类设备结构的优点和缺点，结合设计的任务及给定条件，选择高效、可靠的设备形式；最后从工程的角度综合考虑各种因素，确定单元设备的简单工艺流程图。

④ 主体设备的工艺设计计算。化工原理课程设计主要强调工艺流程中主体设备的设计。主体设备是指在每个单元操作中处于核心地位的关键设备，如传热单元操作中的换热器、吸收单元操作中的吸收塔、精馏单元操作中的精馏塔和干燥单元操作中的干燥器等。

⑤ 结构设计。在设备形式及主要尺寸确定的基础上，根据各种设备常用结构，参考有关资料与规范，详细设计设备各零部件的结构尺寸。譬如填料塔的液体分布器、再分布器、填料支承、填料压板等；板式塔的塔板布置、溢流管、塔板支承、液体收集箱等。

⑥ 编写设计说明书。

⑦ 绘制带控制点的工艺流程图和主体设备工艺条件图。

0.3 化工原理课程设计的任务要求

化工原理课程设计任务要求：每一位学生必须编写设计说明书一份；绘制图纸两张，一张工艺流程图和一张主体设备图。整个设计由论述、计算和绘图三部分组成，缺少任何一部分都是不允许的，不符合要求的。

0.3.1 设计说明书的编写要求

设计说明书要求内容完整，条理清晰，书面整洁，文字工整，语句通顺；计算误差小于设计要求，思路正确，方法得当，步骤清晰，公式及相关数据来源可靠；方案及流程选取合理，论证充分。

具体的内容编排顺序一般如下：

① 封面；

② 设计任务书；

③ 目录；

④ 设计方案；

⑤ 工艺流程及说明；

⑥ 工艺设计计算；

⑦ 辅助设备的计算及选型；

⑧ 设计结果一览表；

⑨ 设计评述或设计收获；

⑩ 附录/图（工艺流程简图、主体设备工艺条件图）；

⑪ 参考文献。

0.3.2 设计图纸要求

图纸要求布局美观，图面整洁，图表清楚，尺寸标注准备且完整，字迹工整，各部分线形粗细符合国家化工制图标准。具体对不同图纸的要求如下。

(1) 工艺流程图

要求绘制“带控制点的工艺流程图”一张，采用 A2（594mm×420mm）或 A3（420mm×293mm）图纸。以单线图的形式绘制，标出主体设备和辅助设备物料流向、物流量、能流量及主要控制点。

流程图中设备以细实线画出设备外形并简略表示主要内容特征。目前，设备的图形符号已有统一的规定，具体可查阅相关参考资料。设备的位号、名称注在相应设备图形的上方或下方，或以引线引出设备编号，在专栏中注明各设备的位号、名称等。管道以粗实线表示，物料流向以箭头表示（流向习惯为从左向右）。辅助物料（如冷却水、加热蒸汽等）的管线以较细的线条表示。

(2) 主体设备工艺条件图

通常化工工艺设计人员的任务是根据工艺要求通过工艺条件确定设备结构形式、工艺尺寸，然后提出附有工艺条件图的“设备设计条件图”。设备设计人员据此对设备进行机械设计，最后绘制设备装配图。

化工原理课程设计要求绘制“主体设备工艺条件图”一张，采用 A1（841mm×594mm）或 A2（594mm×420mm）图纸。按一定比例绘制，图面上应包括设备的主要工艺尺寸、技术特性表、接管表及组成设备的各部件名称等。

主体设备工艺条件图的基本内容如下。

① 视图　一般用主（正）视图、剖面图或俯视图表示设备主要结构形状。

② 尺寸　图上应注明设备直径、高度以及表示设备总体大小和规格的尺寸。

化工原理课程设计完全不同于平时作业，要求学生必须在规定的时间内按照上述要求完成设计任务，且每位学生的设计计算依据和答案往往不是唯一的。所以要求学生必须独立地确定方案、选择流程、查取资料、进行过程和设备计算，并对自己的选择做出论证和核算，经过反复多次的分析比较，择优选定最理想的方案和合理的设计。

0.4　化工原理课程设计中计算机的应用

目前，计算机技术已在化工原理课程设计中普遍使用，譬如软件 Aspen Plus、VB、Borland C＋＋、Delphi、CAD 等。计算机的使用不仅能大大缩短设计时间、提高效率，而且还是提高设计质量的有力保证，尤其是在方案对比、参数选择、优化设计、图形绘制等方面更是如此。

0.4.1　CAD 软件的应用

（1）模拟计算

化工设计中工艺计算及结构计算的计算工作量大，且需要经过多次反复计算，如逐板法计算理论塔板数目、试差法确定灵敏板位置等，并且在计算过程中如果参数选取不当或某一步骤计算出错，那么需要对整个计算过程进行重新计算。因此在实际设计过程中，人们只能采用各种简化方法计算，但由此引起的误差可能对设计结果产生严重影响。利用计算机不仅能够解决化工设计中大量的复杂计算问题，而且由于电子计算技术的应用，还在化学的深入研究、摸清化工过程内在规律方面引起了质的飞跃。

作为在化工计算方面的应用主要有：

① 基础数据如化工原料的特性数据计算；

② 单元操作的设备结构计算；

③ 单元操作工艺计算，包括系统最优化计算；

④ 流程计算。

（2）图形绘制

计算机辅助设计（CAD）是利用计算机绘制和生成工程图纸的一种现代高新技术。使用手工绘图，如果图形布局不合理，那么设计师必须先擦除原有的线，然后重新在新位置上绘图。使用 Auto CAD 系统，用户只需使用相关命令进行修改，即可获得满意结果。

在化工设计中，计算机辅助设计绘图不但可以画工艺流程图、设备总装图、零件图，还可画设备布置图、工艺管线配管图，甚至可以画设备管线的三维图像和任一角度的投影。画图快速，图形工整、清晰，线条尺寸误差在 0.3mm 以内。

（3）智能 CAD 与专家系统

CAD 不但能代替设计者的手工计算和绘图，而且计算速度快、精确度高，图纸质量好，代替大量人工劳动，能够完成人工所不能达到的复杂运算，某些软件还能“辅导”一般设计人员进行分析、判断、决策，这就是智能 CAD。

专家系统是将设计专家的知识、经验加以分类，形成规划（软件），存入计算机，因此可以用计算机模拟设计专家的推理、判断、决策过程来解决设计问题。

0.4.2 Aspen Plus 软件的应用

Aspen Plus 是一个生产装置设计、稳态模拟和优化的大型通用流程模拟系统。Aspen Plus 是基于稳态化工模拟、优化、灵敏度分析和经济评价的大型化工流程软件，它为用户提供了一套完整的单元操作模型，用于模拟各种操作过程，从单个操作单元到整个工艺流程的模拟，能自动地把流程模型与工程知识数据库、投资分析，产品优化和其他许多商业流程结合。Aspen Plus 包含数据、物性、单元操作模型、内置缺省值、报告及为满足其他特殊工业应用所开发的功能。

运用 Aspen Plus，可以进行工艺过程严格的质量和能量衡算，预测物流的流率、组成和性质，预测操作条件和设备尺寸，减少装置的设计时间，进行设计方案比较，帮助改进当前工艺等。

0.4.3 化工过程仿真技术的应用

化工生产行业具有显著的特殊性：工艺过程复杂、工艺参数较多、工艺条件要求十分严格，并伴有高温、高压、易燃、易爆、有毒、腐蚀等不安全因素。化工仿真技术是通过在计算机上进行开车、停车、事故处理等过程实现的操作方法和操作技能的仿真模拟手段。应用这一技术，可以模拟流程在不同工艺条件下运行时可能得到的结果，并对结果进行分析、优选，确定最佳工艺条件或最佳方案。因此，可大大节省过去由试验（小试与中试）探索最佳工艺条件所耗费的大量资金与时间。

设计计算基础

1.1 物性数据和物性估算

设计计算中的物性数据应尽可能使用实验测定值或从有关手册和文献中查取。有时手册上也以图表的形式提供某些物性的推算结果。常用的物性数据可由《化工原理》附录、《物理化学》附录、《化学工程手册》、《化工工艺设计手册》、《石油化工设计手册》等工具书查阅。

为方便设计者查取，本书提供一些常见流体的基础物性参数，如比热容、密度、蒸发潜热、表面张力、黏度、热导率、饱和蒸气压等，见附录部分，此处从略。

由于化学工业中化合物品种极多，更要考虑不同温度、压力和浓度下物性值的变化。实测值远远不能满足需要，估算求取化工数据成为极重要的方法。下面就部分常规物系经验混合规则介绍如下。

1.1.1 定压比热容

理想气体定压比热容

$$C_p^0=A+BT+CT^2+DT^3 \tag{1-1}$$

式中 C_p^0——理想气体定压比热容，cal/(mol·K)（1cal=4.18J，下同）；

T——计算比热容所取的温度，K；

A、B、C、D 数值见表 1-1。

表 1-1 理想气体比热容方程系数

名称	A	B	C	D
甲醇	5.052	1.694×10^{-2}	6.179×10^{-6}	-6.811×10^{-9}
乙醇	2.153	5.113×10^{-2}	-2.004×10^{-5}	0.328×10^{-9}
苯	−8.101	1.133×10^{-1}	-7.206×10^{-5}	1.703×10^{-8}
甲苯	−5.817	1.224×10^{-1}	-6.605×10^{-5}	1.173×10^{-8}
氯苯	−8.094	1.343×10^{-1}	-1.080×10^{-4}	3.407×10^{-8}
氯乙烯	1421	4.823×10^{-2}	-3.669×10^{-5}	1.140×10^{-8}

续表

名称	A	B	C	D
1,1-二氯乙烷	2.979	6.439×10^{-2}	-4.896×10^{-5}	1.505×10^{-8}
1,2-二氯乙烷	4.893	5.518×10^{-2}	-3.435×10^{-5}	8.094×10^{-9}
3-氯丙烯	0.604	7.277×10^{-2}	5.442×10^{-5}	1.742×10^{-8}
1,2-二氯丙烷	2.496	8.729×10^{-2}	-6.219×10^{-5}	1.849×10^{-8}
二硫化碳	6.555	1.941×10^{-2}	-1.831×10^{-5}	6.384×10^{-9}
四氯化碳	9.725	4.893×10^{-2}	-5.421×10^{-5}	2.112×10^{-8}
丙酮	1.505	6.224×10^{-2}	-2.992×10^{-5}	4.867×10^{-9}

1.1.2 热焓

理想气体在温度 T 时的热焓可由下式求得：

$$H^0=\int_{T_s}^{T}C_p^0\,dT \tag{1-2}$$

式中 C_p^0——温度 T 下理想气体的比热容。

求真实气体的热焓 H，可先求出理想气体的热焓 H^0，再加上同温下真实气体与理想气体的热焓差，即

$$H=H^0+(H-H^0) \quad 或 \quad H=H^0-(H^0-H)$$

焓差可由状态方程式法、Lee-Kesler 法、Yen-Alexander 法求取。可参照《化学工程手册》第一册热焓的计算。

1.1.3 蒸发潜热

（1）Pitzer 偏心因子法

$$\frac{\Delta H_v}{RT_c}=7.08(1-T_r)^{0.354}+10.95\omega(1-T_r)^{0.456} \tag{1-3}$$

式中 ω——偏心因子；

ΔH_v——在 T_r 时的蒸发潜热，cal/mol。

（2）正常沸点下的蒸发潜热

Riedel 法

$$\Delta H_{vb}=1.093RT_c\left(T_{br}\frac{\ln p_c-1}{0.930-T_{br}}\right) \tag{1-4}$$

式中 ΔH_{vb}——正常沸点时的蒸发潜热，cal/mol；

T_c——临界温度，K；

p_c——临界压力，atm(1atm=101325Pa，下同)；

T_{br}——正常沸点时的对比温度；

R——气体常数，1.987cal/(mol·K)。

【案例分析 1】 计算丙醛在正常沸点下的蒸发潜热，其实验值为 6760cal/mol。

解：查《化工工艺设计手册》，得 $T_b=321\text{K}$，$T_c=496\text{K}$，$p_c=47\text{atm}$，$T_{br}=321/496=0.647$

由 Riedel 法 得

$$\Delta H_{vb}=1.093\times1.987\times496\times0.647\times\frac{\ln47-1}{0.930-0.647}=7019\text{cal/mol}$$

1.1.4 液体密度

(1) 正常沸点下的液体摩尔体积

① Schroeder 法　将表 1-2 中所列原子或结构的数据加和。此法简单，精确度高，一般误差为 2%，对高缔合液体误差为 3%～4%。

② Le Bas 法　见表 1-2，平均误差为 4%，但应用范围比 Schroeder 法广，对大多数化合物误差相近。

表 1-2　计算正常沸点下的分子结构常数

名称	增量/(cm^3/mol)		名称	增量/(cm^3/mol)	
	Schroeder	Le Bas		Schroeder	Le Bas
碳	7	14.8	氯	24.5	24.6
氢	7	3.7	氟	10.5	
氧(除下列情况外)	7	7.4	碘	37	7
在甲基酯及醚内	—	9.1	硫	25.6	−7
在乙基酯及酯内	—	9.9	三元环	−7	−6.9
在更高的酯及醚内	—	11.0	四元环	−7	−8.5
在酸中	—	12.0	五元环	−7	−11.5
与S、P、N相连	—	8.3	六元环	−7	−15.0
氮	7		萘	−7	−30.5
双键	—	15.6	蒽	−7	−47.5
在伯胺中	—	10.5	碳原子双键	7	
在仲胺中	—	12.0	碳原子叁键	14	
溴	31.5	27			

③ Tyn-Calus 法

$$V_b=0.285V_c^{1.048} \tag{1-5}$$

正常沸点下的体积 V_b 与临界体积 V_c 的单位为 cm^3/mol。本法除低沸点永久气体（He、Ne、Ar、Kr）与某些含氮、磷的极性化合物（HCN、PH_3）外，一般误差在 3%之内。

【案例分析 2】计算氯苯在正常沸点下的液体摩尔体积。其实验值为 115cm^3/mol，V_c=308cm^3/mol。

解：Schroeder 法

由表 1-2 知　C_6H_5Cl 的分子结构常数为　6(C)+5(H)+Cl+(环)+3(双键)

所以　$V_b=6\times7+5\times7+24.5-7+3\times7=115.5\text{cm}^3/\text{mol}$

由 Le Bas 法

由表 1-2 知　C_6H_5Cl 的分子结构常数为　6(C)+5(H)+Cl+(六元环)

所以　$V_b=6\times14.8+5\times3.7+24.6-15=116.9\text{cm}^3/\text{mol}$

由 Tyn-Calus 法

$$V_b = 0.285 \times (308)^{1.048} = 115.6\text{cm}^3/\text{mol}$$

（2）液体的密度

单位质量的物质所占有的容积称为比容，用符号“V”表示，单位为“米³/千克”，即密度的倒数。可用 Gumn-Yamada 法求取。本法只限于饱和液体比容。

$$\frac{V}{V_{sc}} = V_r^{(0)}(1-\omega\Gamma) \tag{1-6}$$

式中 V——饱和液体比容，cm^3/mol；

ω——偏心因子；

V_{sc}——标准状态下的饱和液体比容，cm^3/mol；

$V_r^{(0)}$，Γ——对比温度的函数。

$0.2 \leqslant T_r \leqslant 0.8$ 时

$$V_r^{(0)} = 0.33593 - 0.33953T_r + 1.51941T_r^2 - 2.02512T_r^3 + 1.11422T_r^4$$

$0.8 < T_r < 1.0$ 时

$$V_r^{(0)} = 1.0 + 1.3(1-T_r)^{1/2}\lg(1-T_r) - 0.50879(1-T_r) - 0.91534(1-T_r)^2$$

$0.1 \leqslant T_r < 0.2$ 时

$$\Gamma = 0.29607 - 0.09045T_r - 0.04842T_r^2$$

$$V_{sc} = \frac{V_{0.6}}{0.3862 - 0.0866\omega}$$

上式 $V_{0.6}$ 为对比温度为 0.6 时的饱和液体摩尔体积。若 $V_{0.6}$ 未知，V_{sc} 可按式（1-7）近似计算：

$$V_{sc} = \frac{RT_c}{p_c}(0.2920 - 0.0967\omega) \tag{1-7}$$

若已知某参考温度 T^R 下的参考体积 V^R，则应用式（1-7）求取。求其他温度 T 下的体积时，可以消除 V_{sc}，即：

$$\frac{V}{V^R} = \frac{V_r^{(0)}(T_r)[1-\omega\Gamma(T_r)]}{V_r^{R(0)}(T_r^R)[1-\omega\Gamma(T_r^R)]} \tag{1-8}$$

式中，$T_r^R = \dfrac{T^R}{T_c}$。

式（1-8）为计算饱和液体密度最精确的方法之一，可以应用于非极性及弱极性的化合物。

1.1.5 液体黏度

（1）纯液体黏度的计算

$$\lg\mu_1 = \frac{A}{T} - \frac{A}{B} \tag{1-9}$$

式中 μ_1——液体温度为 T 时的黏度，mPa·s；

T——温度，K；

A，B——液体黏度常数，见表 1-3。

表 1-3 液体黏度常数

名称	黏度常数		名称	黏度常数	
	A	B		A	B
甲醇	555.30	260.64	1,2-二氯乙烷	473.93	277.98
乙醇	686.64	300.88	3-氯丙烯	368.27	210.61
苯	545.64	265.34	1,2-二氯丙烷	514.36	261.03
甲苯	467.33	255.24	二硫化碳	274.08	200.22
氯苯	477.76	276.22	四氯化碳	540.15	290.84
氯乙烯	276.90	167.04	丙酮	367.25	209.68
1,1-二氯乙烷	412.27	239.10			

(2) 液体混合物黏度的计算

对于互溶液体混合物

$$\mu_m^{1/3}=\sum_{i=1}^{n}x_i\mu_i^{1/3} \tag{1-10}$$

式中 μ_m——混合物黏度，mPa·s；

μ_i——i 组分的液体黏度，mPa·s。

1.1.6 表面张力

(1) 纯物质的表面张力

Macleod-Sugden 法

$$\sigma=\frac{[P](\rho_{液}-\rho_{气})^4}{M} \tag{1-11}$$

式中 σ——表面张力，mN/m；

$[P]$——等张比容，可按分子结构因数加和求取；

$\rho_{液}$——液体密度，g/cm^3；

$\rho_{气}$——与液体同温度下饱和蒸气密度，g/cm^3。

由温度 T_1时表面张力 σ_1，求另一温度 T_2时表面张力 σ_2，可由式 (1-12) 计算

$$\sigma_2=\sigma_1\left(\frac{T_c-T_2}{T_c-T_1}\right)^{1.2}\left(\frac{dyn}{cm}\right) \tag{1-12}$$

式中 T_c——临界温度，K；

T_1，T_2——温度，K。

(2) 非水溶液混合液的表面张力

$$\sigma_m^r=\sum_{i}^{n}x_i\sigma_i^r \tag{1-13}$$

式中 σ_i——组分 i 的表面张力，mN/m；

x_i——组分 i 的分子分数。

(3) 含水溶液的表面张力

二元有机物-水溶液的表面张力在宽浓度范围内可用式 (1-14) 求取：

$$\sigma_m^{1/4}=\varphi_{sw}\sigma_w^{1/4}+\varphi_{so}\sigma_o^{1/4} \tag{1-14}$$

式中，$\varphi_{sw}=X_{sw}V_w/V_s$；$\varphi_{so}=X_{so}V_o/V_s$。

用下列各关联式求出 φ_{sw}、φ_{so}

$$\varphi_{sw}+\varphi_{so}=1 \tag{1-15}$$

$$A=B+Q \tag{1-16}$$

$$A=\lg(\varphi_{sw}^{q}+\varphi_{so}) \tag{1-17}$$

$$Q=0.441\left(\frac{q}{T}\right)\left(\frac{\sigma_o V_o^{2/3}}{q}-\sigma_w V_w^{2/3}\right) \tag{1-18}$$

$$\varphi_w=x_wV_w/(x_wV_w+x_oV_o) \tag{1-19}$$

$$\varphi_o=x_oV_o/(x_wV_w+x_oV_o) \tag{1-20}$$

式中，下标 w、o、s 分别指水、有机物及表面部分；x_w、x_o指主体部分的摩尔分数；V_w、V_o指主体部分的摩尔体积；σ_w、σ_o为纯水及有机物的表面张力。q 值由有机物的形式与分子的大小决定，举例说明于表 1-4。

表 1-4　q 值举例

物质	q	举例
脂肪酸、醇	碳原子数	乙酸 $q=2$
酮类	碳原子数－1	丙酮 $q=2$
脂肪酸的卤代衍生物	碳原子数×卤代衍生物与原脂肪摩尔体积比	氯代乙酸 $q=2V_s$(氯代乙酸)$/V_s$(乙酸)

若用于非水溶液时，q＝溶质摩尔体积/溶剂摩尔体积。

【案例分析 3】 计算乙醇水溶液（乙醇摩尔分数为 0.207）在 25℃时的表面张力 $\sigma_w=71.97\text{dyn/cm}(1\text{dyn/cm}=1\text{mN/m})$；$\sigma_o=22.0\text{dyn/cm}$；$V_w=18\text{cm}^3/\text{mol}$；$V_o=58.39\text{cm}^3/\text{mol}$。

解：按表 1-4，查得 $q=2$

由式（1-19）得 $\varphi_w=x_wV_w/(x_wV_w+x_oV_o)=0.793\times18/(0.793\times18+0.207\times58.39)=0.5415$

由式（1-20）得 $\varphi_o=x_oV_o/(x_wV_w+x_oV_o)=0.207\times58.39/(0.793\times18+0.207\times58.39)=0.4585$

$$B=\lg\left(\frac{\varphi_w^{q}}{\varphi_o}\right)=\lg(0.5415^2/0.4585)=-0.194$$

由式（1-18）得

$$\begin{aligned}Q&=0.441\left(\frac{q}{T}\right)\left(\frac{\sigma_o V_o^{2/3}}{q}-\sigma_w V_w^{2/3}\right)\\&=0.441\times\left(\frac{2}{298}\right)\times\left(\frac{22\times58.39^{2/3}}{2}-71.97\times18^{2/3}\right)\\&=-0.973\end{aligned}$$

由式（1-16）得 $A=B+Q=-0.194-0.973=-1.167$

即 $\lg\left(\frac{\varphi_{sw}^{q}}{\varphi_{so}}\right)=0.16$，$\varphi_{sw}+\varphi_{so}=1$

解得 $\varphi_{sw}=0.229$；$\varphi_{so}=0.771$

由式（1-14）得　$\sigma_m=(\varphi_{sw}\sigma_w^{1/4}+\varphi_{so}\sigma_o^{1/4})=29.82\text{dyn/cm}$

其实验值为 29.0dyn/cm 。

1.1.7 液体的饱和蒸气压

液体的饱和蒸气压可由 Antoine 方程计算。Antoine 方程一般形式为：

$$\ln p_{vp}=A-\frac{B}{T+C} \tag{1-21}$$

式中 p_{vp}——在温度 T 时的饱和蒸气压，mmHg(1mmHg=133.322Pa)；

T——温度，K；

A，B，C——Antoine 常数，常见物质的 Antoine 常数见表 1-5。

表 1-5 常见物质的 Antoine 常数

名称	A	B	C	名称	A	B	C
甲醇	16.5675	3626.55	−34.29	1,2-二氯乙烷	16.1764	2927.17	−50.22
乙醇	18.9119	3803.98	−41.68	3-氯丙烯	15.9772	2531.92	−47.15
苯	15.9008	2788.51	−52.36	1,2-二氯丙烷	16.0385	2985.07	−52.16
甲苯	16.0137	3096.52	−53.67	二硫化碳	15.9844	2690.85	−31.62
氯苯	16.0676	3295.12	−55.60	四氯化碳	15.8742	2808.19	−45.99
氯乙烯	14.9601	1803.84	−43.15	丙酮	16.0313	240.46	−35.93
1,1-二氯乙烷	16.0842	2697.29	−45.03				

1.2 物料衡算

物料衡算是化工计算中最基本、最重要的内容之一，它是能量衡算的基础。

通常，物料衡算有两种情况，一种是对已有的生产设备或装置，利用实际测定的数据，算出另一些不能直接测定的物料量；用计算结果，对生产情况进行分析、做出判断、提出改进措施。另一种是设计，一种新的设备或装置，根据设计任务，先做物料衡算，求出进出各设备的物料量，然后再做能量衡算，求出设备或过程的热负荷，从而确定设备尺寸及整个工艺流程。

物料衡算的理论依据是质量守恒定律，即在一个孤立物系中，不论物质发生任何变化，它的质量始终不变（不包括核反应，因为核反应能量变比非常大，此定律不适用）。

1.2.1 物料衡算的计算依据

物料衡算是研究某一个体系内进、出物料量及组成的变化。根据质量守恒定律，对某一个体系，输入体系的物料量应该等于输出物料量与体系内积累量之和。所以，物料衡算的基本关系式应该表示为：

$$\sum G_{\mathrm{I}}=\sum G_{\mathrm{O}}+\sum G_{\mathrm{A}} \tag{1-22}$$

式中 $\sum G_{\mathrm{I}}$——输入物料的总和；

$\sum G_{\mathrm{O}}$——输出物料的总和；

$\sum G_{\mathrm{A}}$——累计的物料量。

式（1-22）为总物料衡算式。当过程没有化学反应时，它也适用于物料中任一组分的衡算；但有化学反应时，它适用于任一元素的衡算。式（1-22）对反应物做衡算时，由反应而消耗的量，应取减号；对生成物做衡算时，由反应而生成的量，应取加号。

当系统中累计量不为零时称为非稳定状态过程，累计项为零时，称为稳定状态过程。对于化工原理课程设计中的常见单元操作，均是无化学反应的稳定状态过程，其物料衡算关系式为：

$$\sum G_{\mathrm{I}}=\sum G_{\mathrm{O}} \tag{1-23}$$

1.2.2 物料衡算的步骤

进行物料衡算时，为了避免错误，必须按正确的解题方法和步骤进行。尤其是对复杂的物料衡算题，更应如此，这样才能获得准确的计算结果。

① 画物料流程简图。求解物料衡算问题，首先应该根据给定的条件画出流程简图，确定物料衡算的范围，最好用封闭的曲线将该范围圈出来。图中用简单的方框表示过程中的设备，用线条和箭头表示各股物流的途径和流向。并标出每个流股的已知变量（如流量、组成）及单位。一些未知的变量，可用符号表示。

② 计算基准及其选择。进行物料衡算时，必须选择一个计算基准。从原则上说选择任何一种计算基准，都能得到正确的解答。对于连续操作的设备，过程达到稳定后，往往以单位时间为基准；对于间歇过程，所有条件经常变化，因此应以整个周期为基准。通常，计算基准选择得恰当，可以使计算简化，避免错误。

对于不同化工过程，采用什么基准适宜，需视具体情况而定。根据不同过程的特点，选用计算基准时，应该注意以下几点。

a. 应选择已知变量数最多的流股作为计算基准。

b. 对液体或固体的体系，常选取单位质量作基准。

c. 对连续流动体系，用单位时间作计算基准时较方便。

d. 对于气体物料，如果环境条件（如温度、压力）已定，则可选取体积作基准。

③ 查找计算所需的物理、化学、工艺常数及数据。

④ 列方程，确定设计变量，检查方程的个数是否等于未知量的个数，判断方程是否可解。

⑤ 解方程（组）。

【案例分析4】 丙烷充分燃烧时，要供入的空气量为理论量的125%，反应式为：

$$C_3H_8+5O_2 \longrightarrow 3CO_2+4H_2O$$

问每100mol燃烧产物需要多少摩尔空气？

解：由题意可知，该体系共有三个流股：丙烷、空气、燃烧产物。从原则上说，其中任何一个物料均可作为基准。但是，解题的复杂程度却相差很大。以本题为例，分别以三种不同的基准进行求解，旨在分析选择基准时的技巧及注意事项。

① 基准：1mol C_3H_8

1mol C_3H_8按反应式，完全燃烧需要的氧气量5mol

实际供氧量 1.25×5=6.25mol

供空气量（空气中含氧21%）6.25/0.21=29.76mol

氮气量 29.76×0.79=23.51mol

物料衡算结果如表1-6：

表 1-6　物料衡算结果（一）

输入			输出		
组分	mol	g	组分	mol	g
C_3H_8	1	44	CO_2	3	132
空气中 O_2	6.25	200	H_2O	4	72
N_2	23.51	658.28	O_2	1.25	40
			N_2	23.51	658.28
总计	30.76	902.28	总计	31.76	902.28

所以，每100mol燃烧产物所需空气量为：

$$\frac{100\text{mol 烟道气}\times(6.25+23.51)\text{mol 空气}}{31.76\text{mol 烟道气}}=93.7\text{mol}$$

② 基准：1mol 空气

按题意供入的空气量为理论量的125%，1mol空气中氧气量为0.21mol

所以，供燃烧 C_3H_8 的氧气量为0.21/1.25

燃烧的 C_3H_8 的量为 $\frac{0.21}{1.25}\times\frac{1}{5}=0.0336\text{mol}$

物料衡算结果如表1-7：

表 1-7　物料衡算结果（二）

输入			输出		
组分	mol	g	组分	mol	g
C_3H_8	0.0336	1.48	CO_2	0.101	4.44
空气	(1)	(28.84)	H_2O	0.135	2.43
其中 O_2	0.21	6.72	O_2	0.042	1.34
N_2	0.79	22.12	N_2	0.79	22.12
总计	1.0336	30.32	总计	1.068	30.33

所以，每100mol烟道气需空气量为：

$$\frac{100\text{mol 烟道气}\times 1\text{mol 空气}}{1.068\text{mol 烟道气}}=93.6\text{mol}$$

③ 基准：100mol 烟道气

设 N——烟道气中 N_2 物质的量；

M——烟道气中 O_2 物质的量；

P——烟道气中 CO_2 物质的量；

Q——烟道气中 H_2O 物质的量；

A——入口空气物质的量；

B——入口 C_3H_8 物质的量。

共有6个未知量，因此必须列6个独立方程。

列元素平衡：C 平衡 $3B=P$ (1)

H 平衡 $4B=Q$ (2)

O 平衡 $0.21A=M+P+Q/2$ (3)

N 平衡 $0.79A=N$ (4)

烟道气总量 $M+N+P+Q=100$ (5)

过剩氧量 $0.21A\times0.25/1.25=M$ (6)

按照反应式的化学计量关系，还可列出另外几个线性方程，但是都与以上 6 个式子相关，独立方程只有以上式（1）～式（6）。其中共含 6 个未知量，有确定解。

由式（1）、式（2）得 $P=\frac{3}{4}Q$ (7)

将式（7）、式（4）、式（6）代入式（3）得

$$0.21A=0.042A+\frac{3}{4}Q+\frac{Q}{2}$$

$$Q=0.1344A \tag{8}$$

将式（7）、式（4）、式（6）代入式（5）得

$$0.79A+0.042A+\frac{3}{4}Q+Q=100 \tag{9}$$

将式（8）代入式（9）得 $A=93.7$

由式（4）得　$N=74.02$

由式（8）得　$Q=12.59$

由式（2）得　$B=3.148$

由式（1）得　$P=9.445$

由式（5）得　$M=3.945$

从上述三种解法可看出，第三种解法虽然避免了将物料流转换为规定的基准，但是比第一、第二种解法工作量大得多。从题意要求看，第一、第二种解法所选定的基准较恰当。

1.3 能量衡算

在化工生产中，能量的消耗是一项重要的技术经济指标，它是衡量工艺过程、设备设计、操作制度是否先进合理的主要指标之一。

能量衡算（热量衡算）有两种类型的问题，一种是先对使用中的装置或设备，实际测定一些能量，通过衡算计算出另外一些难以直接测定的能量，由此做出能量方面的评价，即由装置或设备进出口物料的量和温度，以及其他各项能量，求出装置或设备的能量利用情况；另一类是在设计新装置或设备时，根据已知的或可设定的物料量求得未知的物料量或温度，及需要加入或移出的热量。

能量衡算的基础是物料衡算，只有在进行完整的物料衡算后才能做出能量衡算。如果能在物料衡算的基础上做出能量衡算，就能合理地设计出既能稳定操作，又能合理利用能量的化工设备，因此，能量衡算同样是化工计算中不可缺少的部分。

1.3.1 能量衡算式

像物料衡算遵循质量守恒定律一样，能量衡算遵循着能量守恒定律，即：

输入系统的能量－输出系统的能量＝系统中能量的积累

对于一个稳定的连续化工过程，系统中能量的积累为零，即：

输入系统的能量＝离开系统的能量

根据热力学第一定律，对于一个等压过程，在只做膨胀功的情况下，其焓变等于系统所需吸收或放出的热量，也就是等于外界向系统供给或取出的热量：

$$-Q_p=\Delta H=H_2-H_1 \tag{1-24}$$

在实际应用时，由于进入系统的物料不止一个，因此可以改写为：

$$-\sum Q_p=\sum H_2-\sum H_1 \tag{1-25}$$

式中　$\sum Q_p$——过程换热之和，包括热损失；

$\sum H_2$，$\sum H_1$——离开和进入系统的各物料焓的总和。

在绝大部分的化工生产中，如精馏、吸收、干燥、热交换等，物料的能量衡算多可以写成式（1-24）、式（1-25）简单形式，从表达式可以看出，敞开系统的热量衡算也就是计算指定条件下过程的焓变。若能查到有关焓值，则焓变及热量的计算是很容易的。

1.3.2　几个与能量衡算有关的重要物理量

（1）热量（Q）

温度不同的两物体相接触或靠近，热量从热（温度高）的物体向冷（温度低）的物体流动，这种由于温度差而引起交换的能量，称为热量。

对于热量要明确两点，第一，热量是一种能量的形式，是传递过程中的能量形式；第二，一定要有温度差或温度梯度，才会有热量的传递。

（2）功（W）

功是力与位移的乘积。在化工中常见的有体积功（体系体积变化时，由于反抗外力作用而与环境交换的功）、流动功（物系在流动过程中为推动流体流动所需的功）以及旋转轴的机械功等。以环境向体系做功为正、反之为负。

功和热量是能量传递的两种不同形式，它们不是物系的性质，因此不能说体系内或某物体有多少热量或功。

功和热量的单位在 SI 制中为 J（焦耳），除此以外，公制中的 cal（卡）或 kcal（千卡）、英制中的英热单位 Btu 还常有使用，应注意它们之间的换算关系。

（3）焓（H）

焓是在能量衡算中经常遇到的一个变量，它的定义是：

$$H=U+pV \tag{1-26}$$

式中　p——压力，Pa；

V——容积，m^3。

对于纯物质，焓可表示成温度和压力的函数：$H=H(T,\ p)$。对 H 全微分：

$$dH=\left(\frac{\partial H}{\partial T}\right)_p dT+\left(\frac{\partial H}{\partial p}\right)_T dp \tag{1-27}$$

其中 $(\partial H/\partial T)_p$，为恒压比热容，以 C_p，表示，在多数实际场合，$(\partial H/\partial p)_T$ 很小，故式（1-27）右边第二项可忽略，因此焓差可表示成

$$H_2-H_1=\int_{T_1}^{T_2} C_p\, dT \tag{1-28}$$

（4）比热容

比热容是一定量的物质改变一定的温度所需要的热量，可以看作是温度差 ΔT 和引起温度变化的热量 Q 之间的比例常数，即

$$Q=mC\Delta T \tag{1-29}$$

式中 Q——热量，J；

m——物质的质量，kg；

C——物质的比热容，J/(kg·℃)；

ΔT——温度差，℃。

1.3.3 能量衡算的基本步骤

① 画物料流程图，建立衡算范围（同物料衡算）。

② 物料衡算是热量衡算的基础，物料衡算的最终结果——物料平衡表就是热量衡算的依据。计算时以单位时间为基准较方便。

③ 根据物料平衡表，建立热量衡算式。

④ 选定计算基准温度和基准状态。

这是一个相对基准，例如，以0℃的液体焓为基准，就是说输入系统的能量和输出系统的能量均以之为基础进行计算。该基准可以任意规定，以计算方便为原则。由于文献上查到的热力学数据多是298K时的数据，故选298K为基准温度计算较为方便。

⑤ 计算后列出热量衡算表。

【案例分析5】 25℃的空气以2500m³（标准状态）/h的流量进入一增湿器，与91℃流量为33500kg/h的热水接触，空气得到增湿并带出水蒸气2010kg，增湿后的空气出口温度是84℃，热损失为83760kJ/h，求热水出口温度。

解：（1）画流程示意图（图1-1）

（2）物料平衡，求出未知的流量

热水流出量＝33500－2010＝31490(kg/h)

空气进出的质量流量（空气平均分子量为28.8）：2500×28.8/22.4＝3210(kg/h)

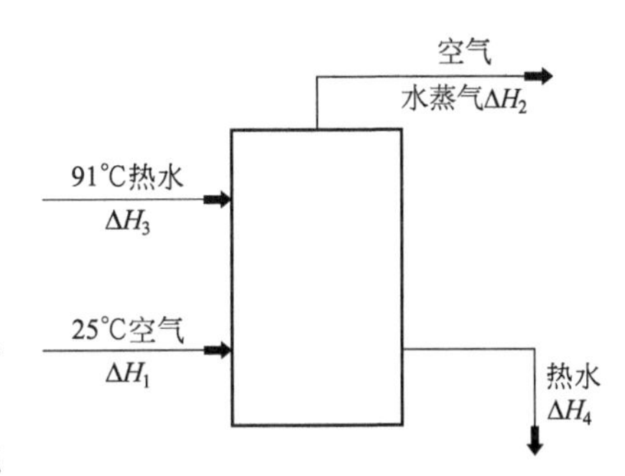

图1-1 增湿器流程示意图

（3）热量衡算

设 ΔH_1、ΔH_2、ΔH_3、ΔH_4 分别代表空气进口、混合气出口、热水进口及出口对基准温度的焓差。

以0℃为基准温度，并查（算）出空气的平均比热容为1.006kJ/(kg·K)，水的平均比热容为4.1868kJ/(kg·K)，则：

$\Delta H_1=3210\times1.006\times(25-0)=80900(\text{kJ/h})$

$\Delta H_2=3210\times1.006\times(84-0)+2010\times2300+2010\times4.1868\times(84-0)=5.6\times10^6(\text{kJ/h})$

上式中2300kJ/kg是水在84℃，1atm时的相变热；

$\Delta H_3=33500\times4.1868\times(91-0)=12.78\times10^6(\text{kJ/h})$

$\Delta H_4=31490\times4.1868t=0.132\times10^6 t(\text{kJ/h})$

按热量衡算式：

$$\Delta H_1+\Delta H_3=\Delta H_2+\Delta H_4+Q_{损}$$

$$80900+12.78\times10^6=5.6\times10^6+0.132\times10^6 t+83760$$

$$t=54.3℃$$

由于该题简单，可不必列表。

在实际工作中，按以上步骤做完物料衡算再做热量衡算的办法有时行不通，这时唯一的办法就是把热量衡算方程也写出来，与物料平衡式一起联立求解。

第2章 设计绘图基础

一般大中型工程项目，在可行性研究报告和项目建议书得到主管部门认可并下达设计任务书后，设计部门常把设计划分为三个阶段，即初步设计阶段、过程开发研究阶段和施工图设计阶段。

初步设计的任务是将设计材料和文件提供给主管部门或建设单位，组织审查论证之用。

过程开发研究阶段是在初步设计指导下进行扩大试验或模拟试验，获得最佳工艺条件、必要的物性数据和工程数据，然后将数据进行处理，并进行技术经济评价，得出是否继续进行开发的结论。在扩大试验和模型试验基础上进行中试，中试后进行基础设计，做出较详细的技术经济评价。

施工图设计是把主管部门审定批准的初步设计进一步具体化，具体到形成真正能反映该工程的图纸，并可根据图纸进行施工准备，破土动工，厂房建设，设备制造安装和其他设施的建造、试车投产等。

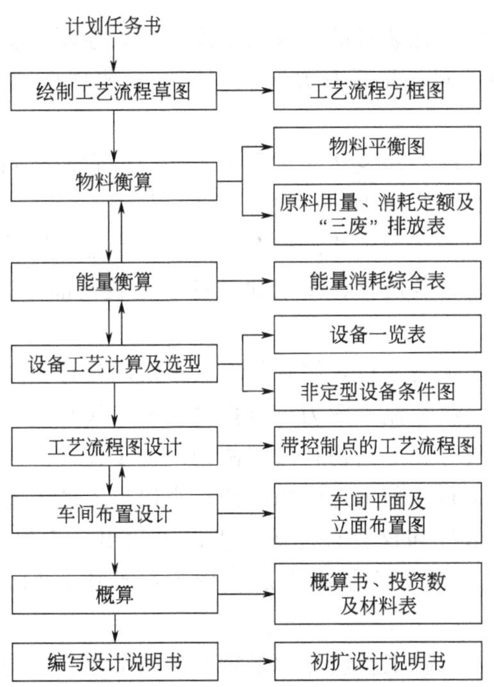

图 2-1　初步设计或扩大初步设计的程序和相应的设计成品

对于在校学习的学生来说，限于专业和时间的局限，原则上只做初步设计。初步设计的程序及内容可用图 2-1 来表示。其中图右边的双线方框表示相应步骤的设计成品。

由图 2-1 可以看出，即使是初步设计，工作量也比较大，质量和水平要求也比较高。对于仅有两周时间的化工原理课程设计来说，是以某一单元操作为研究对象的，所以仅需对某一单元操作的工艺流程和主体设备进行设计计算即可。

工艺流程的设计目的是在确定生产方法之后，以流程图的形式表示出由原料到成品的整个生产过程中物料被加工的顺序以及各股物料的流向，同时表示出来生产中所采用的化学反应、化工单元操作及设备之间的联系，据此可进一步制定化工管道流程和计量-控制流程，这是化工过程技术经济评价的依据。化工原理课程设计只要求绘制其中的带控制点的工艺流程图，并列入设计文件中。

化工设备图是用以表达化工设备的结构形状、装配关系、尺寸大小、技术要求等的图样。它是设计、制造、安装、维修及使用的依据。化工原理课程设计只要求绘制其中的主设备工艺条件图，并列入设计文件中。

2.1 化工工艺流程图

化工工艺流程图是按工艺流程顺序将设备和工艺流程管线自左至右地展示在同一平面上的示意图。一般含有如下内容：设备的简单图形；管道、阀门、管件、仪表控制点等图形符号；设备位号及名称、管道编号、物料走向、仪表控制点代号、图例说明和标题栏等。它是所有化工装备设计中最先着手的工作，由浅入深、由定性到定量逐步分阶段依次进行，而且它贯穿于设计的整个过程。

2.1.1 工艺流程图的分类

化工工艺流程图一般以工艺装置的工段或工序为单元绘制，也可以以装置（车间）为单元绘制。根据设计阶段的不同，先后有方案流程图、工艺物料流程图和带控制点的工艺流程图。

这几种图要求不同，其内容和表达的重点也不同，但它们之间有着密不可分的联系。它们之间的差别，主要反映在工艺流程图上内容的详尽与否。

方案流程图是一个半图解式的工艺流程图，只带有示意的性质，用来表达整个工厂或车间生产流程的图样。一般由物料流程、图例和设备一览表等部分组成。供化工计算时使用，不列入设计文件。

工艺物料流程图是用图形与表格相结合的方式来反映设计中工艺流程草（简）图物料衡算和热量衡算结果的图样。物料流程图为审查提供资料，又是进一步设计的依据，同时它还可以为实际生产操作提供参考。工艺物料流程图列入初步设计阶段的设计文件中。

带控制点的工艺流程图是一种示意性的图样，它以形象的工艺流程草图形、符号、代号表示出化工设备、管路、附件和仪表自控等，借以表达出一个生产中物料及能量的变化始末。它是在物料流程图的基础上绘制出来的，作为设计成果列入初步设计阶段的设计文件中。

管道仪表流程图是化工装置工程设计中最重要的图纸之一，与工艺过程相关的信息均反映在该图纸上。其设计过程就是化工装置从工艺设计实施工程设计的过程，它是设计、施工的依据，也是企业管理、试运转、操作、维修和开停车各方面需要的完整技术资料的一部分，应列入施工图设计阶段的设计文件中。

化工原理课程设计只需绘制带控制点的工艺流程图，并编入设计说明书中。方框流程图、工艺流程草（简）图、工艺物料流程图在设计说明书中根据需要可以示意表示。

2.1.2 工艺流程图中常见的图形符号

（1）常见设备图示与标注

① 设备图示 化工工艺流程中，常用细实线画出设备的简略外形和内部特征。目前，常用设备的图形已有统一的规定，可按 HG 20519.2—2009 规定的标准绘制，常用的标准设备图例见表 2-1。对未规定的设备（机器）的图形可根据其实际外形和内部结构特征绘制，只取相对大小，不按实物比例。

表 2-1 流程图中常用设备、机器图例（摘录）

类别	代号	图 例
塔	T	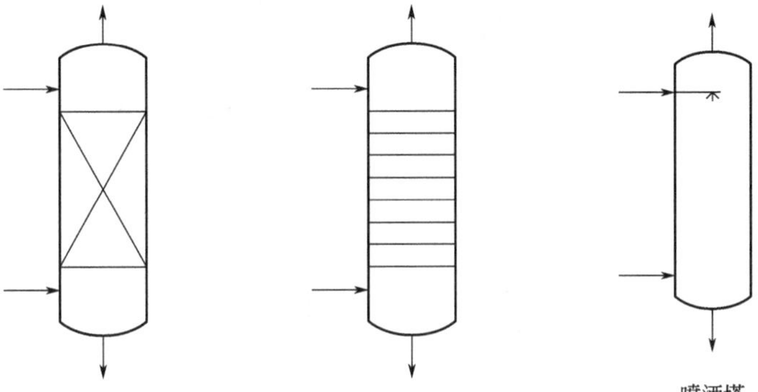 填料塔　板式塔　喷洒塔
塔内件		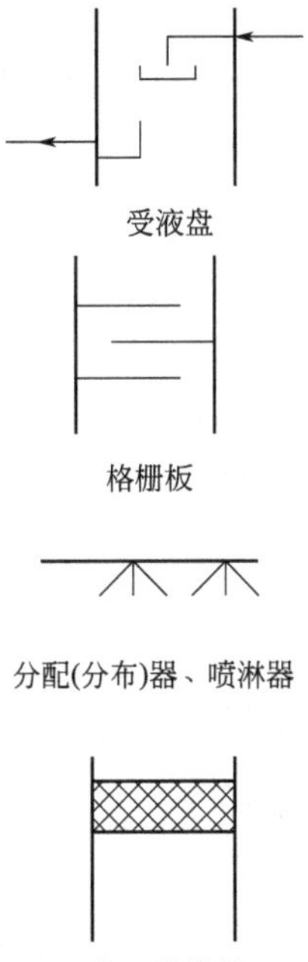 降液管　受液盘　浮阀塔塔板 泡罩塔塔板　格栅板　升气管 筛板塔塔板　分配(分布)器、喷淋器　填料除沫层 湍球塔　(丝网)除沫层

续表

类别
代号
图例
反应器
R
固定床反应器
列管式反应器
流化床反应器
M
反应釜
(闭式、带搅拌、夹套)
反应釜
(开式、带搅拌、夹套)
反应釜
(开式、带搅拌、
夹套、内盘管)
换热器
E
换热器(简图)
固定管板式列管换热器
U形管式换热器
浮头式列管换热器
釜式换热器
套管式换热器
喷淋式冷却器
送风式空冷器
抽风式空冷器
刮板式薄膜蒸发器
列管式(薄膜)蒸发器

续表

类别	代号	图例
工业炉	F	箱式炉　圆筒炉　圆筒炉
泵	P	离心泵　齿轮泵 旋转泵　水环真空泵 纳氏泵　旋涡泵　往复泵　螺杆泵　隔膜泵　喷射泵　液下泵
容器	V	球罐　平顶容器　圆顶锥底容器　干式气柜　卧式容器　湿式气柜　湿式电除尘器　干式电除尘器　固定床过滤器　填料除沫分离器　旋风分离器　丝网除沫分离器

续表

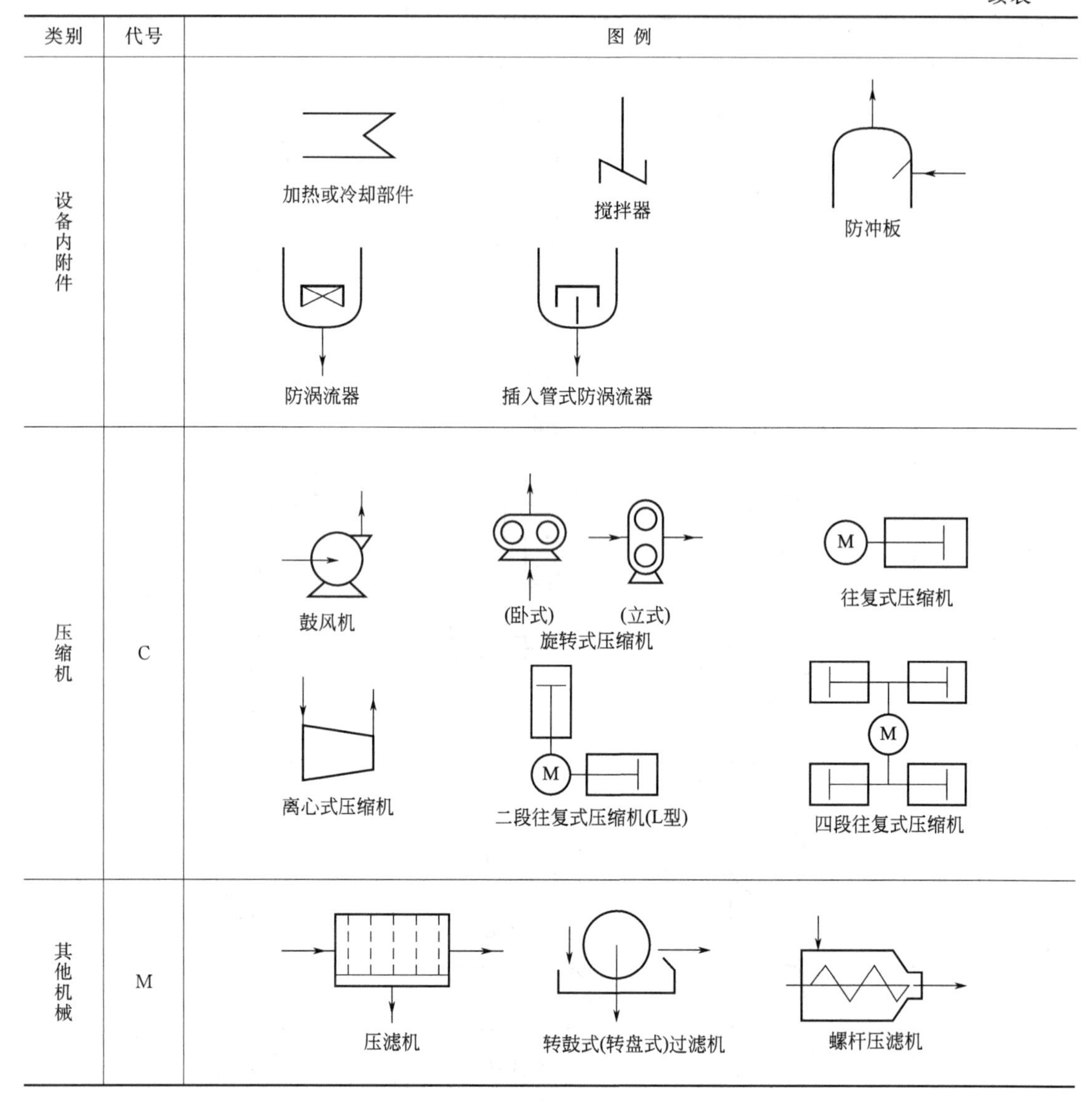

类别	代号	图例
设备内附件		加热或冷却部件；搅拌器；防冲板；防涡流器；插入管式防涡流器
压缩机	C	鼓风机；(卧式) (立式) 旋转式压缩机；往复式压缩机；离心式压缩机；二段往复式压缩机(L型)；四段往复式压缩机
其他机械	M	压滤机；转鼓式(转盘式)过滤机；螺杆压滤机

② 设备标注　在工艺流程图中的设备（机器），除了用图表示出来外，还必须对设备（机器）进行标注。

a. 标注的内容　设备在工艺流程图中应标注出位号及名称。设备位号和名称的标注如图 2-2 所示。

第一个字母是设备分类代号，用设备名称英文单词的第一个字母表示，各类设备的分类代号见表 2-2。在设备分类代号之后是设备编号，一般用四位数字组成，第 1、2 位数字是设备主项编号，表示设备所在的工段（或车间）代号，第 3、4 位数字是设备的顺序编号。例如，设备位号 T1218 表示第 12 工段（或车间）的第 18 号塔。设备位号在整个系统内不得重复，且在所有工艺图上设备位号均需一致，如有数台相同设备，则在其后加大写英文字母 A、B、C 等作为每台设备的尾号。

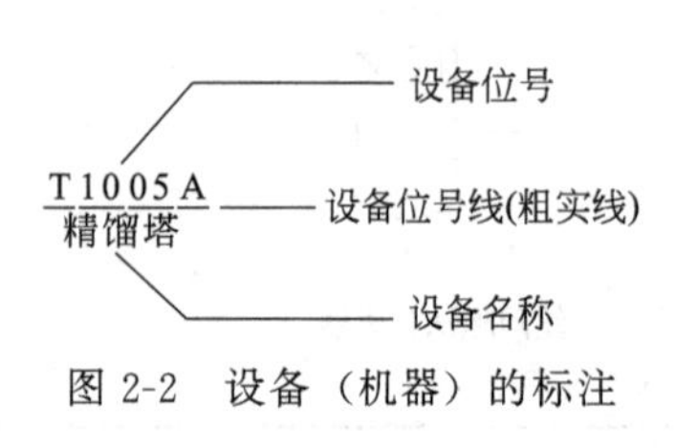

图 2-2　设备（机器）的标注

表 2-2 设备分类代号

设备类型	代号	设备类型	代号	设备类型	代号
塔	T	反应器	R	起重运输设备	L
泵	P	工业炉	F	计量设备	W
压缩机、风机	C	火炬、烟囱	S	其他机械	M
换热器	E	容器(槽、罐)	V	其他设备	X

【案例分析 6】 譬如 T1218A，具体标注方法如图 2-3 所示。

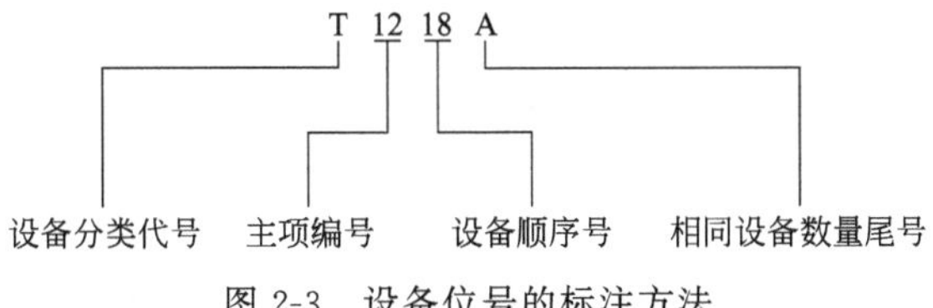

图 2-3 设备位号的标注方法

b. 标注的方式 设备位号应在两个地方进行标注，一是在图上方或下方，标注的位号排列要整齐，尽可能排在相应设备的正上方或正下方，并在设备位号线下方标注设备的名称；二是在设备内或其旁边，此处仅注位号，不注名称。但对于流程简单、设备较少的流程图，也可直接从设备上用细实线引出，标注设备号。

(2) 常用管件和阀门图示方法

用细实线按 HG 20519.1—2009 规定图例绘出管道上的阀门、管件。管道之间的一般连接件，如弯头、法兰、三通等，若无特殊需要，均不需绘出（为安装和检修等原因所加的法兰、螺纹连接等仍需绘出）。常用管件和阀门图例见表 2-3。

表 2-3 常用管件和阀门图例（摘录）

名称	图例	备注
Y 形过滤器		
T 形过滤器		方框 5mm×5mm
锥形过滤器		方框 5mm×5mm
阻火器		
文氏管		
消声器		放大气
喷射器		
截止阀		
节流阀		
球阀		圆直径:4mm
角式截止阀		

续表

名称	图例	备注
角式节流阀		
角式球阀		
三通截止阀		
三通球阀		
闸阀		
隔膜阀		
蝶阀		
减压阀		
旋塞阀		圆黑点直径:2mm
三通旋塞阀		
四通旋塞阀		
四通截止阀		
角式弹簧安全阀		阀出口管为水平方向
角式重锤安全阀		阀出口管为水平方向
止回阀		
直流截止阀		
底阀		
疏水阀		
放空帽(管)	(帽) (管)	
漏斗	(敞口) (封闭)	
同心异径管		
视镜		
管帽		
喷淋管		
膨胀节		

（3）仪表、调节控制系统，分析取样系统表示方法

在工艺管道及仪表流程中，必须用细实线绘出和标注全部与工艺有关的全部检测仪表、调节控制系统、分析取样点和取样阀。控制点用符号表示，并从其安装位置引出。符号包括图形符号和字母代号，它们组合起来表达仪表功能、被测变量、测量方法。

① 检测仪表系统

a. 图形符号

ⅰ. 测量点　测量点（包括检出元件、取样点）是由工艺设备轮廓线或工艺管线引到仪表圆圈的连接引线的起点，一般无特定的图形符号，如图2-4所示。

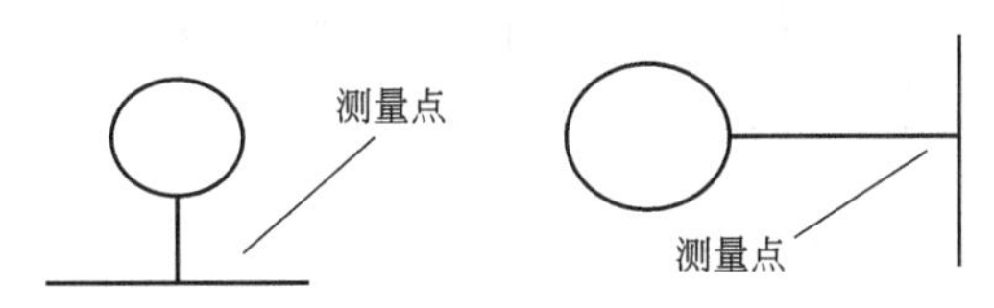

图2-4　测量点的一般表示方法

ⅱ. 连接线　仪表圆圈与过程测量点的连接引线，通用的仪表信号线均以细实线表示。当通用的仪表信号线为细实线可能造成混淆时，通用信号线符号可在细实线上加斜短划线（斜短划线与细实线成45°）。仪表连接图形符号见表2-4。

表2-4　仪表连线符号表

序　号	类　别	图形符号
1	仪表与工艺设备、管道上测量点的连接线或机械连动线	（细实线；下同）
2	通用的仪表信号线	
3	连接线交叉	
4	连接线相接	
5	表示信号的方向	

ⅲ. 仪表图形符号　检测、显示、控制等仪表图形符号是直径为12mm（或10mm）的细实线圆圈。仪表位号的字母或阿拉伯数字较多，圆圈内不能容纳时，可以断开，如图2-5（a）所示。处理两个或多个变量，或处理一个变量但有多个功能的复式仪表，可用相切的仪表圆圈表示，如图2-5（b）所示。当两个测量点引到一台复式仪表上而两个测量点在图纸上距离较远或不在同一图纸上，则分别用两个相切的实线圆圈和虚线圆圈表示，如图2-5（c）所示。

图2-5　仪表图形符号

不同的仪表安装位置的图形符号如表2-5所示。

表 2-5　仪表安装位置的图形符号

序号	安装位置	图形符号	序号	安装位置	图形符号
1	就地安装仪表		4	嵌在管道中的就地安装仪表	
2	集中仪表盘面安装仪表		5	集中仪表盘后面安装仪表	
3	就地仪表盘面安装仪表		6	就地仪表表盘后面安装仪表	

执行机构图形符号见表 2-6。

表 2-6　执行机构图形符号

符号			M	D	S
意义	带弹簧的薄膜执行机构	不带弹簧的薄膜执行机构	电动执行机构	数字执行机构	电磁执行机构
符号					
意义	带手轮的气动薄膜执行机构	带气动阀门定位器的气动薄膜执行机构	带电气阀门定位器的气动薄膜执行机构	活塞执行机构单作用	活塞执行机构双作用

b. 被测变量和仪表功能的字母代号　在控制流程中，用来表示仪表的小圆圈的上半圆内，一般写有两位（或两位以上）字母，第一位字母表示被测变量，后继字母表示仪表的功能，常用被测变量和仪表功能的字母代号见表 2-7。

表 2-7　被测变量和仪表功能的字母代号

项目	第一位字母			后继字母	
	被测变量或引发变量	修饰词	读出功能	输出功能	修饰词
A	分析		报警		
C	电导率			控制	
D	密度	差			
E	电压(电动势)		检测元件		
F	流量	比(分数)			
H	手动				高
I	电流		指示		
L	物位		灯		低
M	水分或湿度	瞬动			中、中间
P	压力、真空		连接点、测试点		
Q	数量	积算、累计			

续表

项目	第一位字母			后继字母	
	被测变量或引发变量	修饰词	读出功能	输出功能	修饰词
R	核辐射		记录		
S	速度、频率	安全		开关联锁	
T	温度			传送	
V	振动、机械监视			阀、风门、百叶窗	
W	重量、力		套管		
X	未分类	X轴	未分类	未分类	未分类
Z	位置	Z轴		驱动器、执行机构未分类的最终执行元件	

常用被测变量及仪表功能字母组合示例见表2-8。例如，FRC——流量记录调节，FIC——流量指示调节。

表2-8 常用被测变量及仪表功能字母组合

被测变量 仪表功能	温度 T	温差 TD	压力或真空 P	压差 PD	流量 F	分析 A	密度 D	位置 Z	速率或频率 S	黏度 V
指示	TI	TdI	PI	PdI	FI	AI	DI	ZI	SI	VI
指示、控制	TIC	TdIC	PIC	PdIC	FIC	AIC	DIC	ZIC	SIC	VIC
指示、报警	TIA	TdIA	PIA	PdIA	FIA	AIA	DIA	ZIA	SIA	VIA
指示、开关	TIS	TdIS	PIS	PdIS	FIS	AIS	DIS	ZIS	SIS	VIS
记录	TR	TdR	PR	PdR	FR	AR	DR	ZR	SR	VR
记录、控制	TRC	TdRC	PRC	PdRC	FRC	ARC	DRC	ZRC	SRC	VRC
记录、报警	TRA	TdRA	PRA	PdRA	FRA	ARA	DRA	ZRA	SRA	VRA
记录开关	TRS	TdRS	PRS	PdRS	FRS	ARS	DRS	ZRS	SRS	VRS
控制	TC	Tdc	PC	PdC	FC	AC	DC	ZC	SC	VC
控制、变送	TCT	TdCT	PCT	PdCT	FCT	ACT	DCT	ZCT	SCT	VCT
报警	TA	TdA	PA	PdA	FA	AA	DA	ZA	SA	VA
开关	TS	Tds	PS	PdS	FS	AS	DS	ZS	SS	VS
指示灯	TL	TdL	PL	PdL	FL	AL	DL	ZL	SL	VL

c. 仪表位号 在检测、控制系统中，构成一个回路的每个仪表（或元件）都应有自己的仪表位号。仪表位号是由字母代号和阿拉伯数字编号两部分组成，如图2-6所示。字母代号的意义前面已经阐述过。阿拉伯数字编号写在圆圈的下半部，其第一位数字表示工段号，

后继数字（第二位或第三位数字）表示仪表序号。

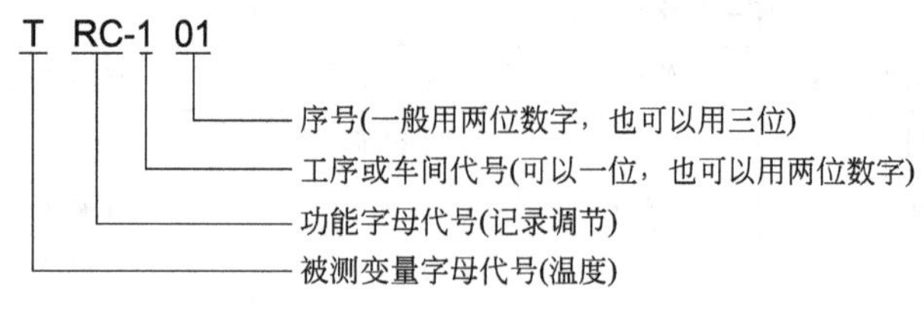

图 2-6 仪表位号的组成

根据图形符号、文字代号以及仪表位号表示方法，可以绘制仪表系统图，如图 2-7 所示。

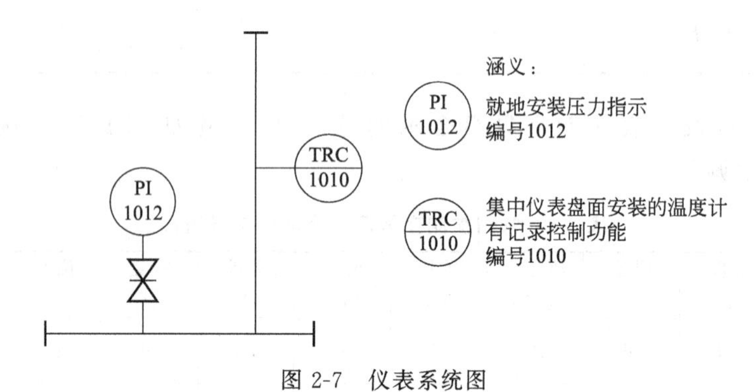

图 2-7 仪表系统图

② 调节控制系统 调节控制系统按其具体组成形式，将所包括的管道、阀门、管件、管道附件一一画出，并分别注出对其调节控制的项目、功能、位置及调节自身的特征（气动或电动；气开或气闭等）。如图 2-8 所示，为流量调节控制系统。

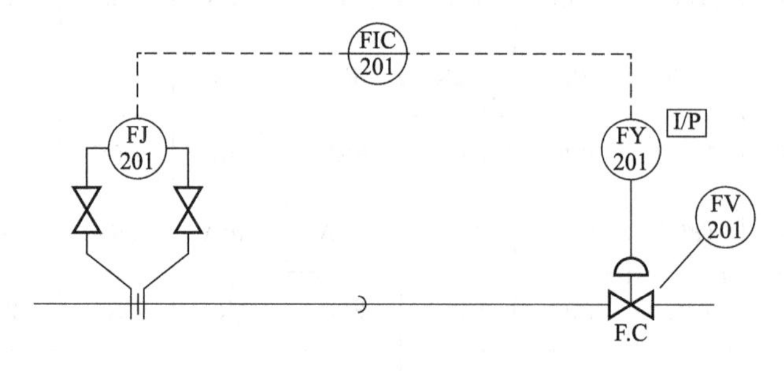

图 2-8 流量调节控制系统

③ 分析取样系统。分析取样点在选定的位置标注和编号，如图 2-9 所示。图中 A 表示人工取样点，1301 为取样点编号，其中 13 为主项编号，01 为取样点序号，圆直径为 10mm。

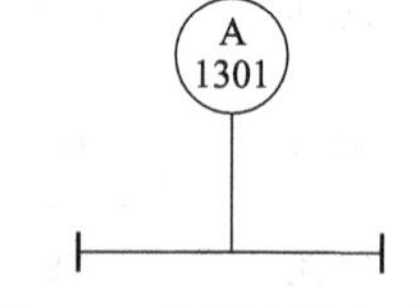

图 2-9 分析取样点示例

（4）流程图中的物料代号

流程图中物料的代号见表 2-9。

（5）流程图中图线的画法规定

工艺物料管道用粗实线绘制，辅助管道用中粗线绘制，仪表管线用细虚线或细实线绘制。有些图样上保温、伴热等管道除了按照规定线型画出外，还示意画出一小段（约 10mm）保湿层。有关各种线条宽度的规定画法见表 2-10。

表 2-9　物料名称及代号

代号类别	物料代号	物料名称	代号类别	物料代号	物料名称
工艺物料代号	PA	工艺空气	辅助、公用工程物料代号　水	CWR	循环冷却水回水
	PG	工艺气体		CWS	循环冷却水上水
	PGL	气液两相液工艺物料		DNW	脱盐水
	PGS	气固两相液工艺物料		DW	饮用水、生活用水
	PL	工艺液体		FW	消防水
	PLS	液固两相流工艺物料		HWR	热水回水
	PS	工艺固体		HWS	热水上水
	PW	工艺水		RW	原水、新鲜水
辅助、公用工程物料代号　空气	AR	空气		SW	软水
	CA	压缩空气		WW	生产废水
	IA	仪表空气	燃料	FG	燃料气
蒸汽、冷凝水	HS	高压蒸汽		FL	液体燃料
	HUS	高压过热蒸汽		FS	固体燃料
	LS	低压蒸汽		NG	天然气
	LUS	低压过热蒸汽	油	D$\overline{O}$	污油
	MS	中压蒸汽		F$\overline{O}$	燃料油
	MUS	中压过热蒸汽		G$\overline{O}$	填料油
	SC	蒸汽冷凝液		L$\overline{O}$	润滑油
	TS	伴热蒸汽		R$\overline{O}$	原油
制冷剂	AG	气氨		S$\overline{O}$	密封油
	AL	液氨	其他	DR	排液
	ERG	气体乙烯或乙烷		FSL	熔盐
	ERL	液体乙烯或乙烷		FV	火炬放空
水	BW	锅炉给水		H	氢
	CSW	化学污水		S$\overline{O}$	加热油
	FRG	氟利昂气体		IG	惰性气
	FRL	氟利昂液体		N	氮
	PRG	气体丙烯或丙烷		$\overline{O}$	氧
	PRL	液体丙烯或丙烷		SL	泥浆
	RWR	冷冻盐水回水		VE	真空排放空
	RWS	冷冻盐水上水		VT	放空

注：物料代号中如遇英文字母“O”应写成“$\overline{O}$”。

表 2-10　工艺流程中线条宽度的规定（HG 20519.32—1992）（摘录）

名称	图例	备注
工艺物料管道	————	粗实线(0.9～1.2mm)
辅助物料管道	————	中粗线(0.5～0.7mm)

续表

名称	图例	备注
引线、设备、管件、阀门、仪表等图例	————	细实线(0.13~0.3mm)
原有管道	············	管线宽度与其相接的管线宽度相同
可拆管道	- - - - - -	
伴热(冷)管道	════	
电伴热管道	════	

2.1.3 方案流程图

方案流程图又称流程示意图或流程简图，是用来表达物料从原料到成品或半成品的工艺过程，表达整个工厂或车间生产流程以及所使用的设备和机器的图样。它既可用于设计开始时工艺方案的讨论，也可作为下一步设计物料流程图和带控制点的工艺流程图的基础。

方案流程图主要包括以下两方面的内容。

① 设备　用细实线表示生产过程中所使用的机器、设备示意图；用文字、字母、数字标注设备的名称和位号。

② 工艺流程　用粗实线表达物料由原料到成品或半成品的工艺流程路线；用文字注明各管道路线的名称；用箭头注明物料的流向。

近年来，为了给进一步讨论和设计提供更详细的资料，常在方案流程图上画出工艺流程中流量、温度、压力、液面以及成分分析等测量控制点，这种图同物料流程图和带控制点的工艺流程图比较接近。

如图 2-10 所示为某物料残液蒸馏处理系统的方案流程图。

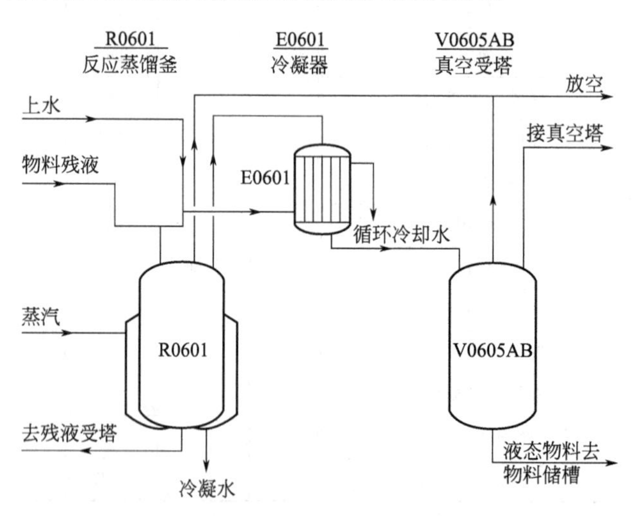

图 2-10　物料残液蒸馏处理系统的方案流程图

方案流程图的图幅一般不做规定。图框和标题栏亦可如图 2-10 所示省略。

2.1.4 工艺物料流程图

工艺物料流程图是在方案流程图的基础上，进行物料衡算和热量衡算，用图形与表格相结合的形式反应衡算结果的图样。物料流程图为审查提供资料，为实际生产操作提供参考，为进一步设计提供依据。

物料流程图主要是用来描述界区内主要工艺物料的种类、流向、流量以及主要设备的特性数据等。具体应包括以下几个方面。

(1) 设备

用示意图表示生产过程中所使用的机器、设备，不必精确；常采用标准规定的设备表示方法简化绘制，有的设备甚至简化为符号形式；设备的大小不要求严格按比例绘制，但外形轮廓应尽量做到按相对比例绘出。用文字、字母、数字标注出设备的名称和位号。

(2) 工艺流程

用工艺流程线及文字定性地表达物料由原料到成品或半成品的工艺流程。

(3) 主要设备特性数据或参数

在设备位号及名称下方应加注设备特性数据或参数，譬如换热器设备的换热面积，塔设备的直径、高度，储罐的容积，机器的型号等。

(4) 物料表

物料表是工艺物料流程图中最关键的部分，也是人们读图时最为关心的内容。在流程的起始处以及使物料产生变化的设备后，都应列表注明。物料表包括物料的名称、质量流量、摩尔流量和摩尔分数等参数及各项的总和，实际书写项目依具体情况而定。物料在流程中的一些工艺参数（如温度、压力等）可在流程线旁边标注写出。表格线和指引线都用细实线绘制。物料表的格式见表 2-11。

表 2-11　工艺物料流程图中物料表的格式

名称	单位			
	kg/h	%(质量分数)	mol/h	%(摩尔分数)
物料 1				
物料 2				
物料 3				
合计				

通常，热量衡算结果也表示在相应的设备附近。

图 2-11 是工艺物料流程图的一个实例。

2.1.5　带控制点的工艺流程图

带控制点的工艺流程图一般分为初步设计阶段的带控制点工艺流程图和施工设计阶段带控制点的工艺流程图，而施工设计阶段带控制点的工艺流程图也称管道及仪表流程图。带控制点的工艺流程图是在方案流程图的基础上绘制的内容较为详尽的一种工艺流程图，一般以某工段或工序为单元绘制，也可以某车间为单元绘制。

带控制点的工艺流程图反映工艺生产全部过程，由物料流程、控制点和图例三部分组成。它是由工艺专业人员和自控专业人员合作进行绘制的。流程图应表示出全部工艺设备、工艺物料管线、辅助管线、阀门、管件以及工艺参数（温度、压力、流量、液位、物料组成、浓度等）的测量点，并表示出自动控制的方案。

通过带控制点的工艺流程图，可以比较清楚地了解设计的全貌。因此，它是设备布置图和管道布置图的设计依据，也是施工安装、生产操作时的参考资料。

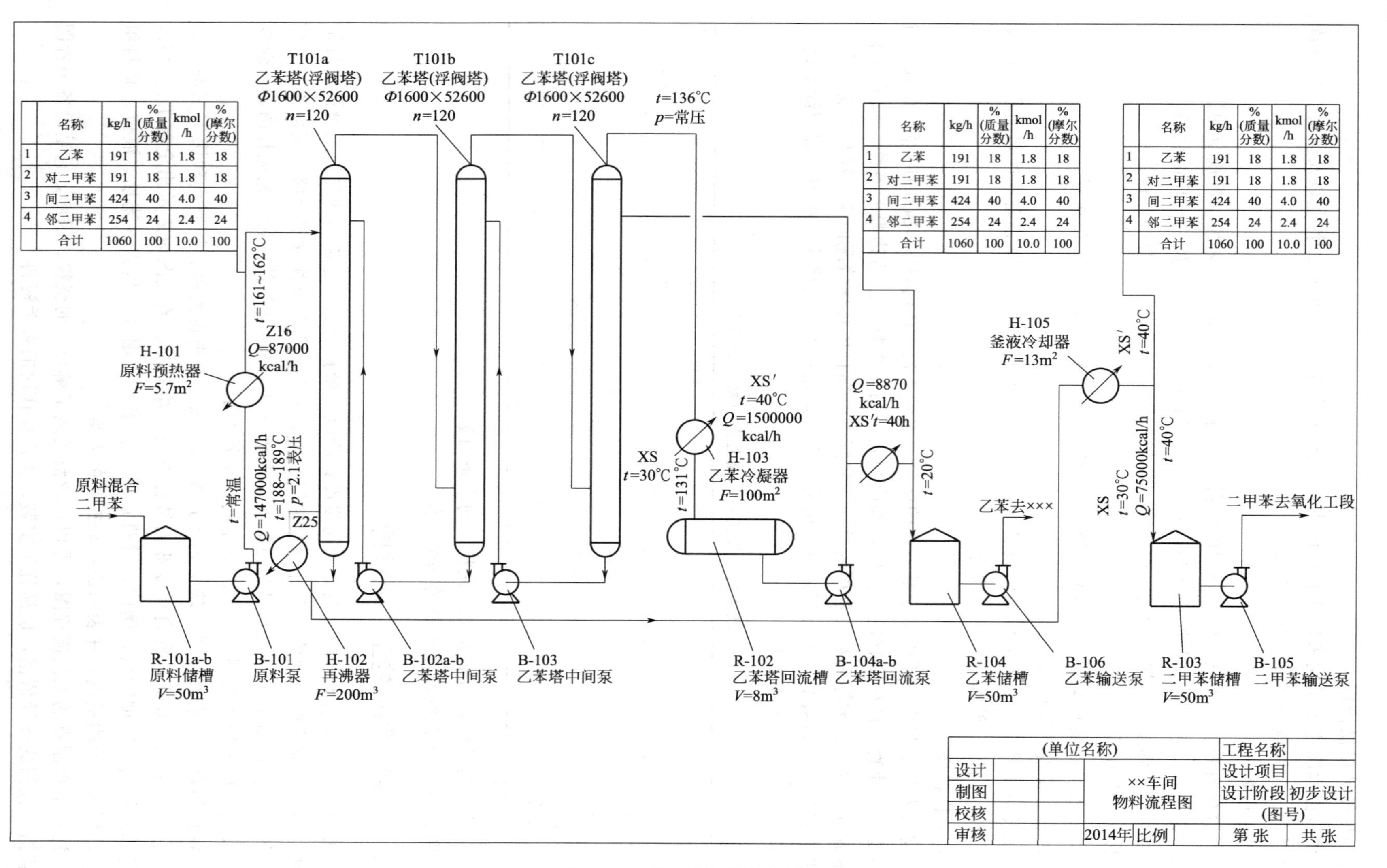

	名称	kg/h	%(质量分数)	kmol/h	%(摩尔分数)
1	乙苯	191	18	1.8	18
2	对二甲苯	191	18	1.8	18
3	间二甲苯	424	40	4.0	40
4	邻二甲苯	254	24	2.4	24
	合计	1060	100	10.0	100

	名称	kg/h	%(质量分数)	kmol/h	%(摩尔分数)
1	乙苯	191	18	1.8	18
2	对二甲苯	191	18	1.8	18
3	间二甲苯	424	40	4.0	40
4	邻二甲苯	254	24	2.4	24
	合计	1060	100	10.0	100

	名称	kg/h	%(质量分数)	kmol/h	%(摩尔分数)
1	乙苯	191	18	1.8	18
2	对二甲苯	191	18	1.8	18
3	间二甲苯	424	40	4.0	40
4	邻二甲苯	254	24	2.4	24
	合计	1060	100	10.0	100

图 2-11 某工段物料流程图

（1）图样内容

① 图形 将各设备的简单形状展开在同一平面上，再配以连接的主辅管线及管件、阀门、仪表控制点的符号。

② 标注 标注写出设备位号及名称、管段编号、控制点代号、必要的尺寸、数据等。

③ 图例 代号、符号及其他标注的说明，有时还有设备位号索引等。

④ 标题栏 注写图名、图号、设计阶段等。

（2）图的绘制范围

工艺流程图必须反映全部工艺物料和产品所进过的设备。

① 应全部反映出主要物料管路，并表达出进、出装置界区的流向。

② 冷却水、冷冻盐水、工艺用的压缩空气、蒸汽（不包括副产品蒸汽）及蒸汽冷凝系统等的整套设备和管线不在图内表示，仅示意工艺设备使用点的进、出位置。

③ 标注有助于用户确认及上级或有关领导审批用的一些工艺数据（譬如温度、压力、物流的质量流量或体积流量、密度、换热量等）。

④ 图上必要的说明和标注，并按图签规定签署。

⑤ 必须标注工艺设备、工艺物流线上的主要控制点及调节阀等，这里指的控制点包括被测变量的仪表功能（如调解、记录、指示、联锁、报警、分析、检测等）。

（3）图的绘制步骤

① 根据图面设计确定的设备图例大小、位置，以及相互之间的距离，采用细点划线按照生产流程的顺序，从左至右横向标示出各设备的中心位置。

② 用细实线按照流程顺序和标准图例画出主要设备的图例及必要内构件。

③ 用细实线按照流程和标准图例画出其他相关辅助、附属设备的图例。

④ 先用细实线按照流程顺序和物料种类，逐一分类画出各主要物流线，并给出流向。

⑤ 用细实线按照流程顺序和标准图例画出相应的控制阀门、重要管件、流量计和其他检测仪表，以及相应的自动控制用的信号连接线。

⑥ 对照流程草图和已初步完成的流程图图面，按照流程顺序检查，看是否有漏画、错画情况，并进行适当的修改与补画。尤其是从框图开始绘制流程图，必须注意补全实际生产过程所需要的泵、风机、分离器等辅助设备与装置，以及其他必需的控制阀门、重要管件、计量装置和检测仪表等。工艺流程图绘制完成后，应反复检查，直至满意为止。

⑦ 按标准将物流线改画成粗实现，并给出表示流向的标准箭头。

⑧ 标注设备位号、管道号和检测仪表的代号与符号，以及其他需要标注的文字。

⑨ 给出集中图例与代号、符号说明。

⑩ 按标准绘制标题栏，并给出相应的文字说明。

（4）图的绘制比例

绘制流程图不按比例绘制，一般设备（机器）图例只取相对比例。允许实际尺寸过大的设备（机器）比例适当缩小，实际尺寸过小的设备（机器）比例可以适当放大。因此，在标题栏中的“比例”一栏，不予注明。流程图中可以相对示意出各设备位置的高低。整个图面要协调、美观。

（5）图幅与图框

① 图纸幅面尺寸 根据GB/T 14689—2008的规定，绘制技术图样时优先采用表2-12所规定的基本幅面。必要时，也允许选用符合规定的加长幅面，这些幅面是由基本幅面的短

边成整倍数增加后得出，见表 2-13。

表 2-12　图纸基本幅面尺寸　　单位：mm

幅面代号	A0	A1	A2	A3	A4
尺寸 $B \times L$	841×1189	594×841	420×594	297×420	210×297

表 2-13　必要时的图纸加长幅面尺寸（部分）　　单位：mm

幅面代号	A3×3	A3×4	A4×3	A4×4	A4×5
尺寸 $B \times L$	420×891	420×1189	297×630	297×841	297×1051

② 图框格式　在图纸上必须用粗实线画出图框，其格式分为不留装订边和留有装订边两种，但同一产品只能采用同一种格式。不留装订边的图纸，其图框格式如图 2-12 所示，尺寸按表 2-14 的规定。

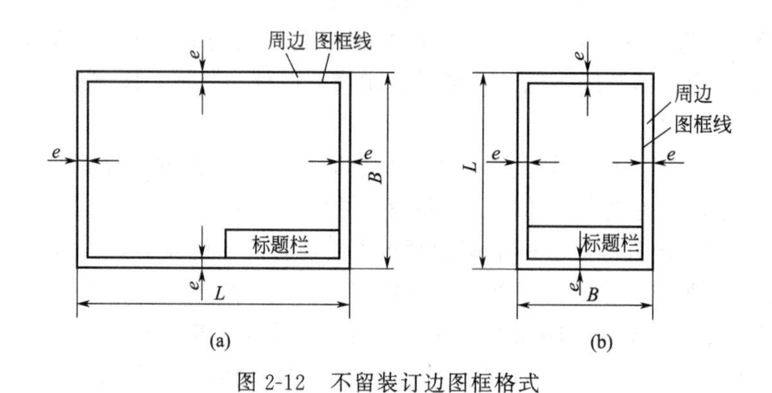

图 2-12　不留装订边图框格式

留有装订边的图纸，其图框格式如图 2-13 所示，尺寸按表 2-14 的规定。

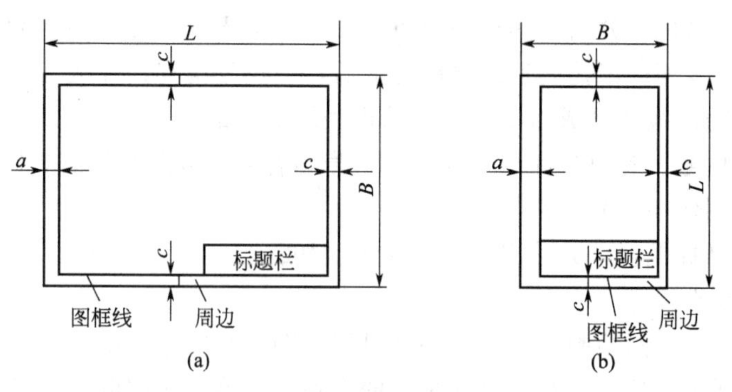

图 2-13　留有装订边图框格式

加长幅面的图框尺寸，按所选用的基本幅面大一号的图框尺寸确定。例如 A2×3 的图框尺寸，按 A1 的图框尺寸确定，即 e 为 20mm（或 c 为 10mm），而 A3×4 的图框尺寸，按 A2 的图框尺寸确定，即 e 为 10mm（或 c 为 10mm）。

表 2-14　图框格式尺寸　单位：mm

幅面代号	A0	A1	A2	A3	A4
尺寸 $B\times L$	841×1189	594×841	420×594	297×420	210×297
e	20		10		
c	10			5	
a	25				

(6) 标题栏及明细栏

每张技术图纸上都必须画出标题栏。标题栏的格式和尺寸按 GB/T 10609.1—2008 的规定。标题栏的位置一般位于图纸的右下角，看图的方向与看标题栏的方向一致，如图 2-14 所示。常用标题栏一般由更改区、签字区、其他区、名称及代号区组成。标题栏的作用是表明图名、设计单位、设计人、制图人、审核人等的姓名，绘图比例和图号等。标题栏也可按实际需要增加或减少。学生学习阶段做练习，建议采用标题栏的简化格式，如图 2-15 所示。

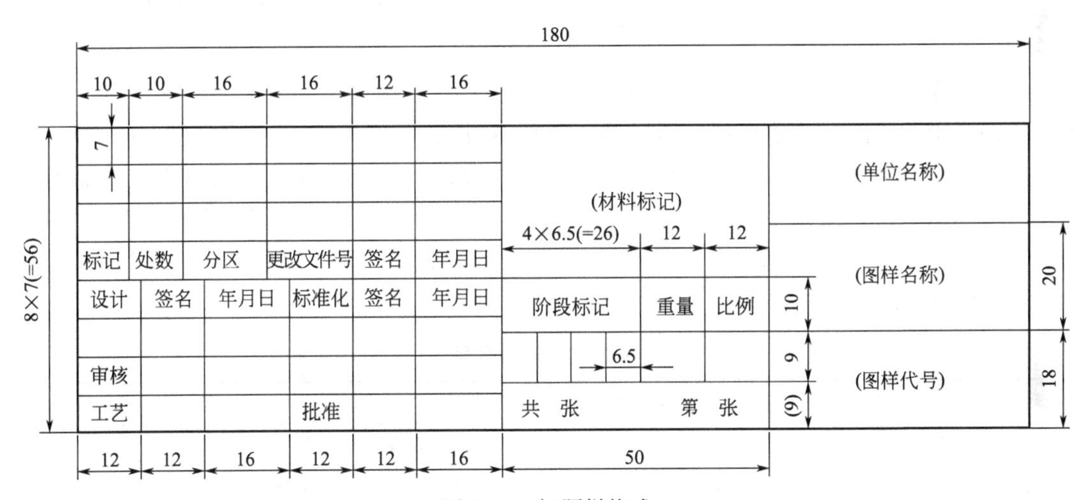

图 2-14　标题栏格式

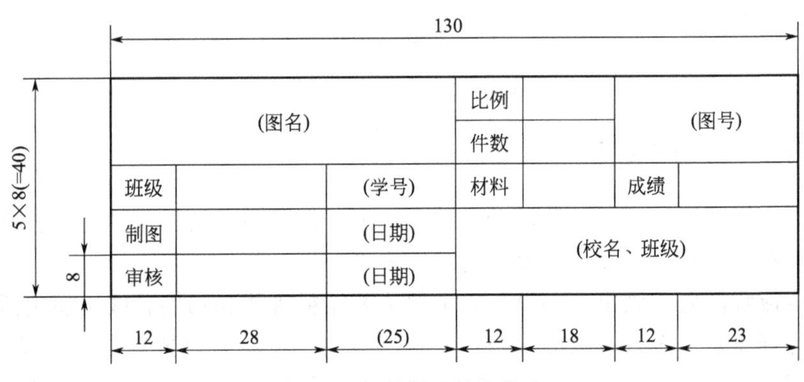

图 2-15　标题栏的简化格式

装配图中一般应有明细栏，一般配置在装配图中标题栏的上方，按由下而上的顺序填写，其格数应根据需要而定，格式按 GB/T 10609.2—2009 的规定，如图 2-16 所示。当由下而上延伸位置不够时可紧靠在标题栏的左边自下而上延续；当装配图中不能在标题栏的上方配置明细栏时，可作为装配图的续页按 A4 幅面单独给出，其顺序应是由上而下延伸，还可连续加页，但应在明细栏的下方配置标题栏并在标题栏中填写与装配图相一致的名称和代号。

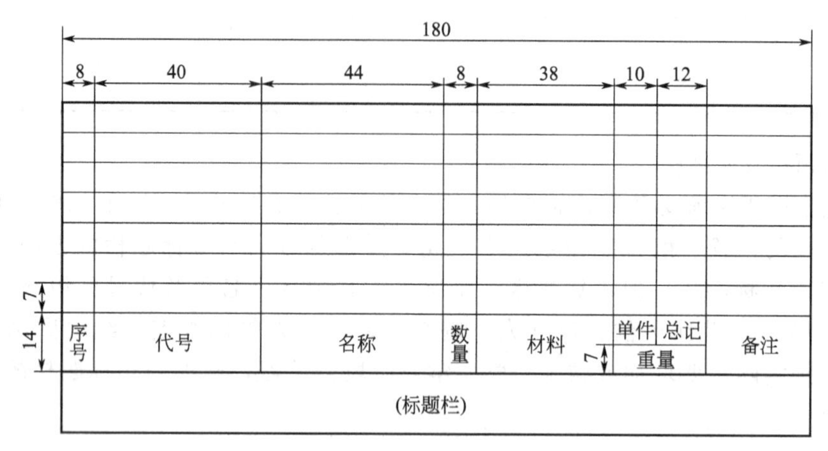

图 2-16　明细栏

（7）字体

在图样中除了表示物体形状的图形外，还必须用文字、数字和字母表示物体的大小及技术要求等内容。图样中书写的字体必须做到：字体端正、笔画清楚、排列整齐、间隔均匀。字体尽可能用长仿宋或者写成正楷字，并要以我国正式公布推广的《汉字简化方案》中规定的简化字为标准，不准任意简化、杜撰。字号（包含外文字母）参照表 2-15，其中外文字母必须全部大写，不得书写草体。

表 2-15　常用字号

书写内容	推荐字号/mm	书写内容	推荐字号/mm
图标中的图名及视图符号	7	表格中的文字	5
工程名称	5	图纸中的数字及字母	3，3.5
图纸中的文字说明及轴线号	5	表格中的文字（格子小于 6mm）	3.5
图名	7		

图 2-17 是带控制点的工艺流程图的一个实例。

2.1.6　管道仪表流程图

管道仪表流程图是施工设计阶段带控制点的工艺流程图，它反映的是工艺流程设计、设备设计、管道布置设计、自控仪表设计的综合成果。

管道仪表流程图要求画出全部设备，全部工艺物料管线和辅助管线，还包括在工艺流程设计时考虑为开车、停车、事故、维修、取样、备用、再生所设置的管线以及全部的阀门、管件。并要详细标注所有的测量、调节可控制器的安装位置和功能代号，因此，它是指导管路安装、维修、运行的主要档案性资料。

课程设计不要求绘制管道仪表流程图，此处不再赘述。

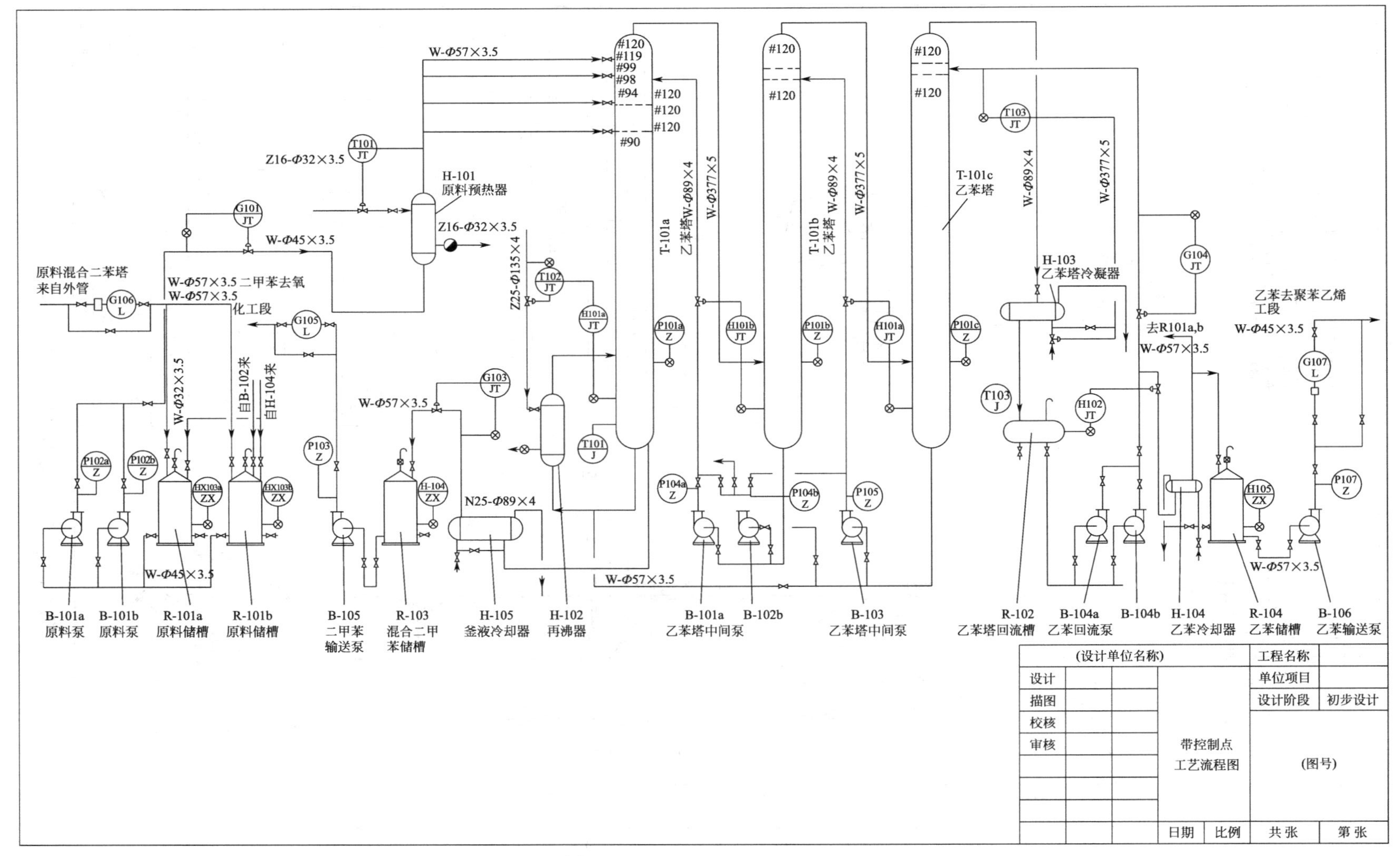

图 2-17　碳八分离工段带控制点的工艺流程图

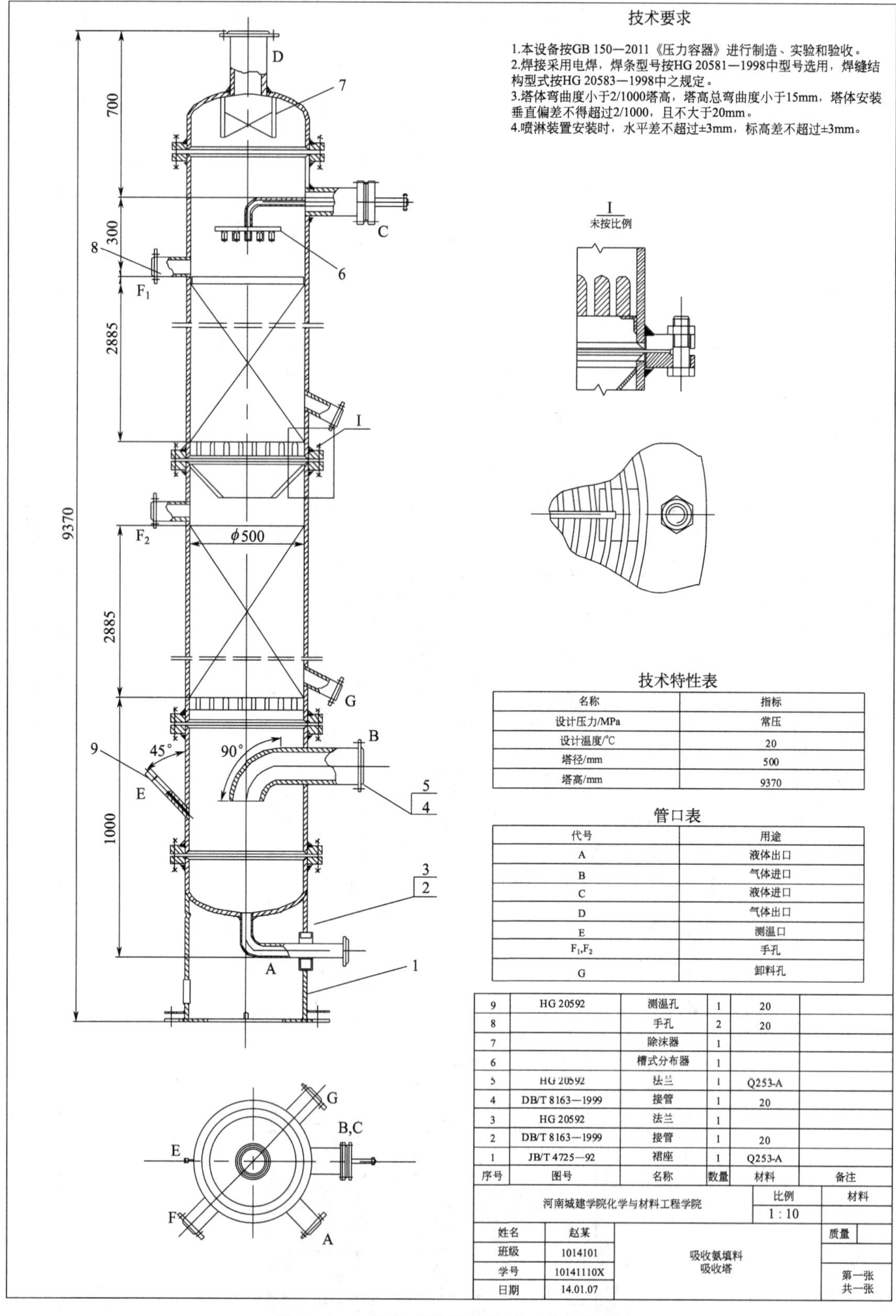

技术特性表

名称	指标
设计压力/MPa	常压
设计温度/°C	20
塔径/mm	500
塔高/mm	9370

管口表

代号	用途
A	液体出口
B	气体进口
C	液体进口
D	气体出口
E	测温口
F_1,F_2	手孔
G	卸料孔

序号	图号	名称	数量	材料	备注
9	HG 20592	测温孔	1	20	
8		手孔	2	20	
7		除沫器	1		
6		槽式分布器	1		
5	HG 20592	法兰	1	Q253-A	
4	DB/T 8163—1999	接管	1	20	
3	HG 20592	法兰	1		
2	DB/T 8163—1999	接管	1	20	
1	JB/T 4725—92	裙座	1	Q253-A	

河南城建学院化学与材料工程学院		比例	材料
		1∶10	
姓名	赵某	吸收氨填料吸收塔	质量
班级	1014101		
学号	10141110X		第一张 共一张
日期	14.01.07		

图 2-18　二氧化碳填料吸收塔工艺条件图

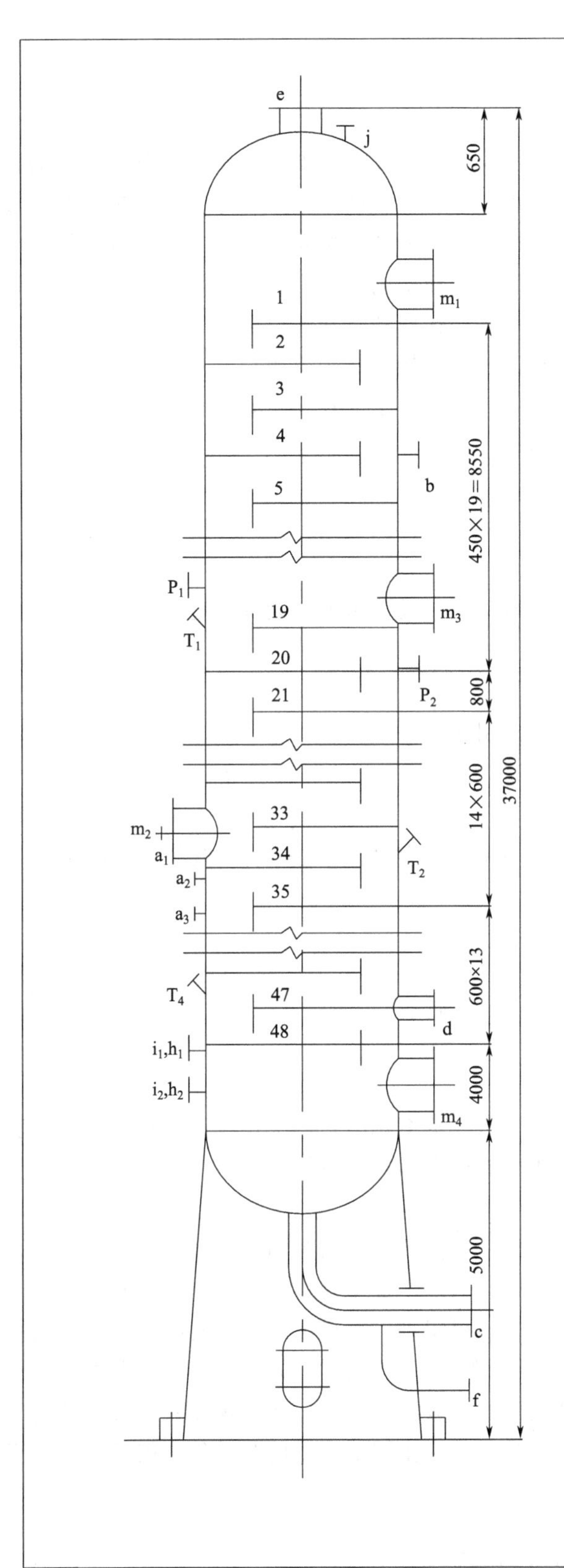

技术要求

1.本设备按GB 150《钢制压力容器》进行制造、试验和验收，并接受国家质量技术监督局颁发《压力容器安全技术监察》的监察。
2.塔体弯曲度应小于1/1000塔高，塔高总弯曲度小于30mm，塔体安装垂直偏差不得超过塔高的1/1000，且不大于15mm。
3.裙座螺栓中心圆直径偏差±3mm，任意两孔间距离偏差±3mm。
4.关口方位见本图。

技术特性表

名称	指标
操作温度	160℃
操作压力	0MPa
工作介质	苯，甲苯
塔板块数	48
浮阀形式	浮阀F1Z-3B
许用应力/MPa	148

接管方位图

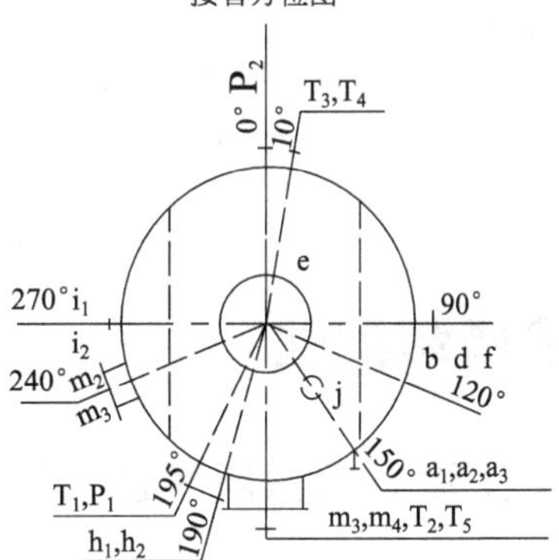

注：其余的辅助接管由机械设计酌定

T_1～T_5	测温接管	25	0.6
P_1,P_2	测压接管	25	0.6
m_1～m_4	人孔	600	
j	排空管	50	0.6
i_1,i_2	自控液位接管	25	0.6
h_1,h_2	液位指示接管	20	0.6
f	排液管	80	0.6
e	塔顶蒸汽出口管	300	0.6
d	塔底蒸汽返回	300	0.6
c	釜液循环管	80	0.6
b	回流接管	80	0.6
a_1～a_3	接管进料管	125	0.6
接管符号	说明	公称直径/mm	公称压力/MPa
浮阀精馏塔工艺条件图			
设计者	指导者	(日期)	班号	备注

图 2-19　浮阀精馏塔的工艺条件图

2.2 主设备工艺条件图

主体设备是指在每个单元操作中处于核心地位的关键设备，如传热中的换热器，蒸馏和吸收中的塔设备，干燥中的干燥器等。一般来说，单元设备在不同单元操作中的主体地位常常是不一样的，即使是同一设备在不同单元操作中其作用也不尽相同，如某一设备在某个单元操作中是核心地位的主体设备，而在另一个单元操作中则可能变为辅助设备。譬如，换热器在传热单元操作中即为主体设备，而在精馏单元操作中却是辅助设备。

主设备工艺条件图是将设备的结构设计和工艺尺寸的计算结果用一张总图表示出来。在设备工艺计算完成后，要填写设备的条件表，其中包括设备简图、技术特性和接管尺寸。它是进行装置施工图设计的依据。图面上应包括以下内容。

(1) 设备图形

指主要尺寸（外形尺寸、结构尺寸、连接尺寸)、接管、人孔等。

(2) 技术特性

指装置设计和制造检验的主要性能参数。通常包括设计压力、设计温度、工作压力、工作温度、介质名称、腐蚀裕度、焊缝系数等。

(3) 接管口表

注明各管口的符号、公称尺寸、连接方式、用途等。

(4) 设备组成一览表

注明组成设备的各部件的名称等。

图 2-18 是一个二氧化碳填料吸收塔的工艺条件图。图 2-19 是一个浮阀精馏塔的工艺条件图。

2.3 设备装配图

2.3.1 化工设备图常用表达方法

化工设备的基本形体多为回转体，故常采用两个基本视图，再配以局部视图来表达。装配图上除了标题栏明细表和技术要求之外，还有管口表和技术特征表。

(1) 基本视图表达方法

对立式设备，常用主视图表达轴向形体，且常作全剖，用俯视图表达径向形体。对于高大的设备也可横卧来画，与卧式设备表达方法相同，以主视图表达轴向形体，用左（右）视图表达径向形体。对特别高大或狭长的设备，如果视图难以按投影位置放置时，允许将俯视（左视）图绘制在图样的其他空处，但必须注明“俯（左）视图”或“×向”等字样。当设备需较多视图才能表达完整时，允许将部分视图画在数张图纸上，但主视图及该设备的明细表、技术要求、技术特性表、管口表等均应安排在第一张图纸上，同时在每张图纸上应说明视图间的关系。

(2) 局部放大表达

按总体尺寸选定的绘图比例，往往无法将其局部结构表达清楚，因此常用局部放大图（又称节点放大图）来表示局部详细结构，局部放大图常用剖视、剖面来表达，也可用一组视图来表达。

(3) 夸大表达

某些部位因绘图比例较小，可采用不按比例的夸大画法，如设备的壁厚常用双线夸大地画出，剖面线符号用涂色方法来代替。

(4) 多次旋转表达

为了在同一主视图上反映出结构方位不同的管口和零部件的真实形状和位置，在化工设备图中常采用多次旋转画法，并允许不做旋转方向标注，但其周向方位应以管口方位图或以俯（左）视图为准。当旋转后出现图形重叠现象时应改用局部视图等方法另行画出。

此外，设备中如有若干个结构相同仅尺寸不同的零部件时，可集中综合列表表达它们的尺寸。

2.3.2 设备装置图

设备装置图一般包括主视图、俯视图、剖面图和两个局部放大图，此外还包括设备技术要求、主要参数、接管表、部件明细表、标题栏。

(1) 视图

视图是图样的主要内容。根据设备复杂程度，采用一组视图，从不同的方向清楚地表示设备的主要结构形状和零部件之间的装配关系。视图采用正投影方法，按国家标准的要求绘制。

(2) 尺寸

图上应注写必要的尺寸，作为设备制造、装配、安装检验的依据。这些尺寸主要有表示设备总体大小的总体尺寸，表示规格大小的特性尺寸，表示零部件之间装配关系的装配尺寸，表示设备与外界安装关系的安装尺寸。注写这些尺寸时，除数据本身要绝对正确外，标注的位置方向等都应严格按规定来处理。如尺寸应尽量安排在视图的右侧和下方，数字在尺寸线的左侧或上方。不允许标注封闭尺寸，参考尺寸和外形尺寸例外。尺寸标注的基准面一般从设计要求的结构基准面开始，并应考虑所注尺寸便于检查。

(3) 零部件编号及明细表

将图上组成该设备的所有零部件依次用数字编号。并按编号顺序在明细栏（在主标题栏上方）中从下向上逐一填写每一个编号的零部件的名称、规格、材料、数量、质量及有关图号或标准号等内容。

(4) 管口符号及管口表

设备上所有管口均须用英文小写字母依次在主视图和管口方位图上对应注明符号。并在管口表中从上向下逐一填写每一个管口的尺寸、连接尺寸及标准、连接面形式、用途或名称等内容。

(5) 技术特性表

用表格形式表达设备的制造检验主要数据。

(6) 技术要求

用文字形式说明图样中不能表示出来的要求。

(7) 标题栏

位于图样右下角，用以填写设备名称、主要规格、制图比例、设计单位、设计阶段、图样编号以及设计、制图、校审等有关责任人签字等内容。

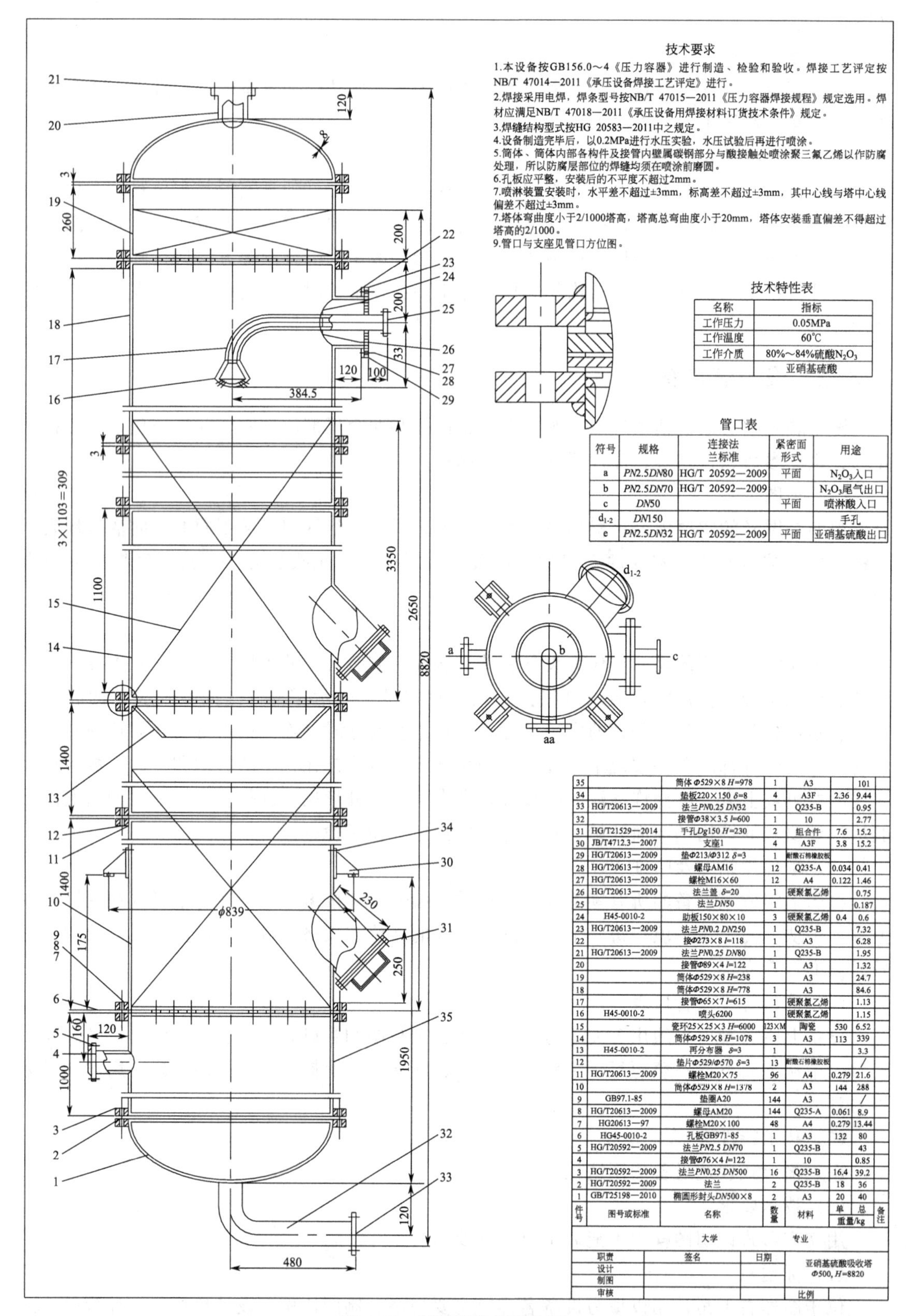

名称	指标
工作压力	0.05MPa
工作温度	60℃
工作介质	80%～84%硫酸N_2O_3
	亚硝基硫酸

符号	规格	连接法兰标准	紧密面形式	用途
a	$PN2.5DN80$	HG/T 20592—2009	平面	N_2O_3入口
b	$PN2.5DN70$	HG/T 20592—2009		N_2O_3尾气出口
c	$DN50$		平面	喷淋酸入口
d_{1-2}	$DN150$			手孔
e	$PN2.5DN32$	HG/T 20592—2009	平面	亚硝基硫酸出口

件号	图号或标准	名称	数量	材料	单重/kg	总重/kg	备注
35		筒体Φ529×8 H=978	1	A3		101	
34		垫板220×150 δ=8	4	A3F	2.36	9.44	
33	HG/T20613—2009	法兰PN0.25 DN32	1	Q235-B		0.95	
32		接管Φ38×3.5 l=600	1	10		2.77	
31	HG/T21529—2014	手孔Dg150 H=230	2	组合件	7.6	15.2	
30	JB/T4712.3—2007	支座1	4	A3F	3.8	15.2	
29	HG/T20613—2009	垫Φ213/Φ312 δ=3	1	耐酸石棉橡胶板			
28	HG/T20613—2009	螺母AM16	12	Q235-A	0.034	0.41	
27	HG/T20613—2009	螺栓M16×60	12	A4	0.122	1.46	
26	HG/T20613—2009	法兰盖 δ=20	1	硬聚氯乙烯		0.75	
25		法兰DN50	1			0.187	
24	H45-0010-2	肋板150×80×10	3	硬聚氯乙烯	0.4	0.6	
23	HG/T20613—2009	法兰PN0.2 DN250	1	Q235-B		7.32	
22		接Φ273×8 l=118	1	A3		6.28	
21	HG/T20613—2009	法兰PN0.25 DN80	1	Q235-B		1.95	
20		接管Φ89×4 l=122	1	A3		1.32	
19		筒体Φ529×8 H=238		A3		24.7	
18		筒体Φ529×8 H=778	1	A3		84.6	
17		接管Φ65×7 l=615	1	硬聚氯乙烯		1.13	
16	H45-0010-2	喷头6200	1	硬聚氯乙烯		1.15	
15	-	瓷环25×25×3 H=6000	123×M	陶瓷	530	6.52	
14		筒体Φ529×8 H=1078	3	A3	113	339	
13	H45-0010-2	再分布器 δ=3	1	A3		3.3	
12		垫片Φ529/Φ570 δ=3	13	耐酸石棉橡胶板		/	
11	HG/T20613—2009	螺栓M20×75	96	A4	0.279	21.6	
10		筒体Φ529×8 H=1378	2	A3	144	288	
9	GB97.1-85	垫圈A20	144	A3		/	
8	HG/T20613—2009	螺母AM20	144	Q235-A	0.061	8.9	
7	HG20613—97	螺栓M20×100	48	A4	0.279	13.44	
6	HG45-0010-2	孔板GB971-85	1	A3	132	80	
5	HG/T20592—2009	法兰PN2.5 DN70	1	Q235-B		43	
4		接管Φ76×4 l=122	1	10		0.85	
3	HG/T20592—2009	法兰PN0.25 DN500	16	Q235-B	16.4	39.2	
2	HG/T20592—2009	法兰	2	Q235-B	18	36	
1	GB/T25198—2010	椭圆形封头DN500×8	2	A3	20	40	

大学		专业	
职责	签名	日期	亚硝基硫酸吸收塔 Φ500, H=8820
设计			
制图			
审核			比例

图 2-20 填料吸收塔装配图

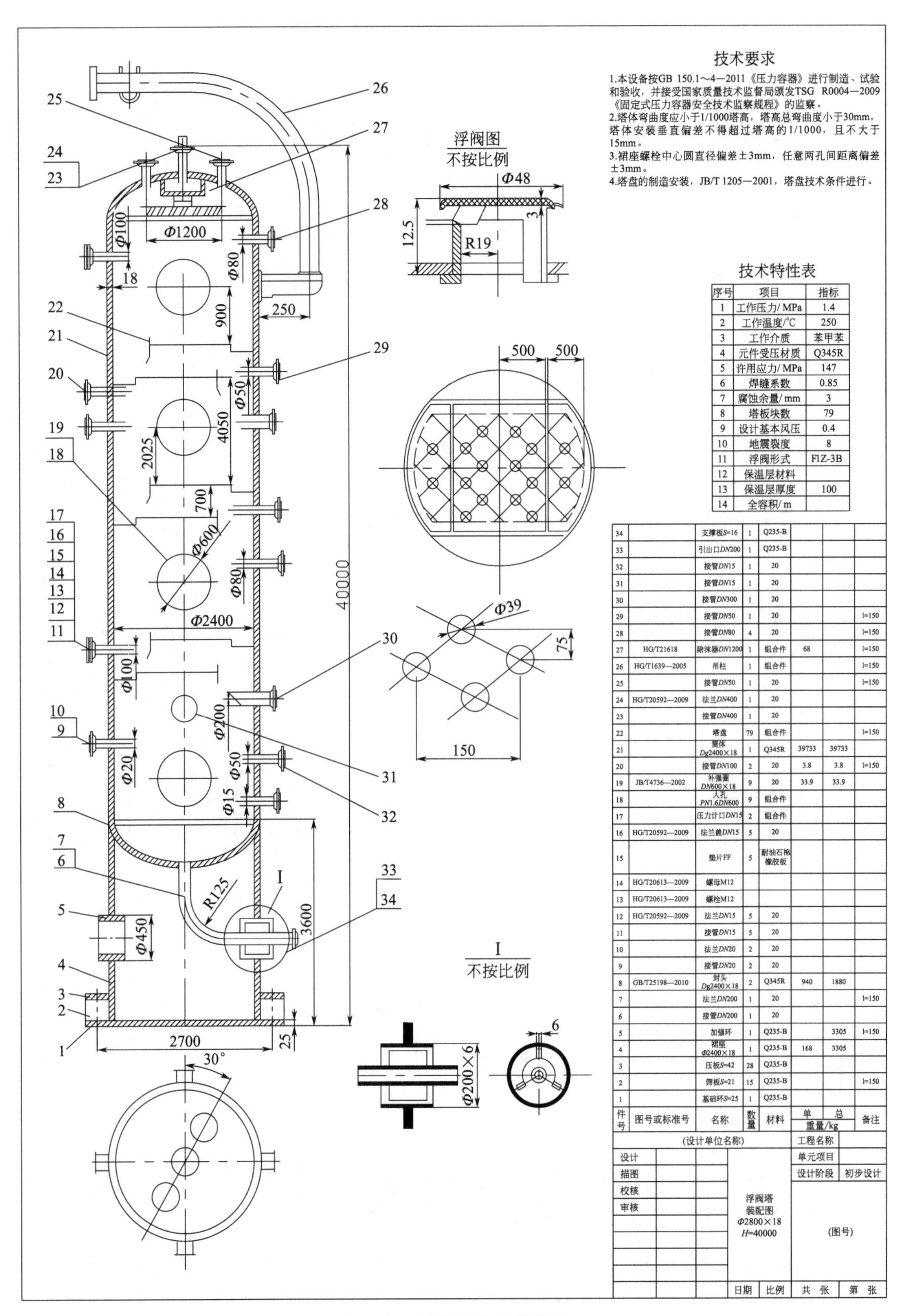

技术要求

1.本设备按GB 150.1～4—2011《压力容器》进行制造、试验和验收，并接受国家质量技术监督局颁发TSG R0004—2009《固定式压力容器安全技术监察规程》的监察。
2.塔体弯曲度应小于1/1000塔高，塔高总弯曲度小于30mm，塔体安装垂直偏差不得超过塔高的1/1000，且不大于15mm。
3.裙座螺栓中心圆直径偏差±3mm，任意两孔间距离偏差±3mm。
4.塔盘的制造安装，JB/T 1205—2001，塔盘技术条件进行。

技术特性表

序号	项目	指标
1	工作压力/ MPa	1.4
2	工作温度/℃	250
3	工作介质	苯甲苯
4	元件受压材质	Q345R
5	许用应力/ MPa	147
6	焊缝系数	0.85
7	腐蚀余量/ mm	3
8	塔板块数	79
9	设计基本风压	0.4
10	地震裂度	8
11	浮阀形式	FIZ-3B
12	保温层材料	
13	保温层厚度	100
14	全容积/ m	

件号	图号或标准号	名称	数量	材料	单重/kg	总重/kg	备注
34		支撑板S=16	1	Q235-B			
33		引出口DN200	1	Q235-B			
32		接管DN15	1	20			
31		接管DN15	1	20			
30		接管DN300	1	20			
29		接管DN50	1	20			l=150
28		接管DN80	4	20			l=150
27	HG/T21618	除沫器DN1200	1	组合件	68		l=150
26	HG/T1639—2005	吊柱	1	组合件			l=150
25		接管DN50	1	20			l=150
24	HG/T20592—2009	法兰DN400	1	20			
23		接管DN400	1	20			
22		塔盘	79	组合件			l=150
21		筒体 Dg2400×18	1	Q345R	39733	39733	
20		接管DN100	2	20	3.8	3.8	l=150
19	JB/T4736—2002	补强圈 DN600×18	9	20	33.9	33.9	
18		人孔 PN1.6DN600	9	组合件			
17		压力计口DN15	2	组合件			
16	HG/T20592—2009	法兰盖DN15	5	20			
15		垫片FF	5	耐油石棉橡胶板			
14	HG/T20613—2009	螺母M12					
13	HG/T20613—2009	螺栓M12					
12	HG/T20592—2009	法兰DN15	5	20			
11		接管DN15	5	20			
10		法兰DN20	2	20			
9		接管DN20	2	20			
8	GB/T25198—2010	封头 Dg2400×18	2	Q345R	940	1880	
7		法兰DN200	1	20			l=150
6		接管DN200	1	20			
5		加强环	1	Q235-B		3305	l=150
4		裙座 Φ2400×18	1	Q235-B	168	3305	
3		压板S=42	28	Q235-B			
2		筛板S=21	15	Q235-B			l=150
1		基础环S=25	1	Q235-B			

(设计单位名称)				工程名称	
设计			浮阀塔 装配图 Φ2800×18 H=40000	单元项目	
描图				设计阶段	初步设计
校核				(图号)	
审核					
			日期	比例	共　张　第　张

图 2-21　浮阀精馏塔装配图

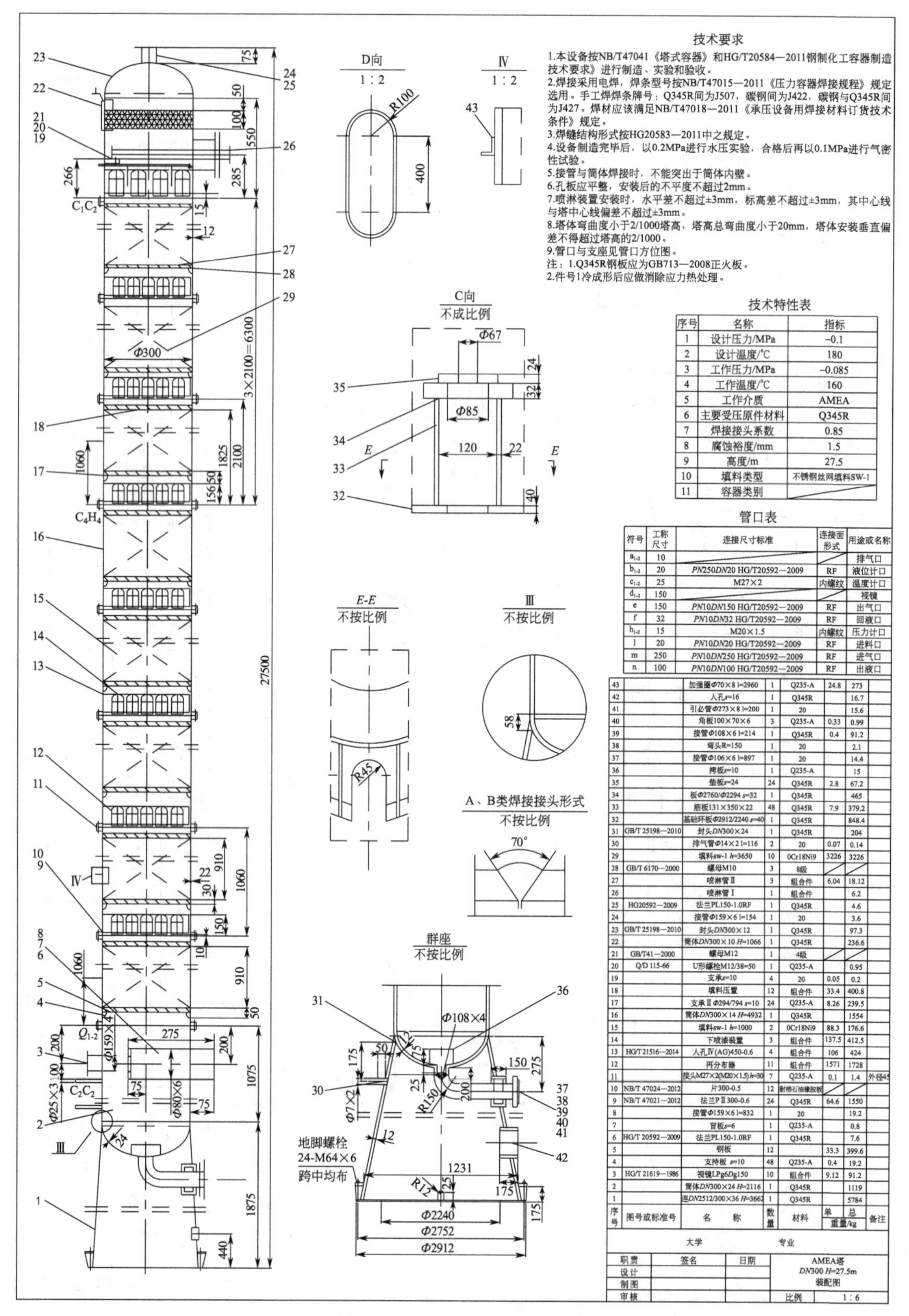

技术特性表

序号	名称	指标
1	设计压力/MPa	-0.1
2	设计温度/℃	180
3	工作压力/MPa	-0.085
4	工作温度/℃	160
5	工作介质	AMEA
6	主要受压原件材料	Q345R
7	焊接接头系数	0.85
8	腐蚀裕度/mm	1.5
9	高度/m	27.5
10	填料类型	不锈钢丝网填料SW-1
11	容器类别	

管口表

符号	工称尺寸	连接尺寸标准	连接面形式	用途或名称
a_{1-2}	10			排气口
b_{1-2}	20	PN250DN20 HG/T20592—2009	RF	液位计口
c_{1-2}	25	M27×2	内螺纹	温度计口
d_{1-2}	150			视镜
e	150	PN10DN150 HG/T20592—2009	RF	出气口
f	32	PN10DN32 HG/T20592—2009	RF	回液口
h_{1-2}	15	M20×1.5	内螺纹	压力计口
l	20	PN10DN20 HG/T20592—2009	RF	进料口
m	250	PN10DN250 HG/T20592—2009	RF	进气口
n	100	PN10DN100 HG/T20592—2009	RF	出液口

序号	图号或标准号	名称	数量	材料	单重/kg	总重/kg	备注
43		加强圈Φ70×8 l=2960	1	Q235-A	24.8	273	
42		人孔s=16	1	Q345R		16.7	
41		引必管Φ273×8 l=200	1	20		15.6	
40		角板100×70×6	3	Q235-A	0.33	0.99	
39		接管Φ108×6 l=214	1	Q345R	0.4	91.2	
38		弯头R=150	1	20		2.1	
37		接管Φ106×6 l=897	1	20		14.4	
36		拷板s=10	1	Q235-A		15	
35		垫板s=24	24	Q345R	2.8	67.2	
34		板Φ2760/Φ2294 s=32	1	Q345R		465	
33		筋板131×350×22	48	Q345R	7.9	379.2	
32		基础环板Φ2912/2240 s=40	1	Q345R		848.4	
31	GB/T 25198—2010	封头DN300×24	1	Q345R		204	
30		排气管Φ14×2 l=116	2	20	0.07	0.14	
29		填料sw-1 h=3650	10	0Cr18Ni9	3226	3226	
28	GB/T 6170—2000	螺母M10	3	8级			
27		喷淋管Ⅱ	3	组合件	6.04	18.12	
26		喷淋管Ⅰ	1	组合件		6.2	
25	HG20592—2009	法兰PL150-1.0RF	1	Q345R		4.6	
24		接管Φ159×6 l=154	1	20		3.6	
23	GB/T 25198—2010	封头DN300×12	1	Q345R		97.3	
22		筒体DN300×10 H=1066	1	Q345R		236.6	
21	GB/T41—2000	螺母M12	1	4级			
20	Q/D 115-66	U形螺栓M12/38=50	1	Q235-A		0.95	
19		支承s=10	4	20	0.05	0.2	
18		填料压置	12	组合件	33.4	400.8	
17		支承ⅡΦ294/794 s=10	24	Q235-A	8.26	239.5	
16		筒体DN300×14 H=4932	1	Q345R		1554	
15		填料sw-1 h=1000	2	0Cr18Ni9	88.3	176.6	
14		下喷漆装置	3	组合件	137.5	412.5	
13	HG/T 21516—2014	人孔Ⅳ(AG)450-0.6	4	组合件	106	424	
12		再分布器	11	组合件	1571	1728	
11		接头M27×2(M20×1.5) h=30	7	Q235-A	0.1	1.4	外径45
10	NB/T 47024—2012	片300-0.5	12	耐棉石油橡胶板			
9	NB/T 47021—2012	法兰PⅡ300-0.6	24	Q345R	64.6	1550	
8		接管Φ159×6 l=832	1	20		19.2	
7		盲板s=6	1	Q235-A		0.8	
6	HG/T 20592—2009	法兰PL150-1.0RF	1	Q345R		7.6	
5		钢板	12		33.3	399.6	
4		支持板 s=10	48	Q235-A	0.4	19.2	
3	HG/T 21619—1986	视镜LPg6Dg150	10	组合件	9.12	91.2	
2		筒体DN300×24 H=2116	1	Q345R		1119	
1		连DN2512/300×36 H=3662	1	Q345R		5784	

大学		专业	
职责	签名	日期	AMEA塔 DN300 H=27.5m 装配图
设计			
制图			
审核			比例 1：6

图 2-22　填料精馏塔装配图

2.3.3　装配图绘制方法和步骤

装配图绘制方法和步骤大致如下。

① 选定视图表示方案、绘图比例和图面安排。

② 绘制视图底稿。

③ 标注尺寸和焊缝代号。

④ 编排零部件件号和管口符号。

⑤ 填写明细栏、管口表、制造检验主要数据表。

⑥ 编写图面技术要求、标题栏。

⑦ 全面校核、审定后，画剖面线后重描。

⑧ 编制零部件图。

以上是一般绘图步骤，有时每步之间相互穿插。

应予指出，以上设计全过程统称为设备的工艺设计。完整的设备设计，应在上述工艺设计基础上再进行机械强度设计，最后提供可供加工制造的施工图。这一环节在高等院校的教学中，属于过程设备与装置专业的专业课程，在设计部门则属于机械设计组的职责。由于时间所限，本课程设计仅要求提供初步设计阶段的带控制点的工艺流程图和主体设备的工艺条件图。

图 2-20 是一个填料吸收塔装配图。图 2-21 是一个浮阀精馏塔装配图。图 2-22 是一个填料精馏塔装配图。

2.4　典型化工单元的自控流程

2.4.1　流体输送设备的自动控制

（1）离心泵的自动控制方案

离心泵流量控制的目的是要将泵的排出流量恒定于某一给定的数值上。流量控制在化工厂中是常见的，例如，进入化学反应器的原料量需要维持恒定，精馏塔的进料量或回流量需要维持恒定等。

离心泵的流量控制大体有控制泵出口阀开度、控制泵的转速和控制泵的出口旁路三种方法。

① 控制泵出口阀门开度　通过控制泵出口阀门开度来控制流量的方法如图 2-23 所示。当干扰作用使被控变量（流量）发生变化偏离给定值时，控制器发出控制信号，阀门动作，控制结果将使流量回到给定值。

采用该方案时，要注意控制阀一般应该装在泵的出口管线上，而不应该装在泵的吸入管线上。控制泵出口阀门开度的方案简单可行，是应用最为广泛的方案。但是，此方案总的机械效率较低，特别是控制阀开度较小时，阀上压降较大，对于大功率的泵，损耗的功率就相当大，因此是不经济的。

② 控制泵的转速　改变泵的转速调节流量是指当泵的转速改变时，泵的流量特性曲线发生了改变，从而达到调节流量的目的。

此方案节约能量，机械效率较高，但驱动机械及其调速设施投资较高，一般只适用于较大功率的机泵。

③ 控制泵的出口旁路　旁路调节是将泵的部分排出量重新送回到吸入管路，用改变旁路阀开度的方法来控制泵的实际排出量，如图 2-24 所示。

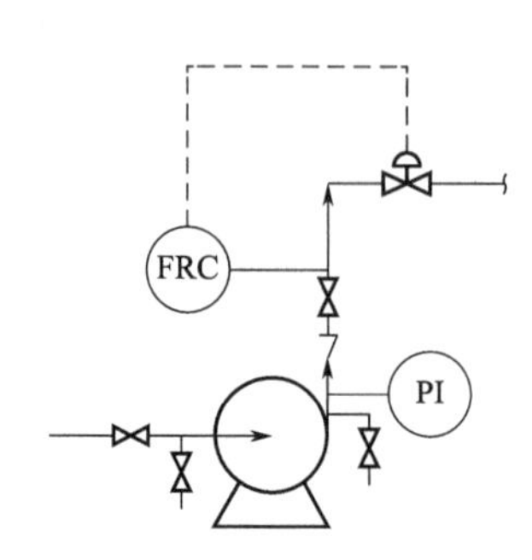

图 2-23　离心泵的出口阀门开度调节流量

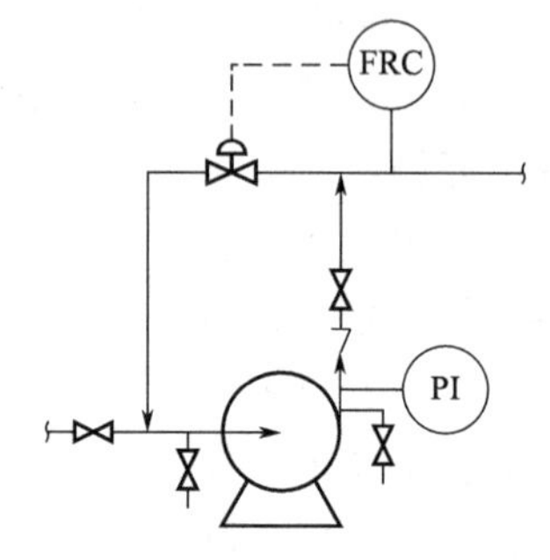

图 2-24　离心泵的旁路调节流量

（2）往复泵的自动控制方案

① 改变原动机的转速　这种方案适用于以蒸汽机或汽轮机作原动机的场合，此时，可借助于改变蒸汽流量的方法方便地控制转速，如图 2-25 所示。当用电动机作原动机时，由于调速机构复杂，较少采用。

② 改变旁路阀开度　如图 2-26 所示，用改变旁路阀开度的方法来控制实际排出量。

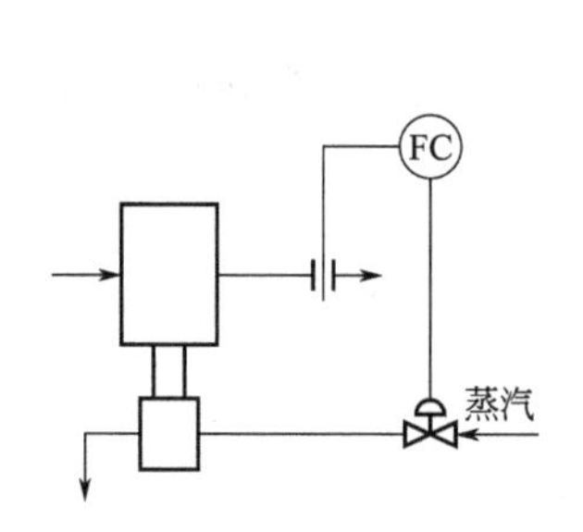

图 2-25　改变原动机转速的控制方案

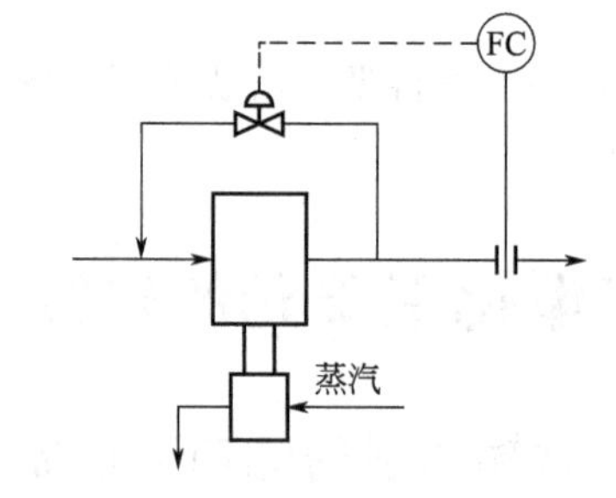

图 2-26　改变旁路阀开度的控制方案

③ 改变冲程　计量泵常用改变冲程来进行流量控制。冲程的调整可在停泵时进行，也有在运转状态下进行的。

往复泵的出口管道上不允许安装控制阀，这是因为往复泵活塞往复一次，总有一定体积的流体排出，当在出口管线上节流时，压头会大幅度增加。改变出口管路阻力既达不到控制流量的目的，又极易破坏泵体。

（3）真空泵的自动控制方案

使用真空泵时，可采用吸入支管调节和吸入管阻力调节的方案来控制真空系统的真空度，如图 2-27 所示。当用蒸汽喷射泵抽真空时，真空度还可用调节蒸汽量的方法来控制，如图 2-28 所示。

（4）离心压缩机的自动控制方案

离心压缩机常用的流量调节方法有入口流量调节旁路阀，改变进口导向叶片的角度和改变压缩机的转速等。

改变转速法是一种最为节能的方法。由于调节转速有一定的限度，因此需要设置放空设施。压缩机的进口压力调节一般可采用在压缩机进口前设置一缓冲罐，从出口端引出一部分介质返回缓冲罐以调节缓冲罐的压力，如图 2-29 所示。

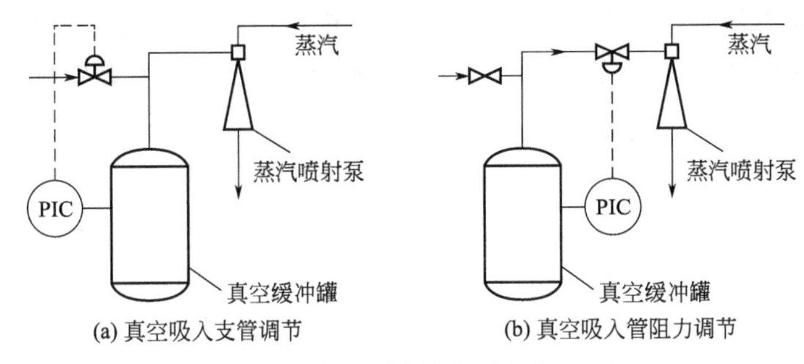

图 2-27　真空泵流量控制方案（一）

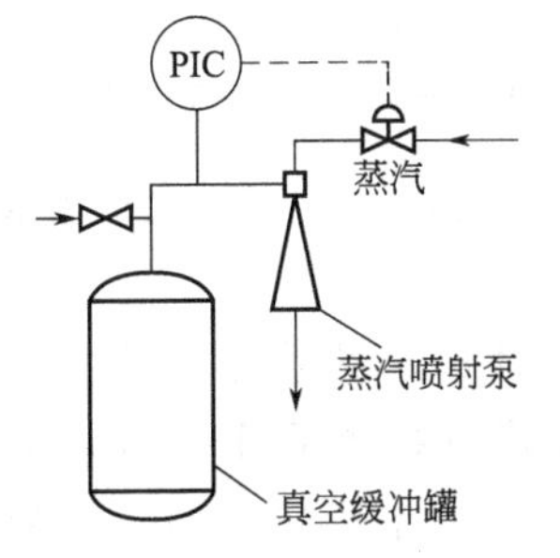

图 2-28　真空泵流量控制方案（二）

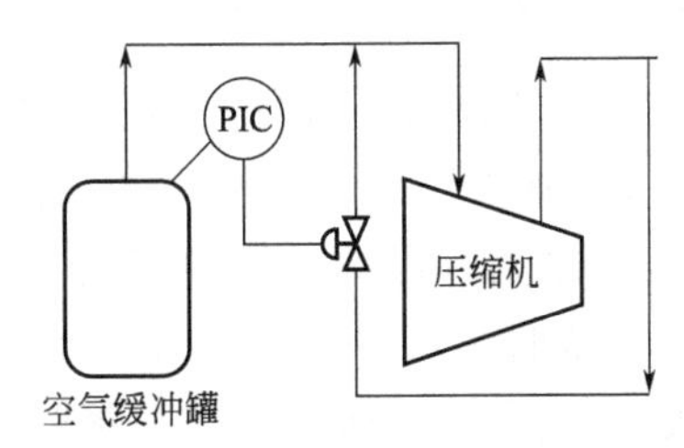

图 2-29　压缩机进口压力调节原理图

2.4.2　传热设备的自动控制

在化工生产过程中，传热设备的种类很多，主要有换热器、蒸汽加热器、再沸器、冷凝器和加热炉等。由于传热的目的不同，被控变量也不完全一样。在多数情况下，被控变量是温度，本节仅讨论温度为被控变量时的各种控制方案。

（1）两侧均无相变化的换热器控制方案

当换热器两侧流体均无相变时，可以通过改变换热器的热负荷来保证工艺介质温度在换热器出口处恒定的给定值上。控制方案的实施可采用调节载热体的流量、调节载热体旁路流量、调节被加热流体自身流量及调节被加热流体自身流量的旁路几种方法来实现。

① 控制载热体流量　图 2-30 是利用控制载热体的流量来稳定被加热介质出口温度的控制方案。此方案适用于载热体流量的变化对温度影响敏感的场合。若载热体的压力不稳定，可另设稳压系统，或者采用以温度为主变量、流量为副变量的串级控制系统，如图 2-31 所示。

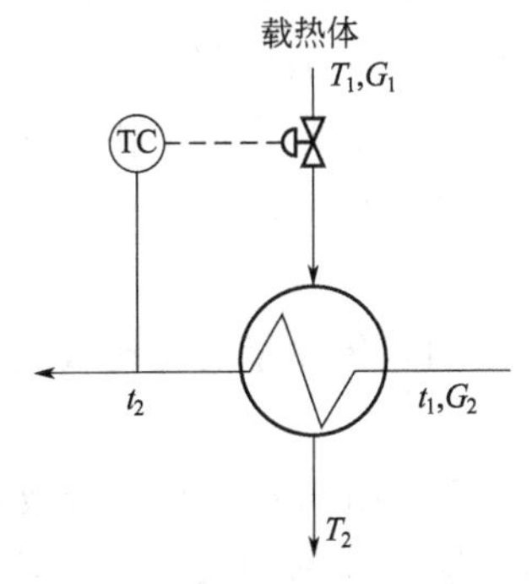

图 2-30　改变载热体的流量控制温度

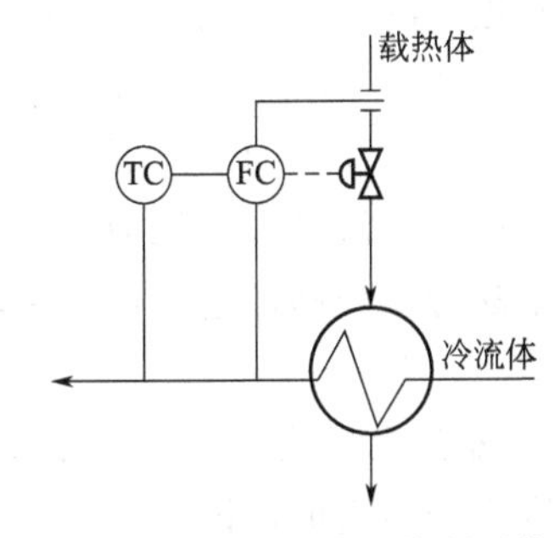

图 2-31　换热器串级控制系统

② 控制载热体旁路　当载热体是工艺流体，其流量不允许变动时，可采用图 2-32 所示

的控制方案。该方法采用三通控制阀来改变进入换热器的载热体流量及其旁路流量的比例，这样既可控制进入换热器的载热体流量，又可保证载热体总流量不受影响。

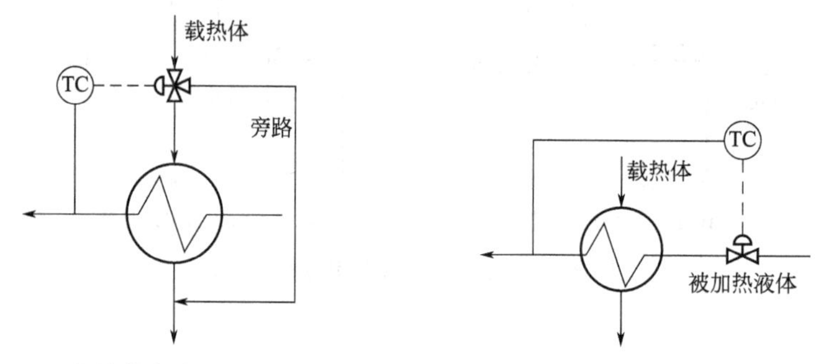

图 2-32 载热体旁路控制温度方案　　图 2-33 用被加热流体自身流量控制温度

③ 控制被加热流体自身流量　如图 2-33 所示，当工艺介质的流量允许变化时，可采用将控制阀安装在被加热流体进入换热器管道上的控制方案。

④ 控制被加热流体自身流量的旁路　当被加热流体的总流量不允许变化，且换热器的传热面积有余量时，可将一小部分被加热流体由旁路直接流到出口处，使冷热物料混合来控制温度，如图 2-34 所示。如果换热器的被加热介质流量较小时，采用此方案则不太经济。

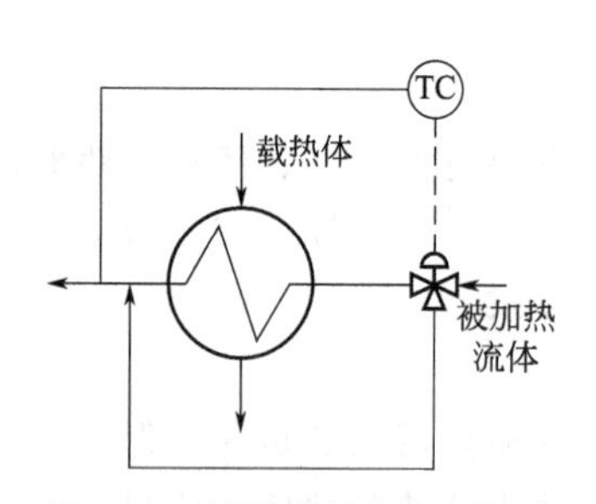

图 2-34 用介质旁路控制温度

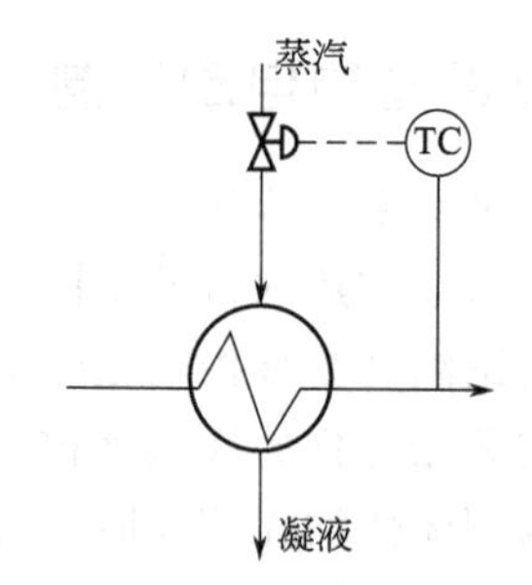

图 2-35 用蒸汽流量控制温度

（2）载热体进行冷凝的加热器自动控制

利用蒸汽冷凝的加热器，不同于两侧均无相变化的传热过程。蒸汽在整个冷凝过程中温度保持不变，直到蒸汽将所有冷凝潜热释放完毕为止，若还需继续换热，凝液才进一步降温。因此这种传热过程分两段进行，先冷凝后降温。当以被加热介质的出口温度为被控变量时，常采用控制进入的蒸汽流量和改变换热器的有效传热面积的控制方案。

① 控制蒸汽流量　当蒸汽压力稳定时，常采用如图 2-35 所示的控制方案。通过改变加热蒸汽量来稳定被加热介质的出口温度。当阀前蒸汽压力有波动时，可对蒸汽总管加设压力控制，或者采用温度与流量（或压力）的串级控制。

此方案简单易行，控制迅速，但需要较大的蒸汽阀门，传热量变化比较剧烈，影响均匀传热。

② 控制换热器的有效换热面积　如图 2-36 所示，将控制阀安装在冷凝液管道上。如果被加热物料温度高于给定值，说明传热量过大，可将冷凝液控制阀关小，冷凝液就会积聚起来，减少了有效的蒸汽冷凝面积，使传热量减少，工艺介质出口温度就会降低。反之，可开大冷凝液控制阀，增大传热面积，使传热量增大。

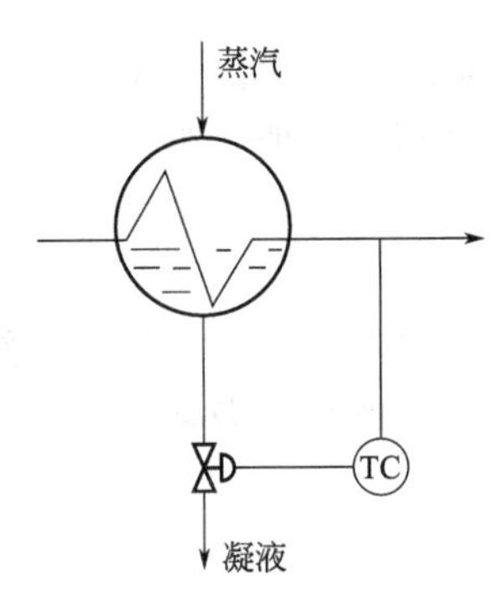

图 2-36 用凝液排出量控制温度

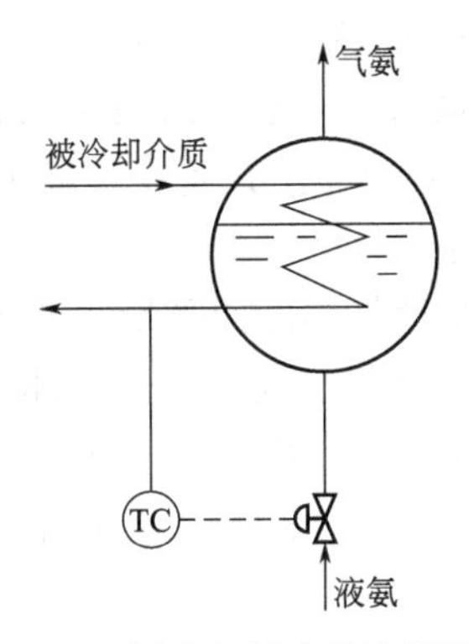

图 2-37 用冷却剂流量控制温度

此方案调节通道长，控制比较迟钝，且需要较大的传热面积裕量，但变化缓和，可防止局部过热。

(3) 冷却剂进行汽化的冷却器自动控制

当用水或空气作为冷却剂不能满足冷却温度的要求时，需要用液氨、乙烯、丙烯等其他冷却剂。这些液体冷却剂在冷却器中由液体汽化为气体时带走大量潜热，从而使另一种物料得到冷却。

以液氨为例，下面介绍几种控制方案。

① 控制冷却剂的流量　如图 2-37 所示，通过改变液氨的进入量来控制介质的出口温度。但要注意，此方案不以液位为控制变量，液位过高会造成蒸发空间不足，引起氨压缩机的操作事故。所以这种控制方案往往带有上限液位报警，或采用温度-液位自动选择性控制。

② 温度与液位的串级控制　如图 2-38 所示，被控变量仍然是液氨流量，但以液位作为副变量，以温度作为主变量构成串级控制系统。这种方案可以限制液位的上限，保证足够的蒸发空间。

③ 控制汽化压力　由于氨的汽化温度与压力有关，所以可将控制阀装在气氨出口管道上，阀门开度改变时，引起氨冷器内的汽化压力改变，相应的汽化温度也改变了，如图 2-39 所示。

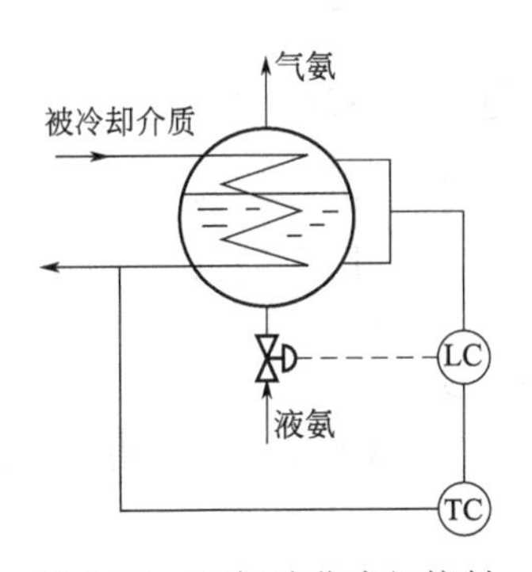

图 2-38 温度-液位串级控制

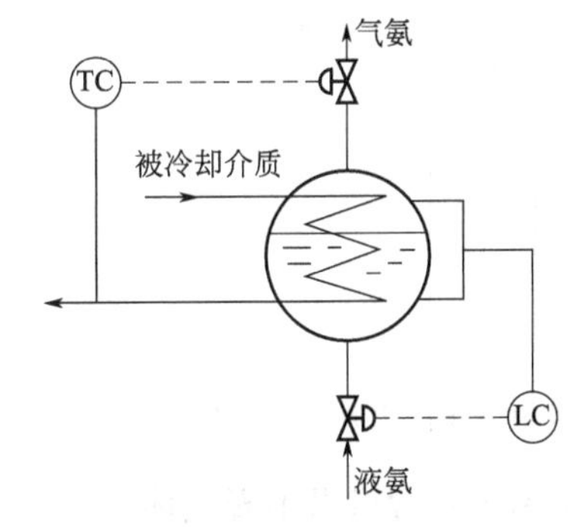

图 2-39 用汽化压力控制温度

2.4.3 精馏塔的自动控制

在精馏操作中，被控变量多，可选用的操纵变量也多，所以控制方案繁多。本节只选择具有代表性的、常见的以压力、温度及进料量为控制变量的控制方案。

（1）塔顶压力控制

① 常压精馏塔　对于精馏操作压力恒定要求不高的情况，常压精馏不需要压力调节系统，仅需要在蒸馏设备上设置一个通大气的管道来平衡压力，使之维持在大气压力。

② 真空精馏塔

a. 改变不凝性气体的抽吸量，如图 2-40 所示。

b. 改变旁路吸收空气或惰性气体量。在回流罐至真空泵的吸入管上，连接一根通大气或某种惰性气体旁路，并在该旁路上安装一调节阀，通过改变经旁路管吸入的空气量或惰性气体量，即可控制塔的真空度，如图 2-41 所示。

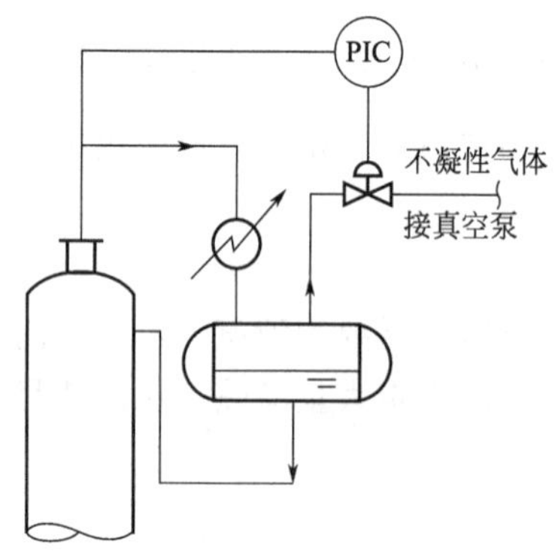

图 2-40　改变不凝气抽吸量控制塔压

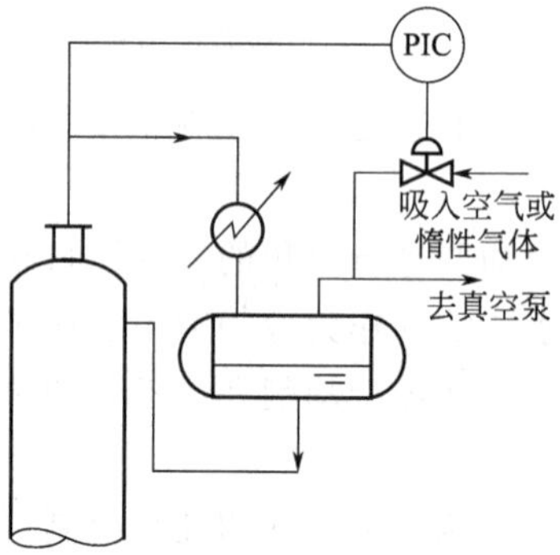

图 2-41　改变旁路吸入空气或惰性气体量控制塔压

③ 加压精馏塔

a. 塔顶气相馏出物不冷凝。该流程很少使用，压力调节阀可设置在塔顶气相管线上，如图 2-42 所示。

b. 塔顶馏出物部分冷凝。通常采用压力调节器调节气相馏出物，气相流量变化对压力影响敏感，效果较好，如图 2-43 所示。

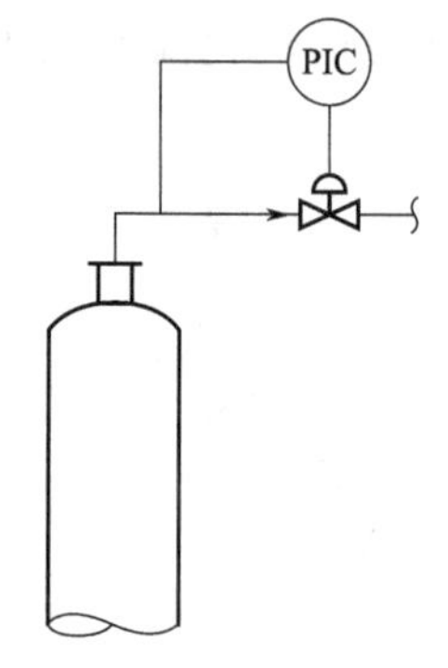

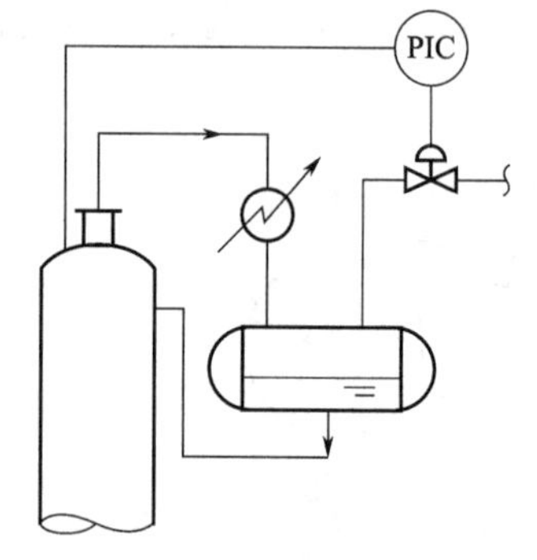

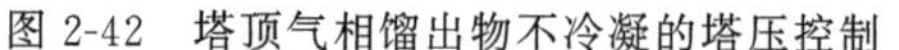

图 2-42　塔顶气相馏出物不冷凝的塔压控制

图 2-43　塔顶馏出物部分冷凝的塔压控制

c. 塔顶馏出物含微量不凝气体。

ⅰ. 调节冷却水流量。调节冷却水量以改变气体在冷凝器中冷凝的速度从而调节塔压，如图 2-44 所示。该方案操作费用低，调节阀可不考虑介质腐蚀。但塔顶温度过高时，可能使冷凝器水出口温度过高而加速冷凝器的腐蚀和结垢。

ⅱ. 热气体旁通法控制塔压。如图 2-45 所示，此法调节系统滞后小，调节阀尺寸小，便于维修，但冷却水耗量大。

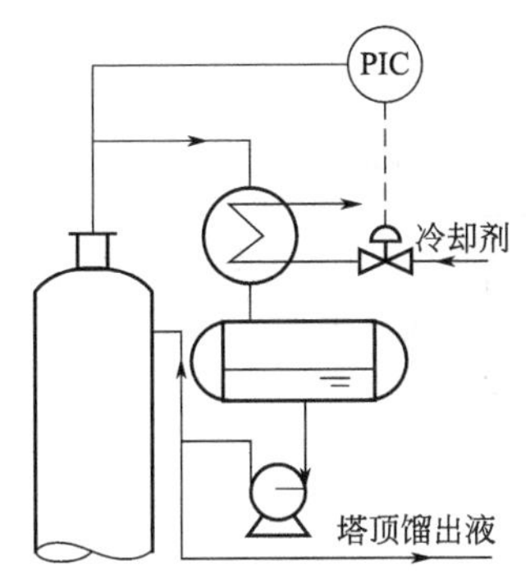

图 2-44 冷却剂流量控制塔压

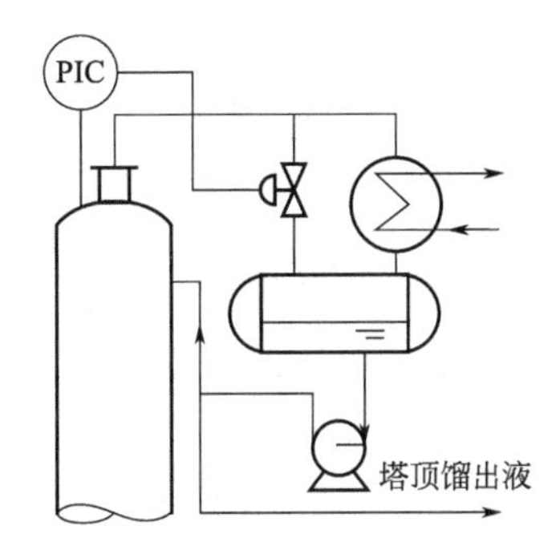

图 2-45 热气体旁通法控制塔压

d. 塔顶馏出物种含少量不凝性气体。当塔顶气相中不凝性气体含量小于塔顶气相总量的2%时，或在塔的操作中预计只在部分时间里产生不凝性气体时，不能采用将不凝性气体放空的方法控制塔压。这样会把未冷凝下来的产品排放掉。此时可采用如图2-46所示的分程控制方案对塔压进行控制。首先用冷却水调节阀控制塔压，若冷却水阀全开塔压还降不下来时，再打开放空阀，以维持塔压的恒定。

e. 馏出物中有较多不凝性气体。当塔顶馏出物中含有不凝性气体较多时，塔压控制可以通过改变回流罐的气相排放量来实现，如图2-47所示。

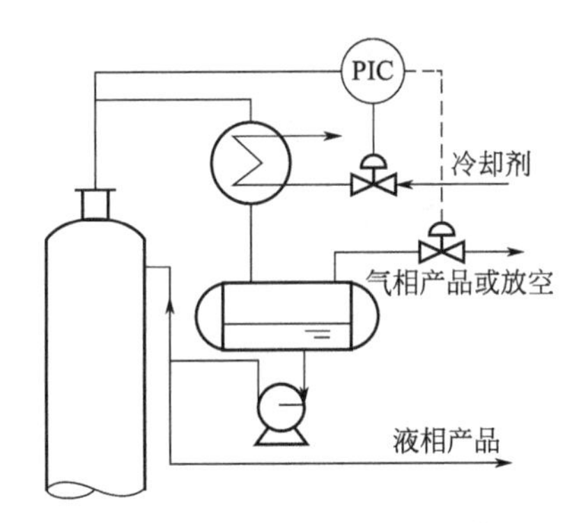

图 2-46 分程控制方案控制塔压

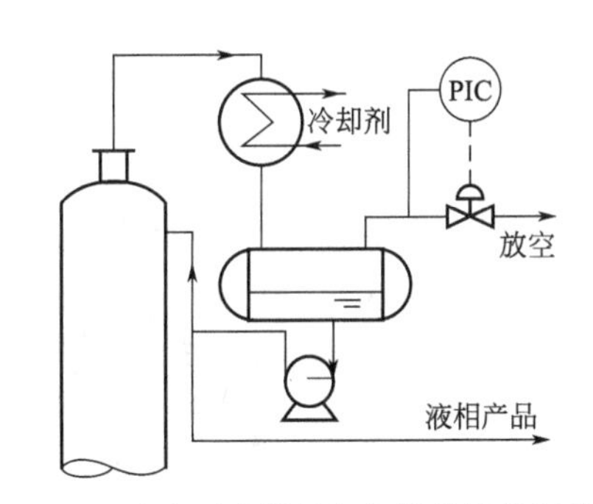

图 2-47 改变回流罐的气相排放量控制塔压

该方案适用于进料流量、组分、塔釜加热蒸汽压力波动不大，且塔顶蒸气经冷凝的阻力变化也不大的情况。

(2) 精馏塔的温度控制

① 精馏段的温度控制 如果采用以精馏段温度作为衡量质量指标的间接变量，而以改变回流量作为控制手段的方案，称为精馏段温控。

如图2-48所示是一种常见的精馏段温度控制方案，其主要控制系统是以精馏段塔板温度为被控变量，而以回流量为操纵变量。

精馏段温控的主要特点及适用场合如下。

a. 由于采用了精馏段温度作为间接质量指标，因此，它能较直接地反映精馏段的产品情况，当塔顶产品纯度要求比塔底严格时，宜采用精馏段温控方案。

b. 如果干扰首先进入精馏段，例如，气相进料时，由于进料量的变化首先影响塔顶的成分，所以采用精馏段温控就比较及时。

② 提馏段的温度控制 如果采用以提馏段温度作为衡量质量指标的间接变量，而以改

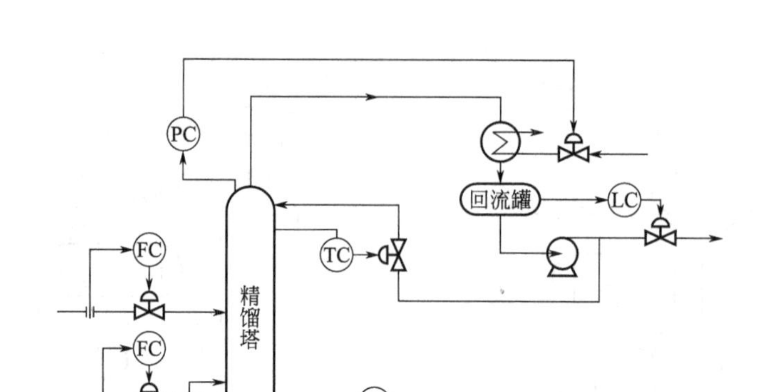

图 2-48 精馏段温度控制的控制方案

变加热量作为控制手段的方案，称为提馏段温控。

图 2-49 是最常见的一种提馏段温控方案。这种方案控制系统是以提馏段塔板温度为被控变量，加热蒸汽量为操纵变量。

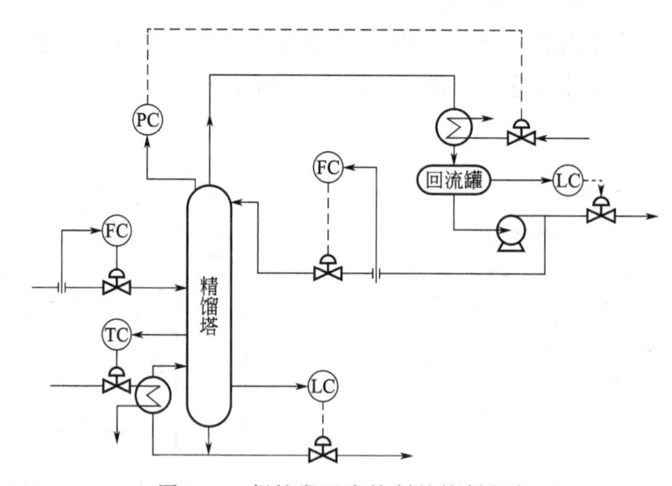

图 2-49 提馏段温度控制的控制方案

提馏段温控的主要特点及适用场合如下。

a. 由于采用了提馏段温度作为间接质量指标，因此，它能较直接地反映提馏段产品情况；将提馏段温度恒定后，能较好地保证塔底产品的质量，所以，在以塔底采出为主要产品，对塔釜成分要求比馏出液高时，常采用提馏段温控方案。

b. 当干扰首先进入提馏段时，例如，在液相进料时，进料量或进料成分的变化首先要影响塔底的成分，采用提馏段温控比较及时，动态过程也比较快。

③ 精馏塔的温差控制　以上两种方案都是以温度作为被控变量，这在一般的精馏塔中是可行的。但是在精密精馏时，产品纯度要求很高，而且塔顶、塔底产品的沸点差又不大时，应当采用温差控制，以进一步提高产品的质量。

如图 2-50 所示是双温差控制系统图，双温差控制是分别在精馏段与提馏段上选取温差信号，然后将两个温差信号相减，作为控制器的测量信号。双温差法是一种控制精馏塔进料板附近的组成分布，使其产品质量合格的办法。

(3) 精馏塔的流量控制

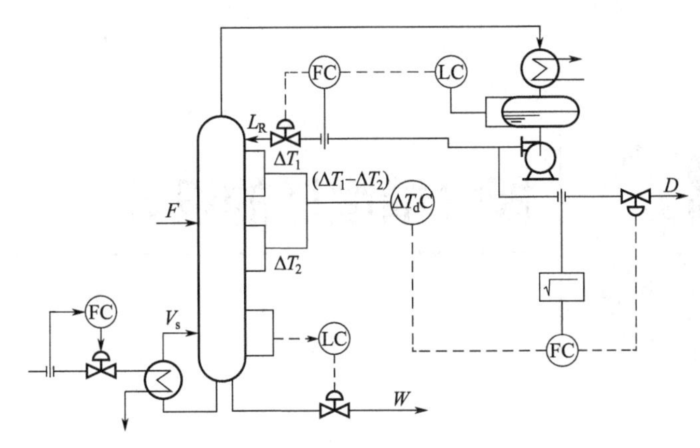

图 2-50　双温差控制系统图

精馏操作中进料量的波动直接影响分离效果，最终影响到产品的质量。然而进料量的波动是难以避免的，多数情况下精馏塔的处理量是由上一工序所决定，为了缓和上、下工序之间的冲突，上一工序可以采用液位均匀调节系统来出料，以使进塔流量的变动不至于过于剧烈。若塔的进料来自一个很大的中间储槽或原料罐，可以设置流量定制调节系统来恒定进料流量。采用的调节方案可根据选用泵的类型决定。

回流量的调节可根据使用的泵的形式决定。采用重力回流时，调节方法如图 2-51 所示。

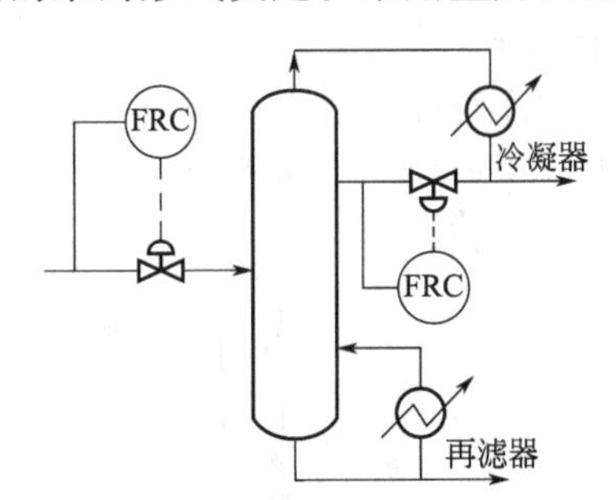

图 2-51　全凝器的回流量控制

第3章 板式精馏塔的设计

【导入案例】

自然界中的物质，大多数为混合物，通常情况下需要将混合物进行分离。比如，汽车所使用的汽油和柴油都是从原油当中分离出来的。精馏分离是均相分离的主要手段，精馏塔是以精馏分离为目的的单元设备。板式精馏塔是精馏塔的主要结构形式。

板式精馏塔内设置一定数量的塔板，上升气体以鼓泡或喷射形式穿过板上液层，进行传质与传热，实现逐级分离，以达到产品所要求的纯度。

经过长期研究，并与实践相结合，人们得到了关于板式精馏塔操作及设计的众多数据，形成了相应的设计标准及操作经验，为板式精馏塔的发展奠定了坚实的基础。板式精馏塔的总体结构简图如图3-1所示。

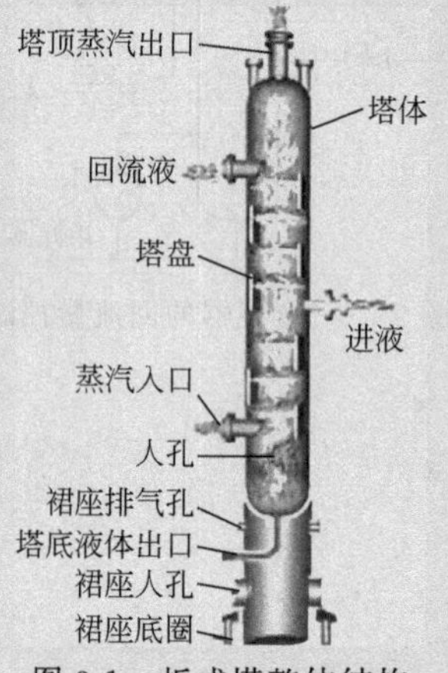

图3-1 板式塔整体结构

那么，板式精馏塔是如何设计出来的呢？主要包括：基础数据的收集与整理，包括进料流量及组成、分离要求、物性数据等；工艺流程及方案的选定；精馏过程的物料衡算和热量衡算；理论塔板数；精馏塔主体尺寸的计算及附属部件、附属设备的计算与选型等一系列的过程。

3.1 概述

精馏过程是利用各组分挥发度的差异，借助于“回流”技术，使混合液多次连续进行部分汽化和部分冷凝的过程。实现精馏操作的主体设备是精馏塔。

精馏塔是石油工业、化学工业等生产领域当中最重要的设备之一。它可使两相流体之间进行充分的接触，达到相际间传质和传热的目的。精馏塔性能的好坏，关乎整个装置系统的产品质量、产量和单位产品能耗指标。塔设备在炼油装置中的投资费用占整个工艺设备投资费用的一半左右，在化工行业中占25%左右。因此，塔设备的设计和研究，受到炼油、化工及轻化工等行业的高度重视。

随着石油工业、化学工业及其他工业的发展，众多研究者研制出了许多结构新颖的塔设备内件。为了便于研究和比较，人们也从不同的角度对塔设备进行分类。例如，按操作压力分为加压塔、常压塔和减压塔；按单元操作分为精馏塔、吸收塔、解吸塔、干燥塔、反应塔和萃取塔等。但是最常用的分类方式是按塔设备的内部结构分为板式塔和填料塔两大类。精馏操作既可以采用板式塔，也可以采用填料塔。在塔设备内部，气相靠压差作用自下而上流动，而液相则靠自身的重力作用自上而下流动，汽液两相做逆流流动。两相之间进行充分接触，其接触界面由塔内塔板或填料提供。前者称为板式塔，后者称为填料塔。

早在1813年Cellier首次提出泡罩塔结构至今，板式塔已广泛应用于工业生产，是使用量最大、应用范围最广的汽液传质设备。板式塔为逐级接触式的汽液传质设备，两相的组分浓度沿塔高呈阶梯式变化。

板式塔结构形式多种多样，依据塔板上汽液两相接触元件的不同，可分为泡罩塔、筛板塔、浮阀塔等结构形式。随着炼油工业、化学工业的迅速发展，相继出现了大批结构新颖的高效新型塔板，如浮动喷射塔板、穿流式波纹塔板和新型垂直筛板等。表3-1给出了各种板式塔型所占比例。

表3-1 板式塔型使用比例

塔型	浮阀塔	筛板塔	泡罩塔及其他
欧美	20%～30%	60%	10%～20%
日本	50%	25%	25%

3.1.1 泡罩塔

泡罩塔是工业上最早使用的板式塔，自Cellier提出泡罩塔板结构以来，它在工业上的应用已有近两百年的历史。近数十年来由于塔设备的更新发展，不少新型的塔板结构取代了泡罩塔，但在许多场合仍然使用。泡罩塔盘的主要结构包括泡罩、升气管、溢流管和降液管。泡罩塔盘结构如图3-2所示。

泡罩安装在升气管的顶部。泡罩的种类很多，目前应用最为广泛的是圆形泡罩，常用的泡罩已经标准化。泡罩尺寸有Φ80mm、Φ100mm、Φ150mm三种，可根据塔径的大小选择。泡罩的下部周边开有许多齿缝，齿缝一般有三角形、矩形或梯形。泡罩在塔板上呈正三角形排列。

在泡罩塔的操作过程中，塔盘上的汽液接触状况是液体由上层塔盘通过降液管流入下层塔盘，然后横向流过塔盘上布置泡罩的区域，溢流堰保持板上有一定厚度的液层，上升气体通过齿缝进入液层时，与塔板上的液层进行汽液接触形成鼓泡层和泡沫层，从而达到汽液相传质、传热的目的。升气管的顶部应略高于泡罩齿缝的上沿，以阻止液体从升气管流下。

泡罩塔的优点是操作弹性大，在负荷变化范围较大时仍能保持较高的分离效率，无泄

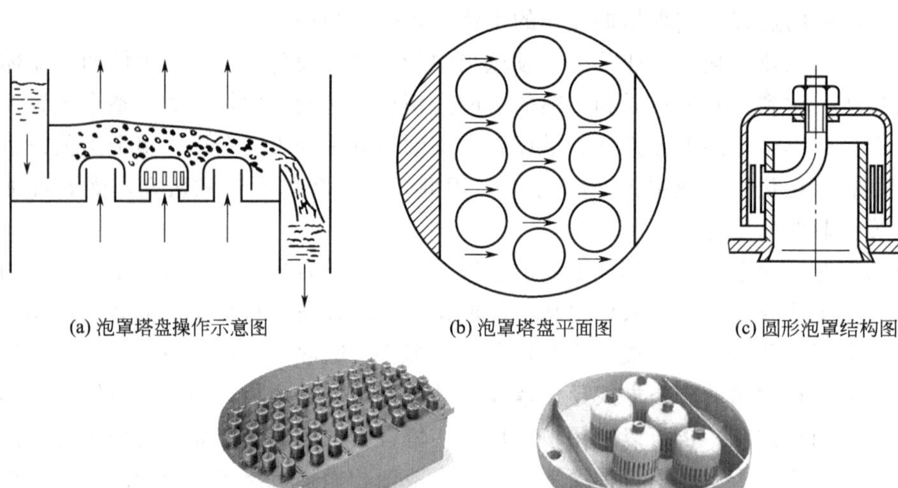

(a) 泡罩塔盘操作示意图　(b) 泡罩塔盘平面图　(c) 圆形泡罩结构图

(d) 泡罩塔盘实物图　(e) 圆形泡罩实物图

图 3-2　泡罩塔盘结构示意图

漏，不易堵塞，能适应多种介质，液气比的范围大。其缺点是塔板结构复杂，造价高，维修麻烦，压降大。

3.1.2　筛板塔

筛板塔也是很早出现的一种板式塔，其塔盘结构如图 3-3 所示。

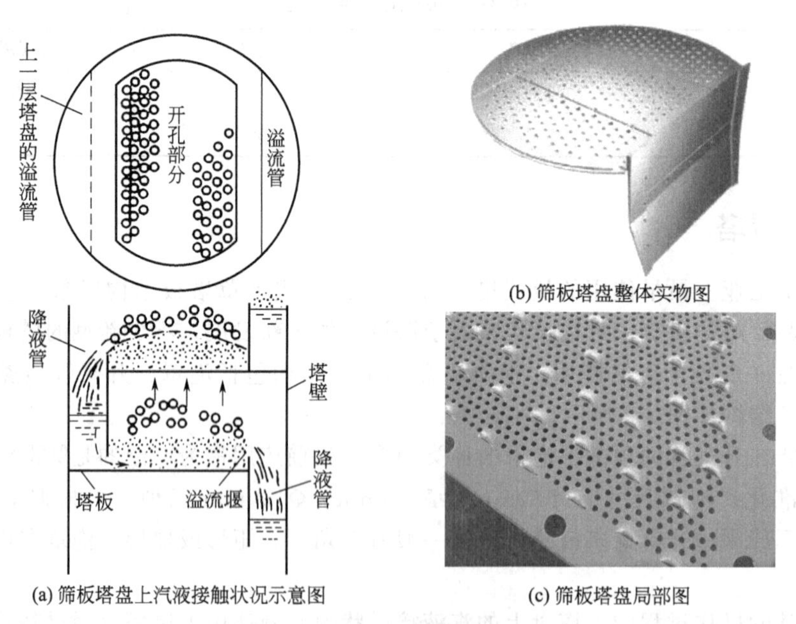

(a) 筛板塔盘上汽液接触状况示意图　(b) 筛板塔盘整体实物图　(c) 筛板塔盘局部图

图 3-3　筛板塔盘上汽液接触状况示意图

20 世纪 50 年代以前，工业上采用的板式塔大多数是泡罩塔，筛板塔则被认为操作范围过于狭窄，长期不受重视。随着石油化学工业的发展，生产规模逐渐扩大，泡罩塔在结构、成本方面的缺陷成为一个突出问题。此后，研究人员对筛板塔做了大量工业规模的研究，逐渐掌握了筛板塔的性能，并形成了较完善的设计方法。与泡罩塔相比，筛板塔结构相对简单，投资成本较低，生产能力提高 20%左右，并且只要设计合理，筛板塔可以得到不低于泡罩塔的操作范围。

筛板上开有许多均匀分布的小孔，孔径一般为 3～8mm，筛孔在塔板上呈正三角形分布。国内外众多研究机构均研究过大孔径筛板，有用 19mm、25mm，甚至有用 50mm 孔径的筛板，这种筛板能防止筛孔的堵塞，能适应更广泛的物系，还可以考虑使用非金属制造筛板。

与泡罩塔的操作类似，液体从上一层塔板经降液管流下，横向流过塔板，然后流入下一层塔板；气体经筛孔分散成小股气流，自下而上鼓泡通过塔板上的液层，汽液两相间进行密切接触，从而进行传质和传热。正常操作状态下，经过筛孔上升的气流应能阻止液体经筛孔向下泄漏。

溢流堰能够使筛板上维持一定厚度的液层。近几十年来，为了更好地发挥筛板塔结构简单的优点，有人对无溢流筛板进行了研究，取得了可观的成果。只是由于没有溢流，设计自由度小，要求设计方法更加可靠。为了消除普通筛板的气体死区，有人研制了林德筛板，这种筛板在塔板上开有蒸汽导向孔，并在液流入口处使塔板翘起，制造有利于鼓泡的条件，该类型塔板特别适用于真空精馏。为了克服普通筛板因液流路径较长，泡沫层较高的缺点，有人提出了多降液管筛板，以适应高液体负荷的操作状况。该类型的塔板在同一个筛板上布置几个降液管，缩短了液流路径，增大了液体处理量，增加了塔板的有效面积。

近年来，随着计算机及数值计算的发展，计算流体力学为研究塔板上的两相流体传质与传热微观机理及流场分布情况虚拟可视化提供了有力的工具，从而避免了大量的塔板流场实际测量工作。

3.1.3　浮阀塔

浮阀塔是在泡罩塔和筛板塔的基础上发展起来的，它吸收了两种塔板的优点。浮阀塔板是在塔盘上开许多阀孔，每个阀孔安置一个能上、下浮动的阀件。阀腿与定距片限制了阀件所能上升与下降的空间距离。由于浮阀塔板的气体流通面积能随气体负荷变动自动调节，因而操作负荷范围较大，具有良好的操作弹性和较高的塔板效率。

与泡罩塔的操作类似，通过阀孔上升的气体，流经阀片与塔板间隙沿水平方向进入液层，这种接触方式汽液接触时间较长，雾沫夹带少。浮阀的开度随着气体流量的变化而变化，在气体流量小时，开度较小，气体仍能以足够的气速通过缝隙鼓泡，避免过多的泄漏；在气体流量大时，阀片上浮，开度增大，使气速不至于过大。有数据表明，浮阀塔在接近于阀全开时的操作状态下传质、传热效果最好。

浮阀塔有诸多优点：首先，它的处理能力大，浮阀在塔盘上可以布置得更加紧凑，其处理能力相对于泡罩塔可提高 20%～40%；其次，由于浮阀可以随着气量的变化而升降，操作弹性较大；另外，由于气体以水平方向吹入液层，汽液接触状况良好，塔板效率高。其缺点是处理易结焦、高黏度的流体时，阀片易与塔板黏结，在操作过程中有时会发生阀片脱落或卡死等现象，使塔板效率或操作弹性下降。

阀片的结构形式很多，国内常用的有 F_1 型、V_4 型和 T 型等，其结构如图 3-4 所示。

由于浮阀塔具有处理能力大，操作弹性大及塔板效率高等优点，有关浮阀塔板的研究是目前新型塔板研究与开发的主要方向。近年来开发的新型浮阀有导向筛孔浮阀、单侧浮动整

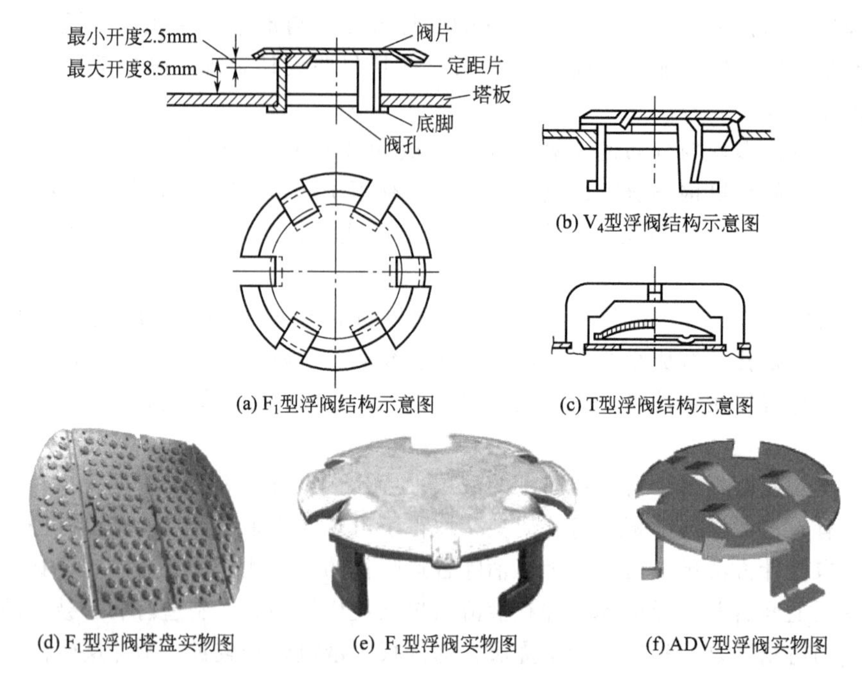

图 3-4 几种浮阀结构图

流浮阀、斜喷浮阀、船形浮阀、十字旋阀、方形浮阀、椭圆形浮阀、微分固定浮阀板等，它们显著的优点是具有明显的流体导向作用，使操作弹性与塔板效率得到更进一步的提高。

常用的三种塔的典型性能比较见表 3-2 中。

表 3-2 常用的三种塔的典型性能比较

项目	泡罩塔	浮阀塔	筛板塔
相对费用	2.0	1.2	1.0
压力降	最高	中等	最低
塔板效率	高	最高	最低
蒸汽负荷	最低	最高	最高
操作弹性	5	4	2

3.1.4 舌形塔及浮动舌形塔

舌形塔是喷射型塔，自 20 世纪 60 年代开始应用于工业生产，其结构如图 3-5 所示。

它是在塔板上开有许多舌形孔，向塔板液流出口侧张开。舌片与板片成一定角度，以 20°左右为宜。舌片尺寸有 50mm×50mm 和 25mm×25mm 两种。一般推荐使用 25mm×25mm 的舌片。舌孔呈正三角形排列。塔板液流出口侧不留溢流堰，只保留降液管。要求降液管截面积设计得比一般的塔板大些，以便有效地将夹带的液沫分离出来。

当操作气速较低时，液体从舌孔直接漏下，随着气速的提高，液漏停止。当气速升至 20～30m/s 时，汽液接触从鼓泡状态逐渐发展为喷射状态。若气速过高，可能造成液泛。

舌形塔的优点是生产能力大，塔板压降低，传质传热效率高；缺点是操作弹性小，被气体喷射的液体在通过降液管时，会夹带气泡到下一层塔板，降低塔板效率。

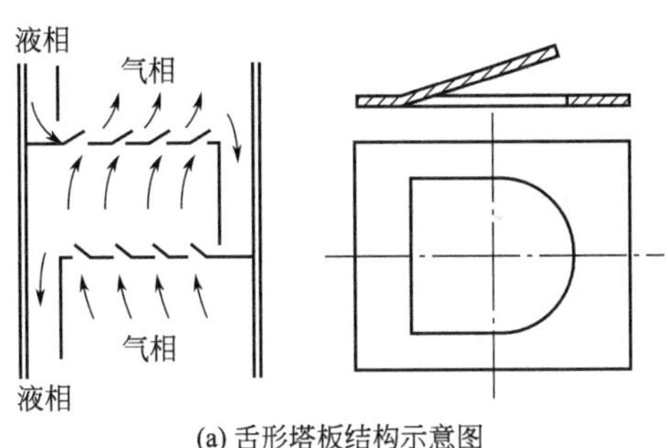

(a) 舌形塔板结构示意图

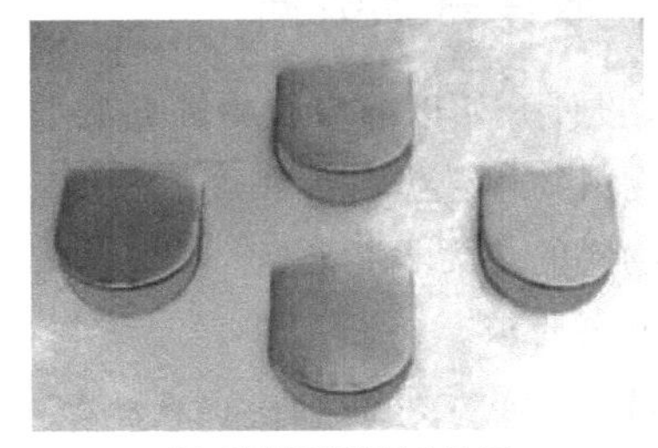
(b) 舌形塔板结构实物图

图 3-5　舌形塔板结构图

浮动舌形塔与舌形塔相比，其舌片可上下浮动，它综合了浮阀塔及固定舌形塔的结构特点，因此，既有舌形塔的大处理量、低压降等优点，又有浮阀塔的操作弹性大、效率高等优点。特别适用于热敏性物系的减压分离过程。其结构如图 3-6 所示。

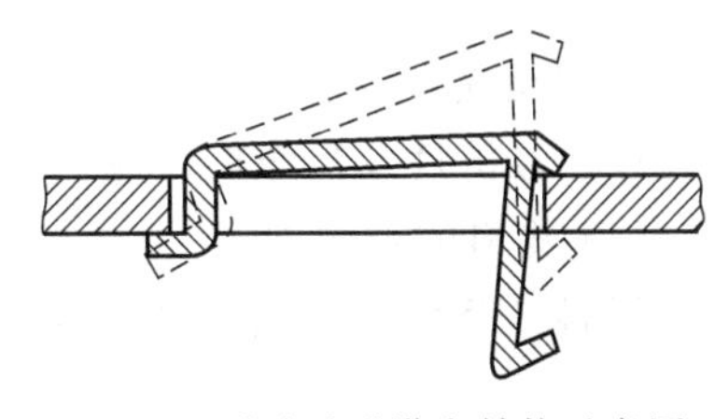
图 3-6　浮动舌形塔盘结构示意图

3.2　设计的内容及要求

精馏塔设计的内容及要求包括以下几点。

① 设计方案的确定及说明。

② 精馏塔的工艺计算。

③ 塔板设计，并进行流体力学校核，做出负荷性能图。

④ 附属设备的计算与选型。

⑤ 绘制工艺流程图及主要设备结构图。

⑥ 编制设计说明书。

3.3　设计方案的确定

板式塔的种类很多，但其设计方案的确定及设计原则大同小异。一般来说，确定设计方案就是要确定整个精馏装置的流程、各种设备的结构形式及一些操作指标。比如操作压力、组分的分离顺序、进料状态以及余热利用方案及安全、调节控制仪表的设置等。

3.3.1　确定设计方案的原则

总的原则是尽可能选用当前先进并且成熟的研究成果，从而使生产在满足安全的前提下，达到技术上先进、经济上合理的要求。

① 满足工艺和操作的要求。

② 满足经济上的要求。

③ 保证安全生产、环保达标的要求。

对于化工原理课程设计来说，原则上须着重考虑第一个原则，对第二个原则仅做定性考虑，而对第三个原则要求做一般性思考。

3.3.2 收集基础数据

正式设计开始以前应收集的基础数据如下。

① 物料物性数据（如黏度、密度、相对挥发度、表面张力等）。

② 物料的热力学状态。

③ 分离要求。

④ 进料流量及组成。

⑤ 冷却介质及其温度、加热介质及其温度。

3.3.3 确定工艺流程

精馏装置一般包括塔顶冷凝器、塔底再沸器、预热器和输送泵等。流程选择应同时考虑安全性、经济性及操作稳定性。

（1）物料的输送方式

原料可经泵由原料槽直接输送至塔内，也可经由高位槽送料。产品由泵送至下一个工序。

（2）工艺参数的检测及自动调控

操作压力、气速、温度、流量、液位等参数是保证产品质量、安全生产的重要参数，必须在适当位置设置检测变送器，将检测信号一方面送至显示仪表显示，一方面送至调节器，当工艺参数超出设定值以后进行自动调节，使其能够重新调整至设定范围内，以保证产品质量。

（3）冷凝器及再沸器的选用

当塔顶汽相出料时，采用分凝器，除此之外，一般均采用全凝器，以便于准确地控制回流比。对于小塔，通常将冷凝器放于塔顶，采用重力回流。对于大塔，冷凝器可放至适当位置，用泵进行强制回流。

再沸器的选用和安装正确与否直接影响到设备的正常运行和产品的质量。再沸器的结构形式有立式热虹吸式、卧式热虹吸式、强制循环式。强制循环再沸器适用于进料黏度大或者含有固体颗粒的状况，但是费用较高。当传热量较小时，可选用立式热虹吸式再沸器，当传热量较大时，可选用卧式热虹吸式再沸器。选用再沸器结构形式时，首先要满足工艺的要求，在此前提下，可对各类型再沸器进行综合比较。

（4）能量集成

精馏过程操作是多次重复地进行部分汽化及部分冷凝的过程，能耗较高。进入再沸器的能量当中，约有95%以上被塔顶冷凝器的冷却介质带走。塔顶蒸气和塔底馏出液都有余热可以利用，只是这些余热的品位高低不一，需分别考虑区别对待。

通常，提供给塔底再沸器的热量，其温度要高于再沸器的蒸汽的露点温度，而从塔顶冷凝器取走的热量，其温度要低于馏出液的泡点温度。若设置中间再沸器可以利用温度比塔底低的热源，而设置中间冷凝器则可以利用温度比塔顶高的热源。

选取适当的回流比，可使能耗降低。但是，仅就精馏操作本身，采用节能措施所取得的效果是有限的，更为可观的节能方式是将精馏过程与全系统一同考虑，进行全过程系统的能量集成与综合，可以增大回流比，但不一定增加系统能耗。

【案例分析 7】譬如乙醇-水混合液经原料预热器加热，进料状况为汽液混合物 $q=1$ 送入精馏塔，塔顶上升蒸气采用全凝器冷凝，一部分入塔回流，其余经塔顶产品冷却器冷却后，送至储罐，塔釜采用直接蒸汽加热，塔底产品冷却后，送入储罐。其流程如图 3-7 所示。

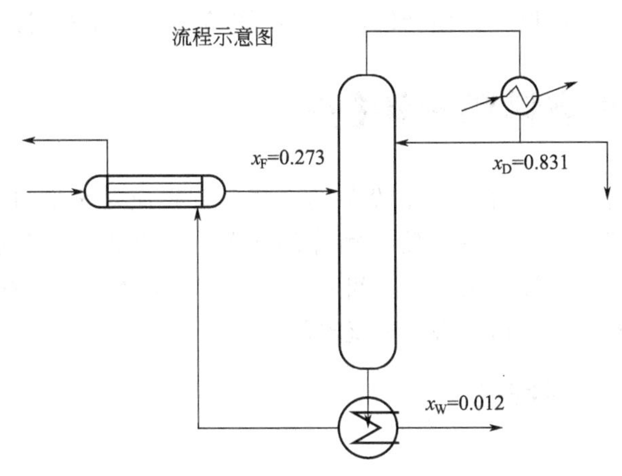

图 3-7 水-乙醇精馏流程示意图

3.3.4 确定操作条件

（1）操作压力、温度

精馏操作可在常压、加压和减压下进行。若条件允许，最好在常压或稍高于常压下进行。确定操作压力时，必须考虑所处理物料的性质。对于热敏性物料，可采用减压操作，有利于分离。对于常压下呈气体的物料，则应选择加压操作。当操作压力增大时，操作温度也将升高，组分间的相对挥发度减小，所需要的塔板数增加。另外，还应当考虑选用的冷却介质温度以及塔板阻力，以便确定塔顶、塔底的操作压力。

（2）进料状态

进料状态与塔的热负荷、回流比、塔的结构等因素都有密切关系。进料状态有多种，但是一般都是将物料预热到泡点温度或接近泡点温度才送入塔中。采用泡点进料方式时，精馏段与提馏段可有相同的塔径，给设计和制造带来方便，此时需要增设原料预热器。如果遇到温度过高时物料产生结焦现象，则适宜采用气态进料。进料时热量应尽可能由塔底输入，使产生的汽相回流在全塔发挥作用。

（3）加热方式

通常采用的加热方式是在塔底设置再沸器，利用蒸汽间接加热。在特定状况下，也可采用直接蒸汽加热，比如，若塔底产物的主要成分是水，且在低浓度下轻组分的相对挥发度较大时（如酒精与水的混合物）可采用直接蒸汽加热。采用直接蒸汽加热，可以节省塔底的传热面积。

（4）确定回流比

精馏操作过程中，回流比在设计中是决定设备费用和操作费用的一个重要参数，应当妥善选择。在操作中，回流比是一个对产品的质量和产量有重大影响而又便于调节的参数。

当回流比减小时，为完成所指定的分离任务所需要的理论塔板数增多，特别地，当回流比达到最小回流比时，理论塔板数为无穷大。当回流比增大时，所需要的理论塔板数就减少，故为达到所需要的分离目的，对回流比的增大没有限制。当回流比无限大时，所需要的理论塔板数最少，此时的操作情况称为全回流，全回流操作时，精馏塔就不能出产品，同时也不用进料，仅仅在某些特定情况下才使用回流操作，比如在精馏操作的启动阶段。

回流比选择的一般经验值为 1.1～2 倍的最小回流比。选择最佳回流比的原则是，在满足产品质量和产量要求的前提下，使精馏操作的投资费用与操作费用最小，即总费用最小。

3.4 精馏塔的物料和热量衡算

为了对精馏塔进行设计计算与辅助设备的选择，首先应对全塔进行物料衡算和热量衡算，遵循质量守恒和能量守恒规律。物料衡算的任务，就是根据设计任务中提出的产品产量、质量要求及料液浓度，计算出单位时间所需要的原料量及塔底残液量。而热量衡算的任务则是确定塔底再沸器的热负荷及塔顶冷凝器的热负荷。

3.4.1 精馏塔的物料衡算

（1）二元物系精馏

对全塔进行物料衡算，可以确定进料流量、塔顶和塔底产品产量以及各组成之间的关系。

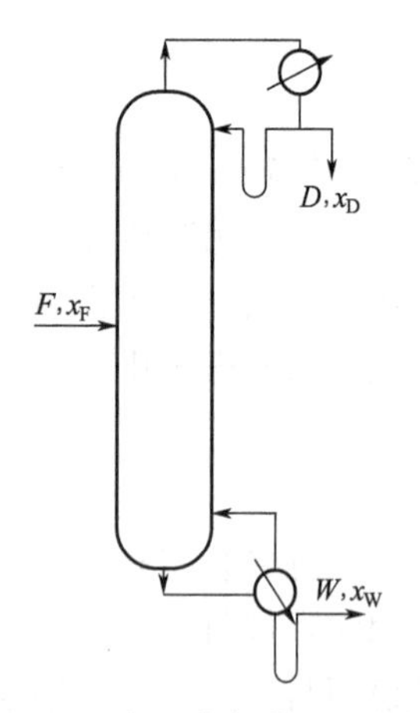

图 3-8 精馏塔全塔物料衡算

如图 3-8 所示，设 F、D 和 W 分别表示料液流量、塔顶产品流量和塔底产品流量；x_F、x_D和 x_W分别表示料液、塔顶产品和塔底产品的组成。一般情况下，流量应以摩尔流量（kmol/h）表示，组成以易挥发组分的摩尔分数表示。

对全塔总物料列平衡方程则有：

$$F=D+W \tag{3-1}$$

对易挥发组分列平衡方程则有：

$$Fx_F=Dx_D+Wx_W \tag{3-2}$$

一般情况下，由设计任务给出 F、x_F、x_D、x_W，求解塔顶、塔底产品产量。事实上，通过联立以上两个方程，则可以求出其中的任何两个未知量。

设 V、V'分别表示精馏段和提留段上升蒸气的流量，L、L'分别表示精馏段和提馏段下降液体的流量。基于衡摩尔流假定的情况下：

精馏段上升蒸气的流量为：

$$V=(R+1)D \tag{3-3}$$

精馏段下降液体的流量为：

$$L=RD \tag{3-4}$$

提馏段上升蒸气的流量为：

$$V'=V-(1-q)F \tag{3-5}$$

提馏段下降液体的流量为：

$$L'=L+qF \tag{3-6}$$

式中，R 表示回流比（$R=L/D$）；q 表示进料的液相分率，其值与加料状态有关。

需要说明的是，精馏操作过程中，由于汽液平衡关系常常是以摩尔分数表示的，以上计算过程中流量的单位多以摩尔分数表示，但是在以后的设备尺寸计算过程中，流量单位通常是以体积流量或质量流量来表示的，所以，在后期计算过程中有必要进行适当的单位换算。

(2) 多元物系精馏

对于多元物系精馏，全塔总物料衡算仍按式 (3-1) 计算，对于某一种特定轻组分的物料衡算可按式 (3-7) 进行计算，

$$Fx_{iF}=Dx_{iD}+Wx_{iW} \tag{3-7}$$

式中　x_i——某种特定组分的组成。

3.4.2 精馏塔的热量衡算

对全塔进行热量衡算，以便确定塔底再沸器、塔顶冷凝器的热负荷，以及确定加热介质和冷却介质的用量。对于图 3-9 中虚线表示的范围做热量衡算。热量均以 0℃ 的液体为起点做计算。

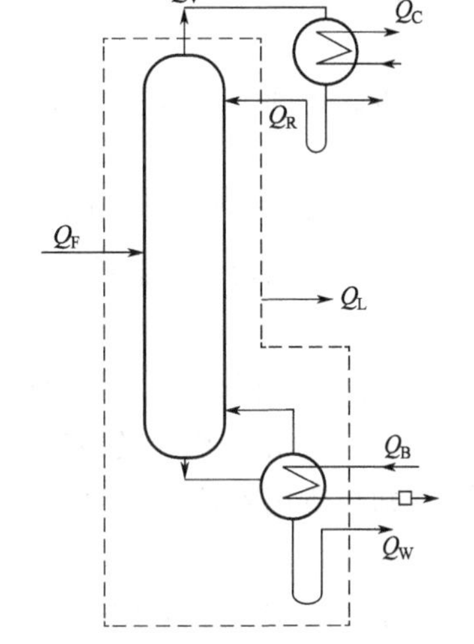

图 3-9　精馏塔包括再沸器的热量衡算

(1) 进入该系统的热量

① 加热蒸汽带入的热量 Q_B

$$Q_B=G_B(I_B-i_B) \tag{3-8}$$

式中　Q_B——加热蒸汽带入的热量，kJ/h；

G_B——加热蒸汽的量，kg/h；

I_B——加热蒸汽的焓，kJ/kg；

i_B——冷凝水的焓，kJ/kg。

② 进料带入的热量 Q_F

$$Q_F=G_FI_F \tag{3-9}$$

式中　Q_F——进料带入的热量，kJ/h；

G_F——进料流量，kg/h；

I_F——进料的焓，kJ/kg。

③ 回流带入的热量 Q_R

$$Q_R=RG_DC_{pR}t_R \tag{3-10}$$

式中　Q_R——回流带入的热量，kJ/h；

G_D——塔顶产品流量，kg/h；

C_{pR}——回流液比热容，kJ/(kg·℃)；

t_R——回流液温度，℃。

(2) 离开该系统的热量

① 塔顶产品带出的热量 Q_V

$$Q_V=G_D(R+1)I_V \tag{3-11}$$

式中　I_V——塔顶汽相的焓值，kJ/kg。

② 塔底产品带出的热量 Q_W

$$Q_W=G_WC_{pW}t_W \tag{3-12}$$

式中　Q_W——塔底产品带出的热量，kJ/h；

G_W——塔底产品流量，kg/h；

C_{pW}——塔底产品比热容，kJ/(kg·℃)；

t_W——塔底产品温度，℃。

③ 散失于环境的热量 Q_L。散失于环境的热量 Q_L 通常情况如下

$$Q_L=(0.5\%\sim10\%)Q_B \tag{3-13}$$

(3) 热量衡算

稳态操作时，进入该系统的热量应该等于离开该系统的热量，即

$$Q_B+Q_F+Q_R=Q_V+Q_W+Q_L \tag{3-14}$$

(4) 再沸器加热蒸汽用量

塔底再沸器的热负荷可由下式计算：

$$Q_B=Q_V+Q_W+Q_L-Q_F-Q_R \tag{3-15}$$

等式右边第一项是主要的，其他四项之和通常只占很小的比例，故

$$Q_B\approx G_D(R+1)I_V \tag{3-16}$$

所以，再沸器加热蒸汽用量为：

$$G_B=Q_B/(I_B-i_B) \tag{3-17}$$

(5) 冷凝器冷却介质用量

如果塔顶采用全凝器并且冷凝液体处于饱和状态，则塔顶汽流的冷凝热 Q_C 为：

$$Q_C=G_D(R+1)r_V \tag{3-18}$$

式中 Q_C——塔顶汽流的冷凝热，kJ/h。

r_V——塔顶汽相的冷凝潜热，kJ/kg。

冷却介质用量 G_C

$$G_C=Q_C/C_{pC}(t_{out}-t_{in}) \tag{3-19}$$

式中 G_C——冷却介质用量，kg/h；

C_{pC}——冷却介质比热容，kJ/(kg·℃)；

t_{out}——冷却介质出口温度,℃；

t_{in}——冷却介质入口温度,℃。

精馏操作是高耗能过程。提供给塔底再沸器的热量，其温度要高于离开再沸器蒸汽的露点温度，而要从塔顶冷凝器取走热量，则要求冷却介质的温度要低于馏出液的泡点温度。再沸器需要消耗大量的加热公用工程，冷凝器需要消耗大量的冷却公用工程。因此，在设计过程中，应当从全局考虑，可将再沸器壳程中的热源更换为另一个精馏塔塔顶的蒸汽，使之即作为再沸器，同时也是另一个塔的冷凝器，做到能量集成，以便降低能耗，减少公用工程的用量。一方面，可以合理地匹配冷热流股；另一方面，可以利用能量泵提高能量的品位，双重地减少冷、热公用工程用量。

3.5 精馏塔塔板数的计算

板式精馏塔设计的一个重要内容便是确定所需要的塔板数。要计算实际塔板数，首先要求出理论塔板数；其次根据不同类型的板式塔确定塔板效率；最后根据理论塔板数和塔板效率求取实际塔板数。

而理论塔板数的确定是交替应用相平衡关系和物料平衡的操作线关系进行计算的。所以要首先确定汽液相平衡关系，其次确定回流比，进而找出操作线方程，最后再进行塔板数的计算。

3.5.1　汽液相平衡关系

汽液相平衡是精馏塔计算的理论依据，下面简单介绍一下汽液相平衡关系。

假设组分 A 和 B 形成理想液态混合物，组分 A 的平衡分压 p_A 由于被组分 B 稀释而降低，依据拉乌尔定律，p_A 可用下式表示：

$$p_A = p_A^* x_A \tag{3-20}$$

式中，p_A^* 表示纯液体 A 的蒸气压；x_A 表示溶液中组分 A 的摩尔分数。

同理，将上述关系应用于组分 B，则有：

$$p_B = p_B^* x_B \tag{3-21}$$

式中，p_B^* 表示纯液体 B 的蒸气压；x_B 表示溶液中组分 B 的摩尔分数。

依据道尔顿分压定律，混合液的汽相总压可表示为：

$$p = p_A^* x_A + p_B^* x_B \tag{3-22}$$

又由于 $x_B = 1 - x_A$，上式中若省略下标 A，液相组成用易挥发组分 A 的摩尔分数 x 表示，式（3-22）可写成：

$$p = p_A^* x + p_B^* (1-x) \tag{3-23}$$

式（3-23）也可整理为：

$$x = \frac{p - p_B^*}{p_A^* - p_B^*} \tag{3-24}$$

在一定的总压 p 下，对于某一指定温度 t，可查得蒸气压数据 p_A^*、p_B^*，则可通过式（3-24）计算液相组成 x。

又由道尔顿分压定律，易挥发组分 A 的汽相组成可用分压表示如下：

$$y = p_A / p \tag{3-25}$$

则组分 B 的汽相组成也便可知。

此处若引入相对挥发度的概念，　$a = \dfrac{p_A}{x_A} / \dfrac{p_B}{x_B}$　(3-26)

则依然由道尔顿分压定律，式（3-26）可写成：

$$a = \frac{y_A x_B}{y_B x_A} \tag{3-27}$$

又二元物系可用单一变量表示相组成，此处用易挥发组分 A 的组成表示汽液相组成，且省略下标 A，式（3-27）可写成：

$$y = \frac{\alpha x}{1 + (\alpha - 1)x} \tag{3-28}$$

式（3-28）表示互成平衡的汽液两相组成 y 与 x 的关系，称为理想溶液的汽液平衡方程式。当 α 值已知，便可由 x（或 y）求出平衡时的 y（或 x）。

图 3-10 给出了苯-甲苯物系在总压为 1atm 下的相平衡相图。在精馏操作中，广泛应用到汽液平衡组成的相图，又称 x-y 相图。由于汽相中易挥发组分的含量比液相中多，即 $y > x$，所以，x-y 汽液相平衡曲线与对角线相比，向上突出。x-y 曲线突出得离对角线越远，说明易挥发组分的挥发度越大，越有利于在精馏过程中进行分离。

3.5.2　物料衡算及操作线

为了计算离开各层塔板的组成，除了应用式（3-28）进行汽液相平衡计算以外，还需要

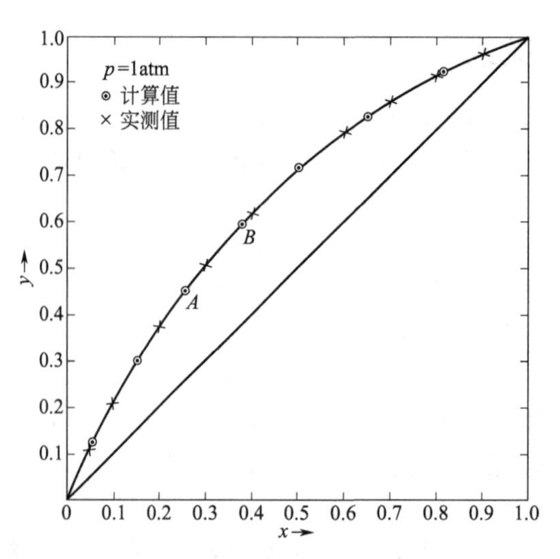

图 3-10 苯-甲苯的 x-y 相图

计算自任一塔板下降的液相组成与其下层塔板上升的汽相组成之间的关系。由于在加料塔板上有物料进入，使得精馏段与提馏段的汽、液相流量有所不同。现分别就精馏段与提馏段分别进行分析。

(1) 精馏段操作线

精馏段的操作过程如图 3-11 所示。

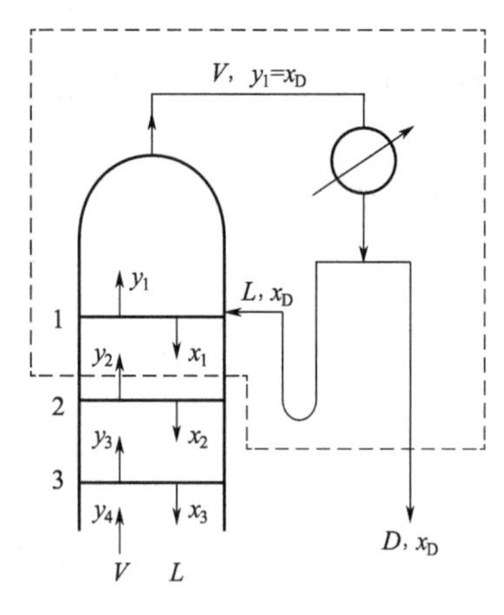

图 3-11 精馏段的操作过程

塔板序号自上而下数，离开各层塔板的汽、液相组成分别以 y_1，x_1，y_2，x_2，…，y_n，x_n 表示。自第一层塔板上升的蒸气若全部冷凝，冷凝液的组成 y_1 与给定的产品组分 x_D 相等。基于理论塔板的概念，离开各层塔板的汽、液相达到平衡，则可根据汽液平衡关系式 (3-28) 计算出 x_1。

计算自第二层塔板上升蒸气的组成 y_2，则需要寻求其他关系。精馏段上升蒸气经冷凝后的冷凝液一部分 (D) 作为产品流出，另一部分 (L) 回流至塔内。基于恒摩尔流假定，离开各层塔板的液体流量均为 L，气体流量均为 V。对图 3-11 所示虚线范围进行物料衡算则有：

$$V=L+D \tag{3-29}$$

$$Vy_2=Lx_1+Dx_D \tag{3-30}$$

由以上两式可得，

$$y_2=\frac{L}{L+D}x_1+\frac{Dx_D}{L+D} \tag{3-31}$$

由此便可计算出上升蒸气的组成 y_2。

同理，若是对整个精馏段做物料衡算，则可得

$$y_{n+1}=\frac{L}{L+D}x_n+\frac{D}{L+D}x_D=\frac{L}{V}x_n+\frac{D}{V}x_D \tag{3-32}$$

若引入回流比的概念，则式 (3-32) 可写成：

$$y_{n+1}=\frac{R}{R+1}x_n+\frac{1}{R+1}x_D \tag{3-33}$$

式（3-32）、式（3-33）均称为精馏段操作线方程，表示精馏段中相邻两层塔板之间的上升蒸汽组成 y_{n+1} 与下降液体组成 x_n 之间的关系。

精馏段操作线方程对应的曲线称为精馏段操作线，是一条斜率为 $\frac{L}{V}$（或 $\frac{R}{R+1}$）的直线。精馏段相邻两层塔板之间的组成点（x_n，y_{n+1}）均在精馏段操作线上，如图 3-12 所示。

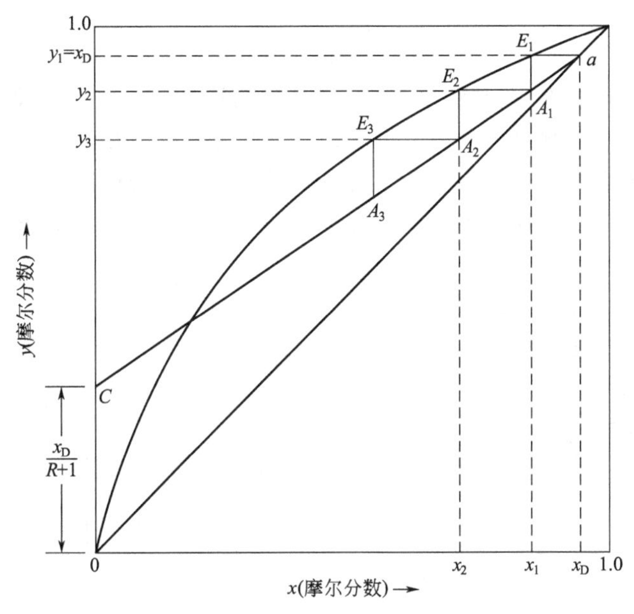

图 3-12　精馏段计算的图解法

交替应用相平衡关系以及精馏段操作线关系可求得精馏段各个塔板上的汽液相组成。此种计算方法被称为逐板计算法，较为烦琐，但对于理解精馏过程至关重要。

在图 3-12 中再做出相平衡曲线，就可以用所谓的 x-y 图解法求取汽、液相的组成以及理论塔板数。对于给定的塔顶产品含量要求 x_D，在操作线上选定点 $a(x_D，x_D)$，由于自第一层塔板上升的汽相组成为 y_1，对于全凝器有 $y_1=x_D$，从 a 点向相平衡曲线作平行线交相平衡曲线于点 $E_1(x_1，y_1)$，依据点 E_1 可确定 x_1。再从点 $E_1(x_1，y_1)$ 向操作线作垂线交点为 A_1，由于点 A_1 在操作线上，所以该点的坐标应为 $A_1(x_1，y_2)$。依此类推，再从点 $A_1(x_1，y_2)$ 向相平衡曲线作平等线交点为 $E_2(x_2，y_2)$，这样可以逐步求得离开各层塔板的汽、液相组成，直到加料板为止。

一般情况下，并不需要详细知道离开每层塔板的汽、液相组成，而只要求达到指定的分离效果的理论板数。为此，只需要数一数平衡线上的梯级数即可确定理论板数。这种方法称为 x-y 图解法，其理论基础仍然是交替应用物料平衡与相平衡关系。

（2）提馏段操作线

提馏段的操作过程如图 3-13 所示。

自 m 层塔板下降的液相组成与自其下层塔板上升的汽相组成仍然符合相平衡关系。而对于物料平衡，由于在加料板上有进料的影响，使得提馏段的汽、液相流量与精馏段不同，此处假定汽、液相流量分别为 L'、V'，则对图 3-13 中虚线所示范围做物料衡算有：

$$L'=V'+W \tag{3-34}$$

$$L'x_m=V'y_{m+1}+Wx_W \tag{3-35}$$

由以上两式可得，

$$y_{m+1}=\frac{L'}{L'-W}x_m-\frac{Wx_W}{L'-W} \tag{3-36}$$

式（3-36）代表操作线上点（x_m，y_{m+1}）之间的关系。

省略下标，可得提馏段操作线方程：

$$y=\frac{L'}{L'-W}x-\frac{Wx_W}{L'-W} \tag{3-37}$$

式中，塔底产品产量 W 及其组成 x_W 已知，但塔内的汽、液相流量 V'、L' 由于受进料的影响，需要根据进料状况具体分析。可能的进料状况有以下几种：过冷液体进料、饱和液体进料、饱和汽液混合物进料、饱和蒸气进料以及过热蒸气进料。

假设进料中液相所占的比例为 q，则汽相所占的比例为 $1-q$。如图 3-14 所示。

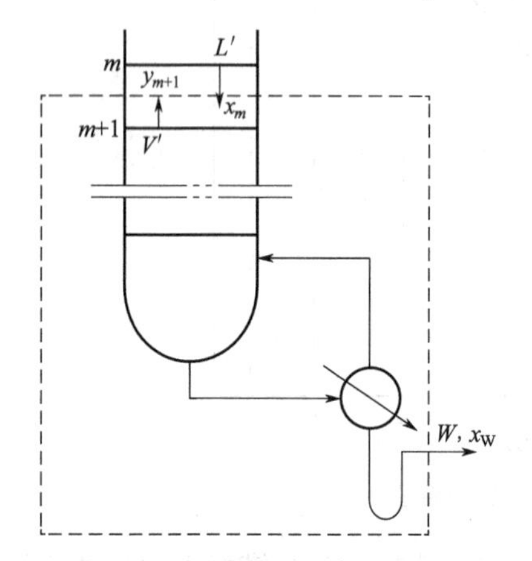

图 3-13 提馏段的操作过程示意

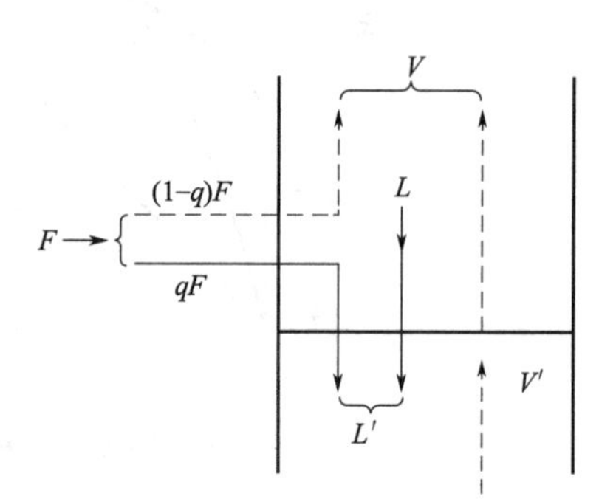

图 3-14 提馏段的操作过程示意

进料为混合汽液进料；→液流；--→气流

对加料板做物料衡算，则有：

$$L'=L+qF \tag{3-38}$$

$$V'=V-(1-q)F \tag{3-39}$$

联立求解式（3-37）、式（3-33）两条操作线方程，可以求得两条操作线的交点 d，连接点 d 与点（x_W，x_W）便是提馏段操作线。

联立式（3-38）、式（3-39）以及式（3-2），可求得：

$$y=\frac{q}{q-1}x-\frac{x_F}{q-1} \tag{3-40}$$

该方程代表了两条操作线交点 d 的轨迹，从该式可以看出它完全由进料状况以及进料组成决定，称为进料线方程。

根据精馏段操作线与提馏段操作线，利用 x-y 图解法，便可求出整个精馏塔所需要的理论板数。

3.5.3 回流比的选择与确定

（1）回流比的选择

回流比 R 的选择，关乎塔的制造费用与操作费用，选择回流比 R 应当使总费用最小。但是对于课程设计而言，很难得到计算各项费用的准确数据，故常常取一个经验数据，通常取回流 R 为最小回流比 R_{min} 的 1.1～2 倍。

（2）最小回流比 R_{min} 的确定

在设计条件下，如选用较小的回流比，两操作线向平衡线移动，达到指定分离程度所需要的理论板数增多。当回流比减至某一数值时，两操作线的交点落在平衡线上，此时理论板数为无穷多，此即为指定分离程度时的最小回流比。最小回流比的计算公式为：

$$\frac{R_{min}}{R_{min}+1}=\frac{x_D-y_e}{x_D-x_e} \tag{3-41}$$

式中　y_e——操作线与平衡线相交时的汽相组成；

x_e——操作线与平衡线相交时的液相组成。

【设计分析 1】 当回流比选的偏小，则所需理论板数多，在操作时能顺利完成分离任务及要求，但设计出的塔板结构对蒸汽及液体负荷的弹性则降低；若回流比偏大，设计出的塔板结构能承担较大的负荷，但理论板数少，在估算塔板效率时宜选偏小值来满足分离任务及要求。一般来说，对于难分离或分离要求较高的混合物通常选用较大的回流比；而为了减少加热蒸汽消耗量等从节能方面考虑则宜采用较小的回流比。统计表明，实际生产中的操作回流比以 1.6～1.9 倍最小回流比的范围使用较多。

3.5.4　理论塔板数的计算

精馏塔理论塔板数的求取方法有多种，一般可选用逐板计算法、直角梯级图解法、捷算法等，下面分别简要加以介绍。

（1）逐板计算法

逐板计算法也叫解析法。根据理论塔板的概念，假定离开每层塔板的汽、液相组成达到平衡。如果采用全凝器，那么离开第一层塔板的汽相组成 y_1 与塔顶产品组成 x_D 相同，而塔顶组成往往是给定值，应用相平衡方程，可求得离开第一层塔板的液相组成 x_1，再应用操作线方程，由 x_1 计算出由下层塔板上升的汽相组成 y_2。这样依次交替应用相平衡关系与精馏段操作线方程逐板计算每层理论塔板的汽、液相组成，直至达到进料浓度，此处应为进料板。接下来，由精馏段操作线方程改为提馏段操作线方程，仍然交替应用平衡线方程与操作线方程进行逐板计算，直至液相组分小于塔底产品组分。此种计算方法概念清晰，结果准确，特别适用于相对挥发度较小难以分离的物系。但是，该方法的缺点是计算较为繁杂，不过可应用现代计算机技术，以帮助克服此困难。

（2）直角梯级图解法

直角梯级图解法本质原理上仍然是交替地应用相平衡关系及物料平衡关系，只是该方法是在 x-y 图上交替应用两个平衡关系，较为直观地绘出梯级来代表理论塔板。其具体步骤如下。

① 在 x-y 图中作出待分离混合物系的相平衡曲线以及对角线，如图 3-15 所示。

② 在 x 轴上分别定出 $x=x_D$、x_F、x_W 三个点，并通过这三个点依次向对角线作垂线分别交于点 b、f、a。

③ 在 y 轴上定出 $y_c=x_D/(R+1)$ 点 c，连接 ac，即为精馏段操作线。

④ 由进料状态求出 q 线的斜率 $q/(q-1)$，通过点 f 作 q 线。

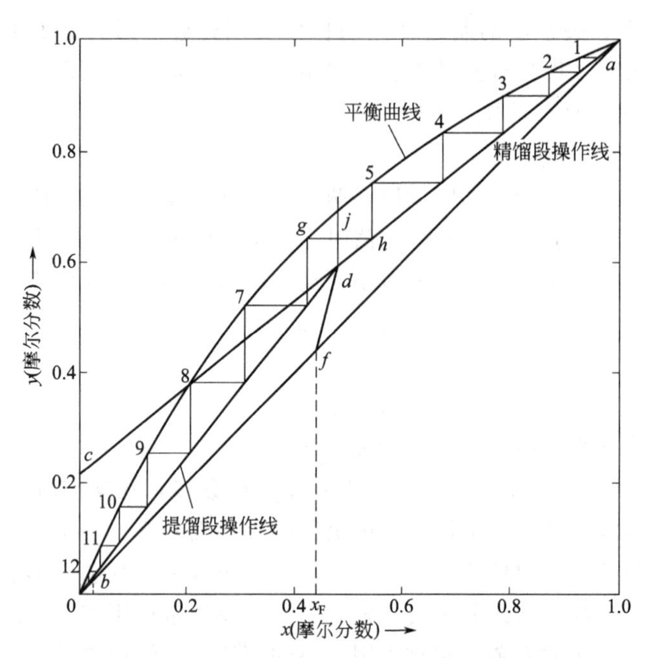

图 3-15　冷液进料时理论板数的图解法示意

⑤ q 线与 ac 的交点设为点 d，连接 bd，即为提馏段的操作线。

⑥ 从 a 点开始，在相平衡线与精馏段操作曲线之间作直角梯级。当直角梯级跨过点 d 时，这个梯级就相当于加料板。然后改为在相平衡线与提馏段操作曲线之间作直角梯级，直至梯级跨过点 b 为止。根据理论塔板的概念，一个直角梯级代表一块理论塔板，所有绘制的直角梯级数即为理论塔板数，同时也确定了进料板，最后一个直角梯级代表了再沸器。

该方法与逐板计算法相比，不太精确，为了得到较为准确的结果，可以采用适当的放大比例进行作图求解。尽管没有逐板计算法精确，但由于该方法简单直观，仍然得到了广泛的应用。

(3) 捷算法

通过分析理论塔板数 N 与回流比 R 之间的关系可知，当回流比 R 从最小回流比 R_{min} 增大至适当的回流比时，理论塔板数 N 随之从无穷大减小至一个适当的值，当全回流时，理论塔板数向某一有限值 N_{min} 逼近。如果能够找出 R、R_{min}、N_{min}、N 之间的定量关系，便能确定所需要的理论塔板数。依据这一想法，前人曾对多种二元和多元物系在不同的精馏条件下的数值进行整理，得知以上四个数据之间的确实存在着近似的定量关系，用该关系作图便被称为吉利兰关联图，如图 3-16 所示。

图中以 $X=(R-R_{min})/(R+1)$ 为横坐标，以 $Y=(N-N_{min})/(N+1)$ 为纵坐标。应用该图时，可以根据已知条件求算出横坐标 X 的值，从图上查出对应纵坐标 Y 的值，从而可以求得理论塔板数 N。吉利兰关联图中的曲线也可以近似用其拟合的关系式代替：

$$Y=0.75(1-X^{0.567}) \tag{3-42}$$

捷算法求解理论塔板数的步骤：

① 先按设计条件求出最小回流比 R_{min}，并选择操作回流比 R。

② 计算全回流下的最小理论板数 N_{min}。

③ 利用吉利兰关联图，计算全塔理论板数 N。

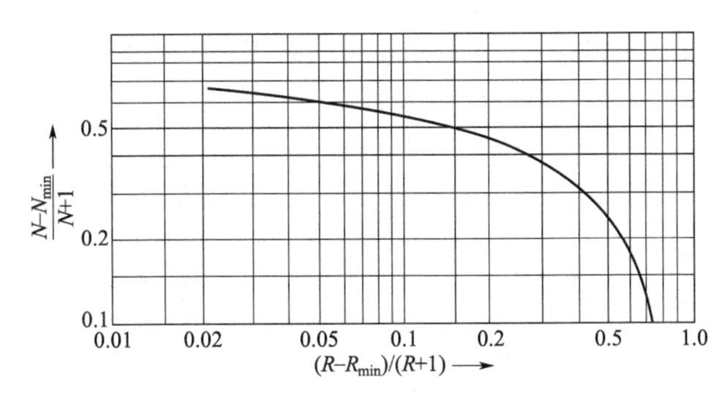

图 3-16　吉利兰关联图

④ 用精馏段的最小理论板数 N_{min1} 代替全塔的 N_{min}，确定适宜的进料板位置。

最小理论塔板数 N_{min}、N_{min1} 可按以下两个公式确定：

$$N_{min}=\frac{\lg\left[\left(\frac{x_D}{1-x_D}\right)\left(\frac{1-x_W}{x_W}\right)\right]}{\lg a}-1 \tag{3-43}$$

$$N_{min1}=\frac{\lg\left[\left(\frac{x_D}{1-x_D}\right)\left(\frac{1-x_F}{x_F}\right)\right]}{\lg a}-1 \tag{3-44}$$

式中，a 表示物系的平均相对挥发度，可用 $a=\sqrt{a_D a_W}$ 求解。式（3-43）计算所得的最小理论塔板数不包括塔底再沸器。

该方法与逐板计算法相比，较为粗略，适用于设计过程的初步估算。

3.5.5　实际塔板数的计算及塔板效率

在实际的精馏操作过程中，由于汽液相接触时间有限、液沫夹带等原因，汽液相通过塔板接触进行传热、传质后离开塔板，一般情况下不能达到理想的平衡状态。用塔板效率来表示汽液接触时的传质完善程度。

通常用全塔的总板效率来表示塔板效率。总板效率是指在一定的分离要求与回流比下所需要的理论塔板数 N_T 与实际塔板数 N_p 之比，即

$$E_T=N_T/N_p \tag{3-45}$$

通过上式，若得知总板效率便可求得所需要的实际塔板数。

但是，塔板效率与塔板的结构、需要分离的物料性质以及操作状况等众多因素有关。事实上，在板式塔设计中，将所有影响传质过程的动力学因素全部归结到塔板效率上了，很难从理论上定量考察塔板效率，至今未获得令人满意的解决方法。通常基于经验数据来确定塔板效率，工业上测定值通常为 0.3～0.7。一般有如下方法来确定塔板效率。

① 参考使用过程中的同类型的塔板、物系性质相同或相近的塔板效率的经验数据。

② 在生产现场对同类型塔板、类似物系的塔进行实际测定，可得出可靠的塔板效率数据。

③ 在没有可靠的经验数据或实测数据作参考时，可采用奥康尔的蒸馏塔效率关系图来估算全塔效率，见图 3-17。此图是经过对几十个生产中的泡罩塔与筛板塔实际测定的结果，实践证明此图也可用于浮阀塔的效率估计。图中 E_T、a、μ_L 分别表示全塔效率、平均塔温下的相对挥发度以及进料液在塔顶和塔底平均温度下的黏度。图中曲线也可以用多种关联式

表示，应用较广泛的关联式包括：O′Connell 关联式 $E_T=0.49\ (a\mu_L)^{-0.245}$；Eduljee 关联式 $E_T=51-32.5\lg\ (a\mu_L)$ 以及其他众多关系式。

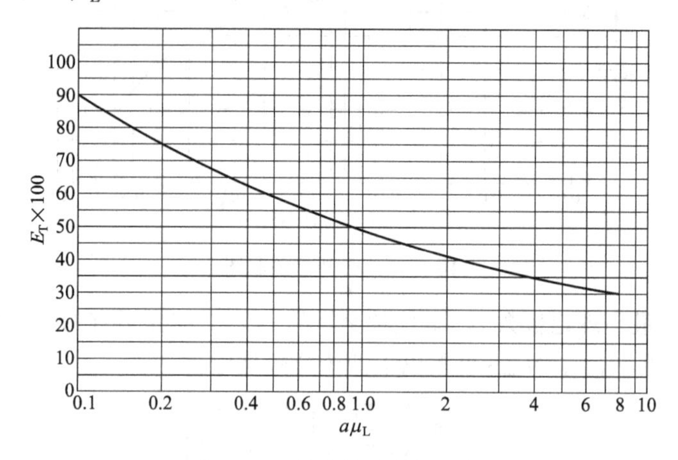

图 3-17 精馏塔的全塔效率

【设计分析 2】其他常用计算塔板效率的方法：

（1）Drickaner-Bradford 方法

从大量烃类及非烃类工业装置的精馏塔实际数据归纳而成。

$$E_T=0.17-0.616\lg\mu \tag{3-46}$$

式中 μ——塔进料液体平均摩尔黏度，cP（1cP=1mPa·s）。

（2）O′connell 方法

在 32 个工业塔和 5 个实验塔的基础上，得到计算公式：

$$E_T=49(\mu\alpha)^{-0.25} \tag{3-47}$$

式中 μ——塔进料液体平均摩尔黏度，cP。

3.6 塔和塔板主要工艺尺寸设计

板式塔的结构种类繁多，但其设计步骤却大致相同。设计内容主要包括：塔高、塔径等工艺尺寸，塔板的设计与选型，溢流装置的设计，塔板布置，升气道的设计及排列，进行流体力学性能校核，绘制塔板的负荷性能图，根据负荷性能图，对设计进行分析，如不符合要求则必须调整修改某些结果参数，重复上述步骤，直到满意为止。

下面以筛板塔为例，介绍板式塔的工艺计算过程。

3.6.1 塔高和塔径的计算

（1）塔的有效高度计算

根据给定的分离任务，求出理论塔板数及总板效率以后，可按照下式计算塔的有效高度，塔的有效高度是指安装塔板部分的高度。

$$Z=\left(\frac{N_T}{E_T}-1\right)H_T \tag{3-48}$$

式中 Z——有效高度，m；

H_T——塔板高度，m。

(2) 塔板间距

塔板间距直接影响塔的有效高度。采用较大的塔板间距，意味着塔高增加，但可使塔的操作气速提高，塔径减小。相反地，采用较小的塔板间距，意味着塔高降低，塔的操作气速要降低，塔径增大。对于板数较多的精馏塔，通常采用较小的板间距，适当地增大塔径以降低塔高。设计中应当根据实际情况，权衡经济因素，选择适当的板间距。板间距的选取应按系列标准选取，表 3-3 列出了板间距选择的经验数值，可供设计时参考。常用的板间距有 300mm、350mm、450mm、500mm、600mm、800mm 等。

表 3-3 板式塔板间距参考数值

塔径 D/m	0.3～0.5	0.5～0.8	0.8～1.6	1.6～2.0	2.0～2.4	>2.4
板间距 H_T/mm	200～300	300～350	350～450	450～600	500～800	≥800

【设计分析 3】塔板间距的选择。

塔板的间距决定了整个精馏塔的高度，因此，希望塔板间距尽可能小一些。最小的板间距受两个条件限制：

① 要避免发生液泛。即板间距要大于保证液体从上一块塔板顺利地流到下一块塔板的最小间距。由回流液通过溢流斗的流动阻力来计算。

② 要保证无雾沫夹带。在塔板上，蒸气通过筛孔，经过液层鼓泡而上升，筛板上的传质区域基本上由以下几个部分组成：紧贴筛板为静液层，它很薄；而后为鼓泡层；其上为蜂窝状结构的泡沫层。由于泡沫的破裂并受蒸气的喷射作用，其中还夹带着飞溅的液滴，这就形成了雾沫层。如果蒸汽夹带着液滴上升到上一块塔板，即形成雾沫夹带。为了保证精馏工况的正常进行，保证无雾沫夹带的最小塔板间距应该是塔板泡沫层高度再加上汽液分离空间。

一般情况下，当提馏段的空塔速度 $W_n \leqslant 0.1$m/s 时，精馏段的空塔速度 $W_n \leqslant 0.3$m/s 时，分离空间为 15～20mm。实际的板间距应大于不发生液泛的板间距，又要大于无雾沫夹带的板间距。

除此之外，还应该考虑操作弹性，通常以设计负荷±20%进行校核。为了制造方便，一个精馏塔的板间距应统一且规格化。适当的增大塔板间距也可以提高操作弹性。

安装及检修也是需要考虑的。例如，在塔体人孔处，板间距应不小于 600mm，以便有足够的工作空间。

所以，选择塔板间距时，主要考虑以下因素：雾沫夹带、物料的起泡性、操作弹性、安装与检修的要求和塔径。

(3) 塔径

依据流量公式可初步计算塔径，即

$$D=\sqrt{\frac{4V_s}{\pi u}} \tag{3-49}$$

式中 D——塔径，m；

V_s——塔内汽相体积流量，m^3/h；

u——空塔气速，m/s。

由式 (3-49) 可知，计算塔径的关键在于确定适当的空塔气速。

一般按照防止出现过量的液沫夹带或液泛的原则来确定空塔气速的上限值，用 u_{max} 表示。空塔气速的下限值由漏液气速确定，适宜的空塔气速应当介于二者之间。一般情况下，空塔气速按下式取值：

$$u=(0.6\sim0.8)u_{\max} \tag{3-50}$$

空塔气速的上限值 $u_{\max}$ 可根据悬浮液滴沉降原理推导而得，其结果为：

$$u_{\max}=C\sqrt{\frac{\rho_L-\rho_V}{\rho_V}} \tag{3-51}$$

式中 C——气体负荷因子；

ρ_L——液相密度，kg/m³；

ρ_V——汽相密度，kg/m³。

气体负荷因子与汽相及液相的流量，汽相与液相的密度以及液相的表面张力等因素有关。R. B. Smith 等人收集了若干类型板式塔的数据，整理成气体负荷因子与诸多影响因素之间的关系曲线，如图 3-18 所示。

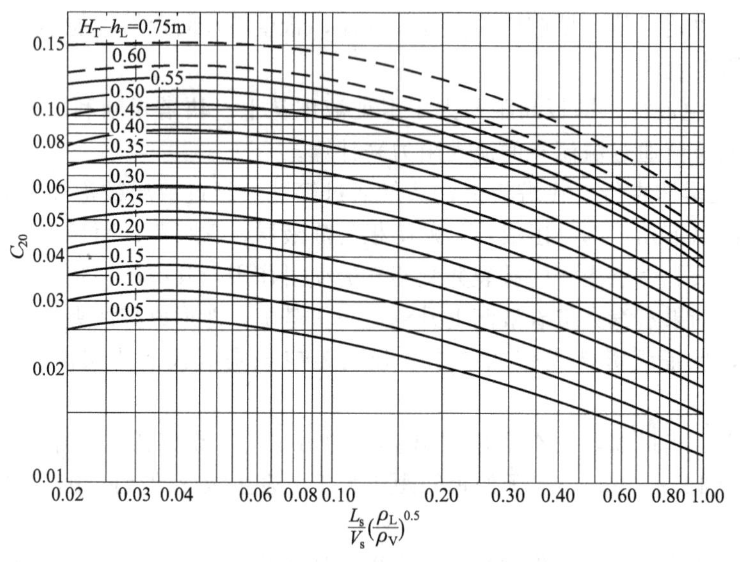

图 3-18 史密斯关联图

图 3-18 中的横坐标$\frac{L_s}{V_s}\left(\frac{\rho_L}{\rho_V}\right)^{0.5}$称为液汽动能参数，为无量纲量，反映了液汽两相的密度与流量对气体负荷因子的影响；H_T-h_L反映了液滴沉降空间高度对气体负荷因子的影响。显然，H_T-h_L越大，C 值越大，这是因为随着分离空间的加大，雾沫夹带量减少，允许的最大空塔气速就越大。

设计时，板上液层高度 h_L 由设计者首先决定，对于常压塔一般取 0.05～0.1m，对于减压塔一般取 0.025～0.03m。

图 3-18 中的曲线是按液体表面张力 $\sigma=20$mN/m 的物系绘制的，若所处理的物系表面张力为其他值，则需要按下式校正查出的负荷因子，即：

$$C=C_{20}\left(\frac{\sigma}{20}\right)^{0.2} \tag{3-52}$$

式中，C_{20}表示物系表面张力为 $\sigma=20$mN/m 的负荷因子，由图 3-18 查出；σ 表示操作物系液体的表面张力。

将求得的空塔气速 u 代入式（3-46）便可计算出塔径，仍需要根据板式塔直径系列标准进行圆整。最常用的标准塔径包括：0.6m、0.7m、0.8m、1.0m、1.2m、1.4m、1.6m、1.8m、2.0m、2.2m…4.2m。

以上计算出的塔径只是初值，以后还要根据流体力学原则进行核算。

【设计分析 4】塔径确定的注意事项。

① 由于精馏段与提馏段的汽液负荷与物性不同，所以两段中的汽速及塔径也可能不同，塔径应当分别计算，若所得结果差别不大，可采用相同塔径，取较大者作为塔径；反之，如果相差较大，应采用变塔径，中间设变径段。

② 要首先选定参数：板间距、板上液层高度。

3.6.2　溢流装置造型及设计

溢流装置包括溢流堰、降液管和受液盘等几部分，其结构和尺寸对塔的性能有着重要影响。

(1) 溢流方式与降液管布置

液体自上层塔板溢流至下层塔板的流动方式极大地影响着塔板上汽液相接触的传质过程，而溢流方式是由溢流堰及降液管的结构所决定的。降液管是塔板间液体下降的通道，同时也是下降液体中所夹杂的气体得以分离的场所。通常，降液管有圆形和弓形两种结构。圆形降液管制造方便，但是流通截面积较小，一般只适用于塔径较小的情况。弓形降液管的流通截面积较大，适用于直径较大的塔。

降液管的布置形式决定了塔板上液体的流动形态。常用的降液管布置形式主要有单溢流形、双溢流型、阶梯双溢流型以及 U 形溢流等，如图 3-19 所示。

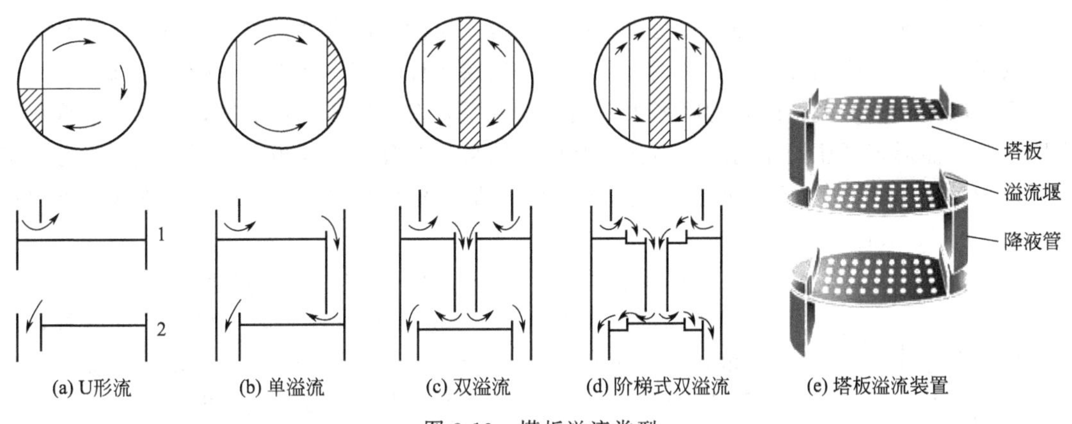

图 3-19　塔板溢流类型

单溢流形［图 3-19（b）］是最为常见的一种流动形态，液体自受液盘横向流过整个塔板至溢流堰。液体流经的距离长，塔板效率高，塔板结构简单，特别适用于塔径小于 2.2m 以下的精馏塔。

双溢流型［图 3-19（c）］通常应用于塔径大于 2m 的精馏塔中，上层塔板的液体分别经左右两侧的降液管流至塔板，然后横向流过半个塔板进入中部降液管。这种溢流形式可有效减小液面落差，但是塔板利用率较低、结构复杂。

阶梯双溢流型［图 3-19（d）］塔板目的在于减小液面落差而不缩短液体路径，每个阶梯均设有溢流堰，这种塔板结构最为复杂，适用于塔径很大、液流量很大的状况。

U 形溢流［图 3-19（a）］结构塔板是将弓形降液管隔成两半，一半作为受液盘，另一半作为降液管，迫使流经塔板的液体做U形流动。该种流型液体流经路径较长，塔板利用率较高，但液面落差较大，适用于小塔径或液体流量较小的操作状况。

众所周知，液体在塔板上流经的路径越长，汽液相接触传质进行得越充分，但液面落差加大，容易造成气体分布不均的状况，使塔板效率降低。如何选择塔板上的液体溢流形态，应综合考虑塔径大小、液体流量等因素。表3-4列出了液体负荷与溢流形态及塔径的经验关系，可供设计时参考。

表3-4 液体负荷与溢流形态及塔径的经验关系

塔径 D/mm	液体流量 L_h/（m^3/h）			
	U形溢流	单溢流	双溢流	阶梯溢流
1000	<7	<45		
1400	<9	<70		
2000	<11	<90	90～160	
3000	<11	<110	110～200	200～300
4000	<11	<110	110～230	230～350
5000	<11	<110	110～250	250～400
6000	<11	<110	110～250	250～450

【设计分析5】当塔径及液体流量较大时，选用双溢流或阶梯流；而液体流量较小选用U形溢流。

（2）溢流堰

溢流堰又叫出口堰，它的作用是维持塔板上有一定的液层高度，并使液体均匀流动。在设计溢流堰时，若增加溢流堰的高度，塔板上的液层高度则相应增加，这样可以增大汽液接触传质的时间，但是流体的阻力降增大。通常情况下，对于加压操作的塔，溢流堰高度可适当取大些，而对于减压操作的塔，溢流堰高度取值可适当降低。塔板上液层高度的推荐值范围通常为50～100mm，板上液层高度为堰高 h_w 与堰上液层高度 h_{ow} 之和。溢流堰高度取值通常为35～75mm。

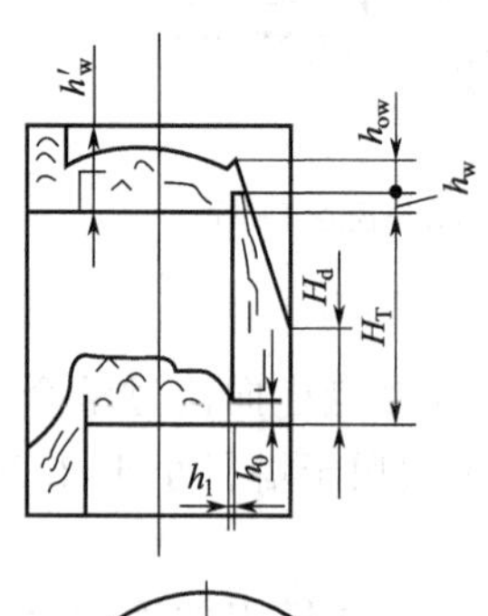

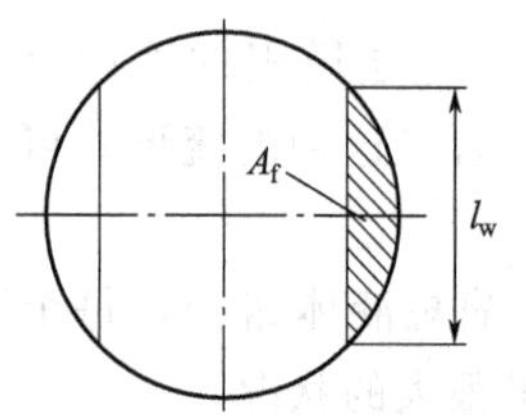

图3-20 弓形降液管溢流装置

单位堰长上的液体体积流量称为堰上液流强度，通常情况下，堰上液流强度为20～40m^3/(h·m）时，操作情况良好，堰上液流强度不宜超过100～130m^3/(h·m)，如果堰上液流强度高于110 m^3/(h·m)，此时可考虑采用多溢流塔板。

下面以弓形降液管为例，介绍溢流装置的设计方法。溢流堰设计参数包括堰高、堰长、降液管截面积等，如图3-20所示。

当降液管截面积与塔截面积之比（A_f/A_T）选定以后，堰长与塔径之比（l_w/D）可以由几何关系确定。对于常用的降液管：

单溢流堰长取值：$l_w=(0.6-0.8)D$ (3-53)

双溢流堰长取值：$l_w=(0.5-0.6)D$ (3-54)

堰长一旦确定，降液管宽度和面积可按图3-21计算。

对于双溢流或多溢流降液管，其宽度一般取200～300mm，其面积可按矩形计算。

在降液管设计过程中，液体在降液管中的停留时间一般不得小于 3～5s，停留时间可按式（3-55）计算：

$$\tau=\frac{A_f H_T}{L_s} \tag{3-55}$$

堰上液层高度可按式（3-56）计算：

$$h_{ow}=2.84E\left(\frac{L_h}{l_w}\right) \tag{3-56}$$

式中，E、L_h分别表示液体收缩系数（通常取 E 为 1，也可查相关资料）和液体流量。

堰上液层高度对塔板的操作性能有很大影响，若堰上液层高度过小，会引起液体横过塔板流动不均，降低塔板效率，故在设计时一般应大于 6mm。若堰上液层高度过大，则会增加流体压降及液沫夹带量，其值通常不宜大于 60～70mm，超过该值应采用双溢流。

求出 h_{ow}以后，即可按下式范围确定堰高 h_w：

$$0.1-h_{ow}\geqslant h_w\geqslant 0.05-h_{ow} \tag{3-57}$$

（3）受液盘和底隙高度

塔板上接受上层塔板流下液体的区域称为受液盘，如图 3-22 所示。

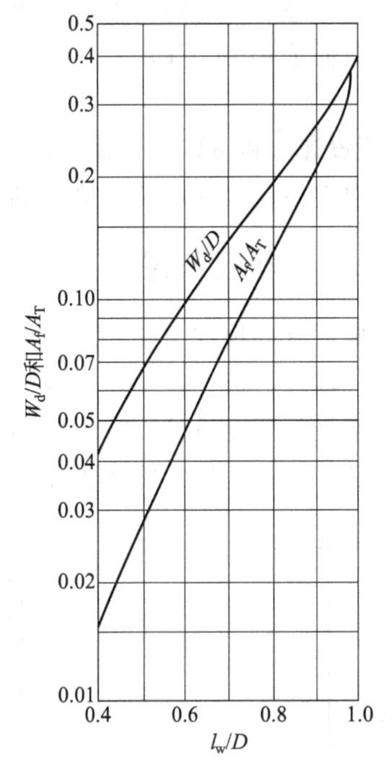

图 3-21　弓形的宽度与截面积

l_w—堰长；D—塔径；W_d—弓形宽；

A_f—弓形面积（降液管面积）；

A_T—塔截面积

受液盘有两种形式：平形受液盘和凹形受液盘。塔盘采用平形受液盘时，通常需要在液流入口端设置入口堰，以保证降液管的液封，同时迫使液体均匀流入下层塔盘。入口堰高度 h'_w 可按下述原则考虑：通常情况下，出口堰高度 h_w大于降液管底隙高度 h_o，此时取 $h'_w=h_w$；对于个别情况，当 $h_w<h_o$，应取 $h'_w>h_o$。从而保证液体从降液管流出时不致受到太大的阻力。

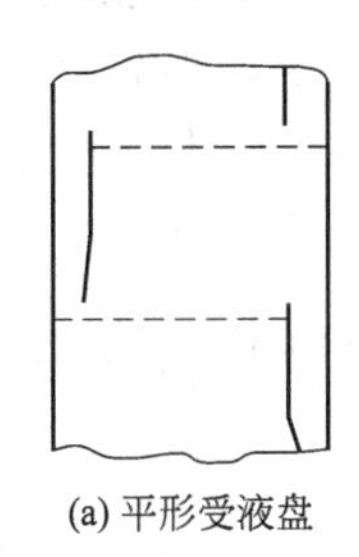

(a) 平形受液盘

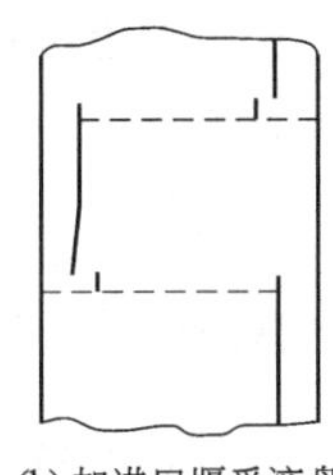

(b) 加进口堰受液盘

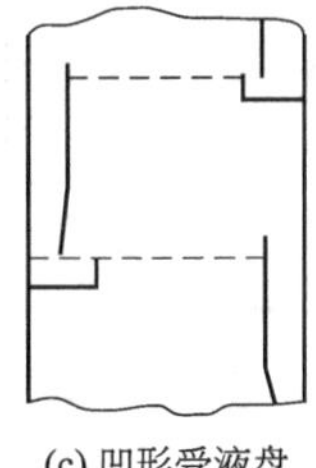

(c) 凹形受液盘

图 3-22　不同形式的受液盘

采用凹形受液盘时，则不必设置入口堰，它既可在低流量时形成良好的液封，又可以改变液体流向，起到缓冲和均匀分布液体的作用，但结构稍复杂。

底隙高度 h_o是指降液管下端与受液盘之间的距离。为了减小液体流动助力并考虑液体夹带悬浮颗粒通过底隙时不致造成堵塞，所以底隙高度 h_o一般不易小于 20～25mm。但是，若底隙高度 h_o过大，又不易形成液封。一般可按下式计算底隙高度 h_o，即

$$h_o=\frac{L_h}{3600 l_w u'_o} \tag{3-58}$$

式中　u'_o——表示液体流过底隙时的流速，一般介于 0.07～0.25m/s。

同时要求，底隙高度 h_o应低于出口堰高度 h_w，这样可保证降液管底端有良好的液封，一般应低于 6mm，即

$$h_o = h_w - 6\text{mm} \tag{3-59}$$

【设计分析 6】 对于直径较小或处理易聚合、含有固体杂质的物系时，宜采用平形受液盘；对直径较大的塔或有侧线抽出时，宜采用凹形受液盘。

3.6.3 塔板布置

塔板有分块式与整块式两种。对于直径小于 0.8～0.9m 的塔，宜采用整块式塔板；对于直径较大的塔，特别是当直径大于 1.2m 时，宜采用分块式塔板，以满足刚性要求。

塔板的厚度设计，首先应当考虑塔板的刚性及介质的腐蚀情况，其次再考虑经济性能。对于碳钢材料，通常取塔板厚度为 3～4mm，对于耐腐蚀材料可适当减小塔板厚度。

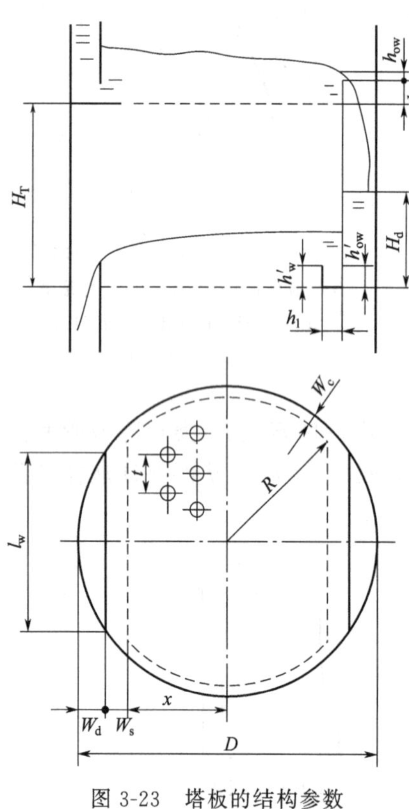

图 3-23 塔板的结构参数

塔板面积，依据所起的作用不同，可分为四个区域，如图 3-23 所示。

① 开孔鼓泡区 开孔鼓泡区为图 3-23 中虚线以内的区域，是塔板上的开孔区域，用来布置筛板、浮阀等部件的有效传质区域。

② 溢流区 溢流区为受液盘和降液管所占的区域，两者的面积通常相等。

③ 安定区 开孔鼓泡区与溢流区之间的不开孔区域称为安定区，以避免含有气泡的大量液体进入降液管而造成液泛。通常情况下，安定区的宽度可取 50～100mm。

④ 无效区（边缘区）塔板上在靠近塔壁的部分，应留出一圈边缘区，供塔板安装之用，又称为无效区。其宽度视需要而定，小塔为 30～50mm，大塔可达 50～75mm。为防止液体经边缘区域流过而影响汽液传质，可在塔板上沿塔壁设置旁流挡板。

3.6.4 筛孔的计算及排列

（1）筛孔直径

筛孔直径是塔板结构的一个重要参数，是影响汽相分散及汽液相接触的重要工艺尺寸。随着孔径的增大，漏液量和雾沫夹带量都会相应增加，操作弹性减小。大孔径塔板不易堵塞，加工方便，费用降低。若孔径太小，则加工制造困难，易堵塞。通常情况下，对于碳钢的塔板厚度取为 3～4mm，合金钢塔板厚度取为 2～2.5mm。筛孔的加工一般采用冲压法，对于碳钢塔板，孔径不应小于塔板厚度；对于合金钢塔板，孔径应不小于 1.5～2 倍的板厚。近年来随着操作经验的积累和设计水平的提高，有些塔板采用大孔径设计，孔径尺寸大于 10mm，这种孔径尺寸的塔板加工方便，且不易堵塞，只要设计合理，操作得当，同样可获得满意的分离效果。

（2）孔心距

相邻两筛孔中心的距离称为孔心距。孔心距对塔板效率的影响要大于孔径对塔板效率的

影响。一般情况下，通常采用 2.5～5 倍直径的孔心距。若孔心距过小，上升的气体则相互干扰，影响塔板效率；反之，孔心距过大则易造成发泡不均，同样影响分离效果。设计孔心距时可按所需要的开孔面积来计算孔心距。通常情况下，尽可能将孔心距保持在 3～4 倍的孔径范围内。

（3）筛孔的排列与开孔率

筛孔一般采用正三角形排列。此时，筛孔的数目 n 可按下式计算，即

$$n=\frac{1.158A_a}{t^2} \tag{3-60}$$

式中　A_a——开孔区面积，m^2；

t——孔心距，m。

筛孔面积与开孔区面积之比称为开孔率。若开孔率过大，则易漏液，操作弹性减小；若开孔率过小，塔板阻力加大，则雾沫夹带增加，易发生液泛。通常情况下，开孔率取值为 5%～15%。在确定开孔率时，往往需要多次试算孔径及孔心距。开孔率可按式（3-61）计算，即

$$\frac{A_o}{A_a}=\frac{0.907}{\left(\dfrac{t}{d_o}\right)^2} \tag{3-61}$$

式中　A_o——筛孔面积，m^2；

d_o——筛孔直径，m。

开孔区面积 A_a，对于单溢流型塔板可用式（3-62）计算，即

$$A_a=2\left(x\sqrt{r^2-x^2}+r^2\sin^{-1}\frac{x}{r}\right) \tag{3-62}$$

$$x=\frac{D}{2}-(W_d-W_s)$$

$$r=\frac{D}{2}-W_c$$

式中　W_d——降液管宽度，m；

W_s——安定区宽度，m；

W_c——边缘区宽度，m。

【设计分析 7】 常压塔或减压塔中开孔率一般为 10%～15%；加压塔较小，为 6%～9%，有时低至 3%～4%。

通过上述方法求得筛孔直径、筛孔数目、孔心距以及开孔率等参数以后，还需要进行流体力学验证，检验是否合理，若不合理需要进行适当调整。

3.6.5　塔板流体力学验算

流体力学验证的目的在于检验初步设计出的塔径及各项工艺尺寸是否合理，塔能否正常运行，检验过程中若发现有不合适的地方，应对有关结构参数进行调整，直至得到满意的结果。流体力学验证内容包括以下几项：塔板阻力降、漏液、液沫夹带、液泛、最大操作液量及最小操作液量等。

（1）塔板阻力降

气体通过塔板的阻力降是塔板的重要水力学参数之一，塔板阻力降直接影响到塔底的操

作压力，同时也影响到汽液平衡关系。若阻力降过大，对液泛的出现有直接影响。分析塔板阻力降参数对于了解与掌握塔板的操作状况有帮助。气体通过塔板的阻力降主要由两个方面决定，一是气体通过塔板筛孔及其他各种通道所需要克服的阻力；二是气体通过塔板上液层时所需要克服的液层的静压力。

气体通过每层塔板的阻力降公式为：

$$h_P=h_C+h_L \tag{3-63}$$

式中 h_P——气体通过每层塔板的阻力，m液柱；

h_C——气体通过筛孔及其他通道的阻力（干板阻力），m液柱；

h_L——气体通过板上液层所需要克服的阻力，m液柱。

气体通过塔板时的阻力降通常都是利用半经验公式计算，塔结构类型不同，所采用的公式也不尽相同，但来源依据均为流体力学原理，对于筛板塔其阻力降计算公式如下。

通常，当筛板的开孔率为5%～15%时，干板阻力降可用下式计算，即

$$h_C=0.051\left(\frac{u_o}{C_o}\right)^2\left(\frac{\rho_V}{\rho_L}\right) \tag{3-64}$$

式中 u_o——气体通过筛孔的气速，m/s；

C_o——孔流系数；

ρ_V——气相密度，m^3/h；

ρ_L——液相密度，m^3/h。

干板孔的孔流系数见图3-24。

气体通过板上液层的阻力降与板上液层高度以及液体中的气泡状况等众多因素有关，其计算方法很多，设计中通常利用式（3-65）估算，即

$$h_L=\beta(h_w+h_{ow}) \tag{3-65}$$

式中 β——板上液层充气系数（根据气体的能动因子 $F_a=u_a\sqrt{\rho_V}$ 由图3-25查得，通常取0.5～0.6，其中 u_a 表示通过有效传质区的气速，即气体体积流量除以工作面面积之商）；

h_w——堰高，m；

h_{ow}——堰上液层高度，m。

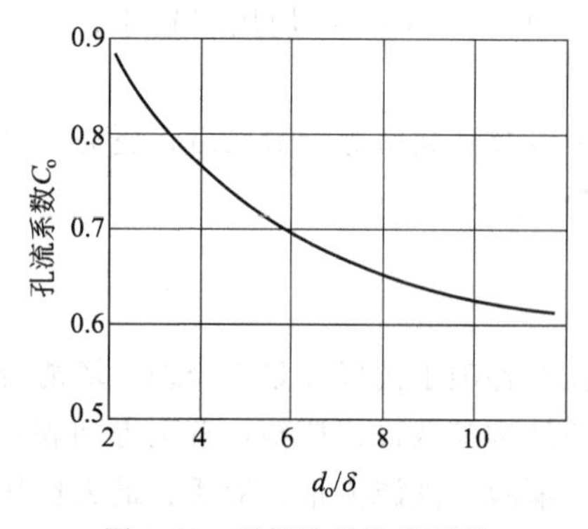

图3-24 干板孔的孔流系数

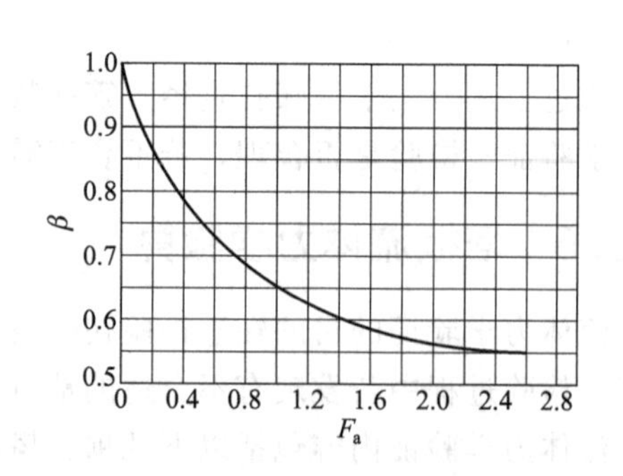

图3-25 液层充气系数关联图

（2）漏液

筛板塔内气体的上升通过塔板上的开孔，正常操作情况下，气体通过筛孔的阻力降与液

体克服筛孔处表面张力所需要的压力之和足以和液层静压力相抵，不致发生严重的漏液现象。但是，当气体通过开孔的流速较小，气体的动能不足以阻止板上液层静压时，便会发生漏液现象。当漏液量所占液流量的比率小于 10% 时，筛板塔仍能正常操作，此时所对应的气速称为漏液点气速，它是塔板气速操作的下限。漏液量与气体通过筛孔的能动因子有关，依据经验，漏液量所占液流量比率为 10% 时，气体通过筛孔的能动因子为 $F_a=u_a\sqrt{\rho_V}$ 取值为 8～10。参考资料显示，也有其他方法计算操作气速的下限。

为了使筛板塔具有足够的操作弹性，应保持一定范围的稳定性系数 K，即

$$K=\frac{u_o}{u_{ow}} \tag{3-66}$$

式中　u_o——筛孔气速，m/s；

u_{ow}——漏液点气速，m/s；

K——适宜范围为 1.5～2。

【设计分析 8】 若稳定性系数偏低，可以适当减小塔板开孔率或降低溢流堰高度。

(3) 液沫夹带

液沫夹带是指气流穿过塔板上液层时夹带雾滴进入上层塔板的现象，造成液相在塔板间的返混，影响分离效率。为了保证塔板效率基本稳定，通常将液沫夹带量限制在一定范围内，设计中规定液沫夹带量 $e_v<0.1$kg 液体/kg 气体。

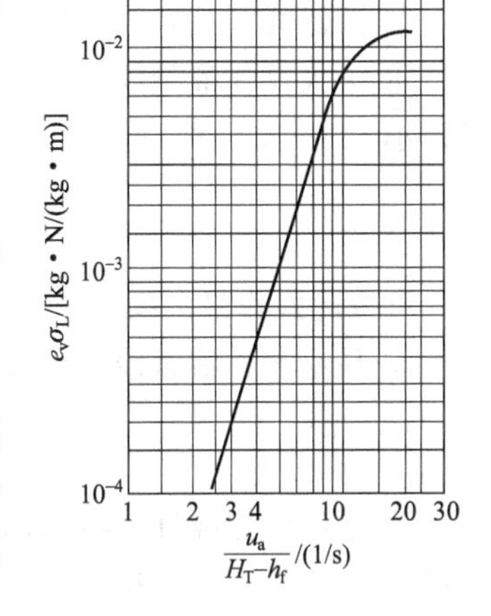

图 3-26　亨特经验关联图

计算液沫夹带量的方法有多种，设计中通常采用亨特经验关联图，如图 3-26 所示。

图中曲线可回归成下列公式，即

$$e_v=\frac{5.7\times10^{-6}}{\sigma_L}\left(\frac{u_a}{H_T-h_f}\right) \tag{3-67}$$

式中　e_v——液沫夹带量，kg 液体/kg 气体；

σ_L——液体表面张力，mN/m；

H_T——板间距，m；

h_f——板上鼓泡层高度（根据设计经验，一般取 $h_f=2.5h_L$），m。

(4) 液泛

为了防止液泛发生，降液管内液层高度 H_d 应服从下式所示关系，即

$$H_d\leqslant h_w+h_{ow}+h_d+h_p \tag{3-68}$$

式中　H_d——降液管液面的高度，m；

h_d——液体在降液管出口的阻力，m 液柱。

其中，降液管出口阻力 h_d 可按下式计算，即

$$h_d=0.153\left(\frac{L_s}{l_w h_o}\right)^2 \text{（m 液柱）} \tag{3-69}$$

式中，h_o 为降液管底隙。为了避免液泛，降液管中液面高度不得超过 0.4～0.6 倍的 (H_T+h_W)，即

$$H_d\leqslant(0.4\sim0.6)(H_T+h_W) \tag{3-70}$$

3.6.6 塔板负荷性能图

对于一个特定的筛板塔，应当有一个适宜的操作区域，该区域综合地反映了塔板的操作性能。在负荷性能图中，可绘出若干种临界操作状况时出现的气、液流量关系曲线，在这些临界曲线范围之内，操作才能正常进行。

各临界曲线的求取方法如下。

① 漏液线　按式（3-66）计算漏液点气速并作漏液线。

② 液沫夹带线　按式（3-67）取泛点率为65%～82%时，作液沫夹带线。

③ 液泛线　按式（3-70）作液泛线。

④ 最大操作液量线　为了使降液管中液面气泡能够脱除，液体在降液管中的停留时间不得小于3～5s，即

$$\frac{A_f H_T}{L_s} \geqslant 3 \sim 5 \tag{3-71}$$

可按此式作最大操作液量线。

⑤ 最小操作液量线　可按式（3～72）计算最小操作液量线，即

$$2.84\left(\frac{L}{l_w}\right)=6 \tag{3-72}$$

⑥ 塔的操作弹性　按照固定的液汽比，如图3-27所示，操作线A与界限曲线交点的气相最大负荷 V_{max} 与气相允许的最低负荷 V_{min} 之比，称为操作弹性，即

$$操作弹性=\frac{V_{max}}{V_{min}} \tag{3-73}$$

对于图3-27，这是一个设计合理的负荷性能图，图中阴影部分为适宜的操作区域。

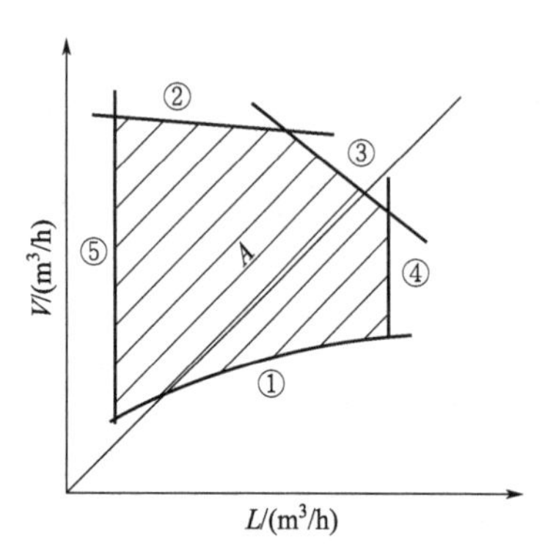

图3-27　负荷性能图示意

在负荷性能图中，被曲线所包围的区域是设计的塔板分离给定物系的适宜操作范围，其区域越大，则适宜范围越大。只要设计点落在适宜操作范围内，塔板即可正常运行。但是，通常不希望塔板的设计点落在负荷性能图边缘位置上或靠近某曲线，以避免生产波动引起塔效率下降，故希望设计点位于图中适中位置。

负荷性能图可以用以评价和考查设计的合理性，指导设计参数的调整或修改，也可用于实际运行塔板的操作分析和诊断。当分离混合物体系一定时，负荷性能图完全取决于塔板的结构尺寸，与操作条件无关。如果设计点较偏，应当调整相关结构尺寸，改变负荷性能，使设计点处于操作区域适中位置。值得注意的是每改变一结构尺寸，可能要同时影响几条曲线位置的变化。

【设计分析9】通过负荷性能图发现，如果设计点靠近液沫夹带线，可以通过减小降液管面积，或提高塔板间距；如果设计点靠近降液管液泛线，说明降液管液体通过能力小，塔板阻力大。为此可扩大降液管，提高开孔率；如果设计点靠近塔板漏液线，说明塔板开孔率太高，可适当减少孔数；如果设计点靠近液相下限线及汽相下限，说明溢流堰过长或降液管面积过大，故可减小堰长，此类情况应减小塔径。

3.7　板式塔的结构

3.7.1　板式塔总体结构

板式塔的总体结构包括塔体部分、进料装置、冷凝装置以及再沸器等。塔体部分包括塔板、降液管、受液盘、溢流堰、物料进出管孔、除沫器、人孔以及裙座等。除最上一层和最低一层按需要决定其板间距之处，其他塔板一般是按设计板间距等距离安装。

(1) 塔顶空间

塔顶空间是指最上层塔板与塔顶封头之间的距离，该距离通常大于一般的塔板间距，以便有良好的除沫效果，减少液沫夹带，以及便于安装。对于易发泡的物系，若塔顶需要安装除沫器，则应该根据需要确定塔顶空间距离。通常情况下，塔顶空间距离取 1.5～2.0 倍的塔板间距。

(2) 塔底空间

塔底空间是指塔内最下层塔板到塔底封头之间的距离，该距离也较大，以便有较大的空间贮存液体，保证液体能有 10～15min 的停留时间，使塔底液体不至于流空。同时要求塔底液面离最下层塔板的距离不少于 1～2m 的间距，以避免因进料引起塔底液面波动，造成液位控制不稳定和过量液沫夹带。塔底空间也须同时考虑再沸器的高度以及安装方式。

(3) 人孔及手孔

所需安装的人孔数目应当依据安装、清洗以及维修方便而定。一般情况下每隔 7～9 块塔板或 5～10m 塔段设置一个人孔。板间距小的塔，一般按塔板数确定人孔位置，板间距大的塔，一般按塔高确定人孔位置。人孔的大小应使人容易进入塔板为宜，通常情况下人孔的直径可采用 HG 21514 标准，一般不小于 450～500mm。设置人孔处的塔板间距应当考虑人孔直径以及塔板支承高度，一般不小于 600mm。同时应当考虑在进口处设置防冲挡板等设施以保证塔内部件的安全。人孔伸出塔体的筒体长度一般取 200～250mm。对于直径较小的板式塔，设置手孔时可按 HG 21514 以及 HG 21594 标准设计。

【设计分析 10】一般塔顶、塔底及进料处须设置人孔；最常用的人孔规格为 Dg450mm (600mm)；有人孔的地方，塔板间距要等于或大于 600mm。

3.7.2　塔体总高度

为了便于安装、检修等操作，直径大于 800mm 的板式塔都应当设置人孔，且人孔处的塔板间距不小于 600mm。计算塔的总体高度需要考虑的因素包括：实际塔板数、常规的板间距、进料板数、进料板间距、人孔数、人孔处板间距、塔顶空间、塔底空间、塔顶封头高度以及塔底封头高度、裙座高度等因素。

塔的总体高度可按下式计算：

$$H=(n-n_F-n_p-1)H_T+n_FH_F+n_pH_p+H_B+H_D+H_1+H_2 \tag{3-74}$$

式中　n——塔板数；

n_F——进料板数；

n_p——人孔数；

H_T——板间距，m；

H_F——进料板间距，m；

H_p——人孔处板间距，m；

H_B——塔底空间，m；

H_D——塔顶空间，m；

H_1——塔顶封头高度，m；

H_2——裙座高度，m。

3.7.3 塔板结构

塔板有分块式与整块式两种。对于直径较小，如 0.8～0.9m 的塔，宜采用整块式塔板；对于直径较大的塔，特别是当直径大于 1.2m 时，宜采用分块式塔板。设计塔板时要考虑其刚度，以维持塔板的水平。塔板之间要有良好的密封以避免液体发生短路，影响分离效果。同时，须便于安装及拆卸。

整块式塔板结构由整块塔板、塔板圈和带溢流堰的降液管组成。塔板圈起固定密封填料的作用。整块式塔板的塔体结构分成若干段塔节，每个塔节的两端设计成法兰连接结构，塔节之间用法兰连接。每个塔节安装若干块塔板，塔板之间用定距管支撑结构支撑，并保持所需要的板间距。塔节长度与每节塔板数之间的关系如表 3-5 所示。

表 3-5 塔节长度与每节塔板数之间的关系

板间距/mm	筒节长度/mm	每节塔板数
300	1800	6
350	1750	5
450	1800	4

当塔径大于 800mm，特别是大于 1200mm 时，宜采用分块式塔板。分块式塔板在设计时，应当在保证工艺操作条件下，尽量做到结构简单、拆卸方便、有足够的刚度、便于加工制造维修等要求。当塔径在 800～2400mm 时，可采用单溢流塔板；当塔径在 2000～2400mm 以上时可采用双溢流塔板。

对于单溢流塔板，其塔板分块数与塔径大小之间的关系如表 3-6 所示。其常用分块方法如图 3-28 所示。

表 3-6 塔板分块数与塔径之间的关系

塔径/mm	800～1200	1400～1600	1800～2000	2200～2400
塔板分块数	3	4	5	6

3.7.4 降液管及受液盘结构

通常情况下，降液管有圆形和弓形两种结构。可以依据不同的塔板结构以及操作负荷决定采用哪种降液管结构。圆形降液管制造方便，但是流通截面积较小，一般只适用于塔径较小的情况。弓形降液管的流通截面积较大，适用于直径较大的塔。降液管面积所占塔截面积的比例分别为：塔径为 600～700mm 时，分别占 7%、9%、11%；塔径为 800～2000mm 时，分别占 7%、10%、14%；塔径为 2200～4200mm 时，分别占 10%、12%、14%。对于整块式塔板，降液管通常焊接于塔板上。图 3-29 所示的是带溢流堰的圆形降液管的连接结构。图 3-30 所示的是弓形降液管结构。

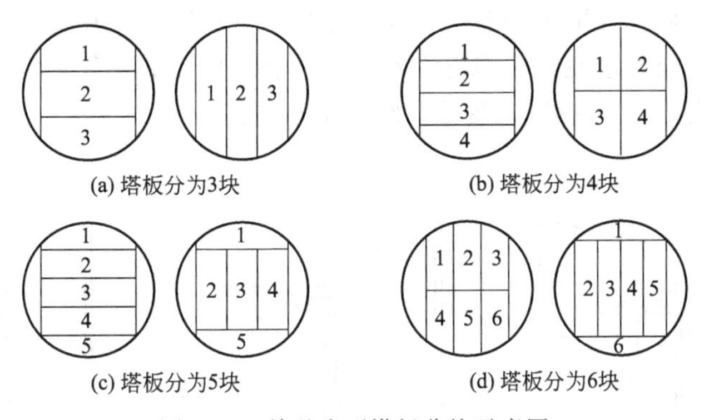

(a) 塔板分为3块　(b) 塔板分为4块

(c) 塔板分为5块　(d) 塔板分为6块

图 3-28　单溢流型塔板分块示意图

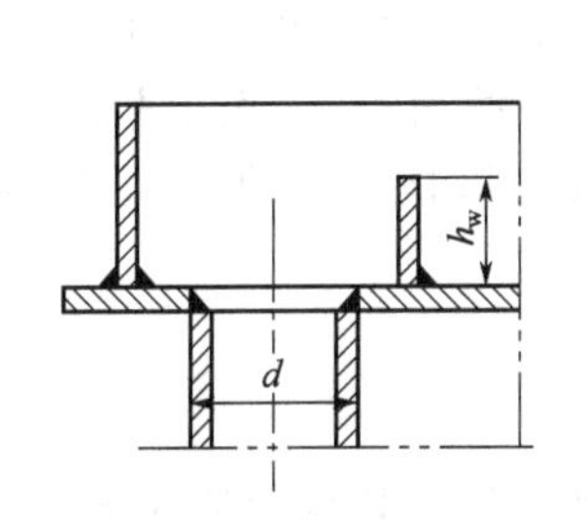

图 3-29　降液管连接溢流堰结构

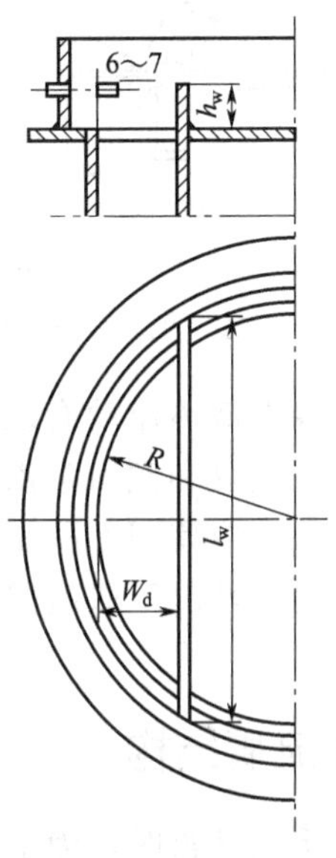

图 3-30　弓形降液管

对于分块式塔板，其降液管结构可采用焊接固定式和可拆装式。常用的降液管结构形式有垂直式、倾斜式和阶梯式，如图 3-31 所示。

为了保证降液管出口处形成液封，在塔盘上应当设置受液盘。受液盘有两种形式，平形受液盘和凹形受液盘。

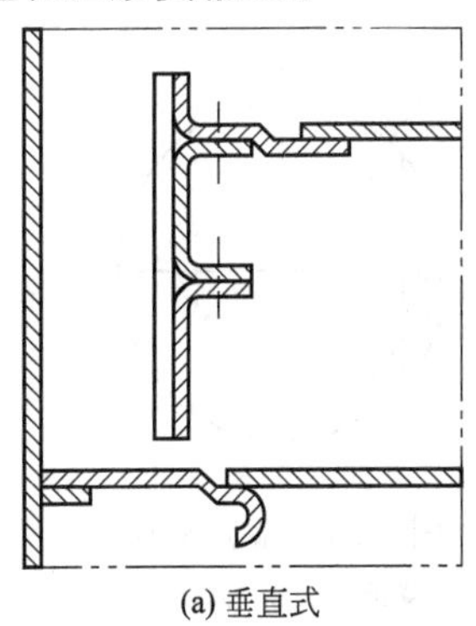

(a) 垂直式　(b) 倾斜式　(c) 阶梯式

图 3-31　降液管结构类型

对于易聚合的物料，宜采用平形受液盘，此时，通常需要在液流入口端设置入口堰，以保证降液管的液封，同时迫使液体均匀流入下层塔盘。平形受液盘分焊接固定式和可拆装式两种结构，图 3-32 给出了可拆装式受液盘结构示意图。

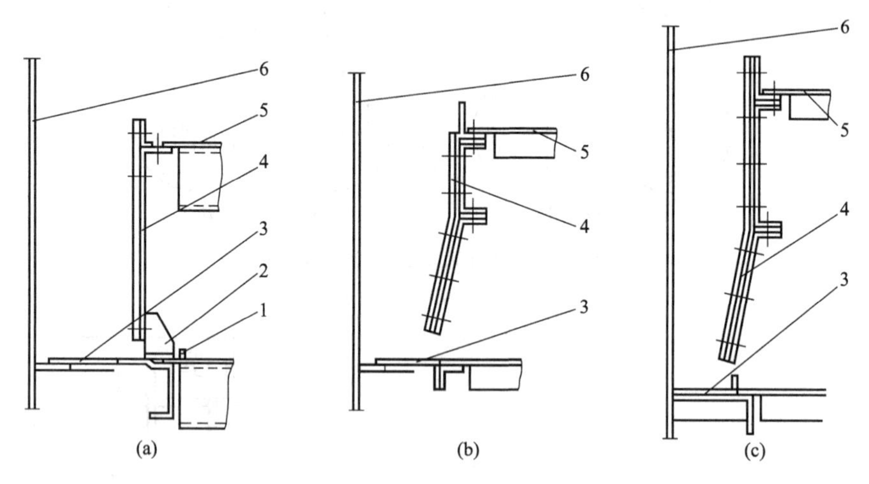

图 3-32 可拆装式受液盘结构示意图

1—入口堰；2—支撑筋；3—受液盘；4—降液管；5—塔盘；6—塔壁面

凹形受液盘对液体流动有缓冲作用，当流体流动阻力较大时宜采用该结构形式的受液盘。采用凹形受液盘和倾斜降液管时，其结构示于图 3-33。其截面积 ab 由工艺计算确定，降液板的几何尺寸应使截面积 ab 大于截面积 ac，同时要求截面积 ac 大于截面积 ad。凹形受液盘的深度通常情况下取值需要大于 50mm，但不能大于塔板间距的 1/3，否则应该加大板间距。

3.7.5 溢流堰结构

塔盘用平形受液盘时，为了保证降液管液封，同时使得液体均匀地流入下一层塔板，常在液流入口端设置入口堰；为了维持塔板上有一定的液层高度，应当设置出口堰。通常情况下，出口堰的最大溢流量不宜超过 100～130m^3/(m・h)。溢流堰长度不足时，可增设溢流辅堰，如图 3-34 所示。

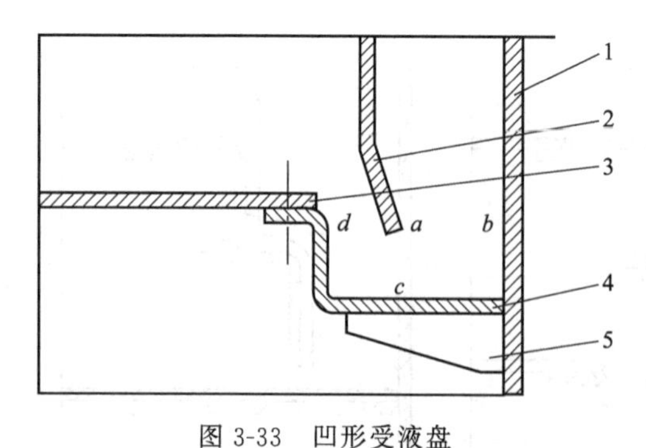

图 3-33 凹形受液盘

1—塔壁面；2—降液板；3—塔盘板；4—受液盘；5—筋板

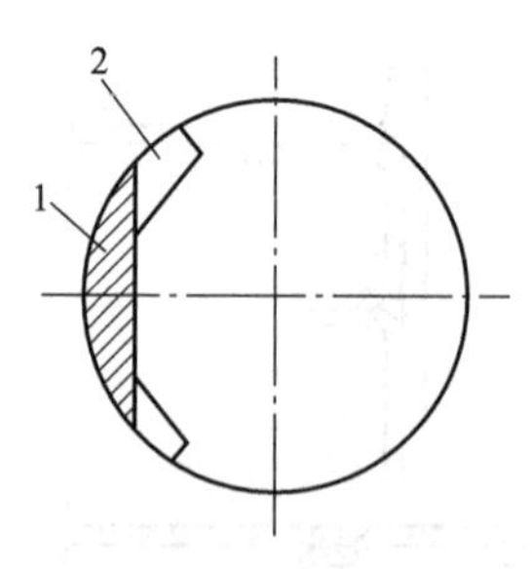

图 3-34 溢流辅堰

1—降液管；2—溢流辅堰

堰的结构可分为平直堰和齿形堰。当液体溢流量大时，可采用平直堰。当液体流量较小、堰上液层高度小于 6mm 时，为了避免因安装误差引起的液流分布不均匀，应当采用齿形堰。齿形堰的结构尺寸如图 3-35 所示。

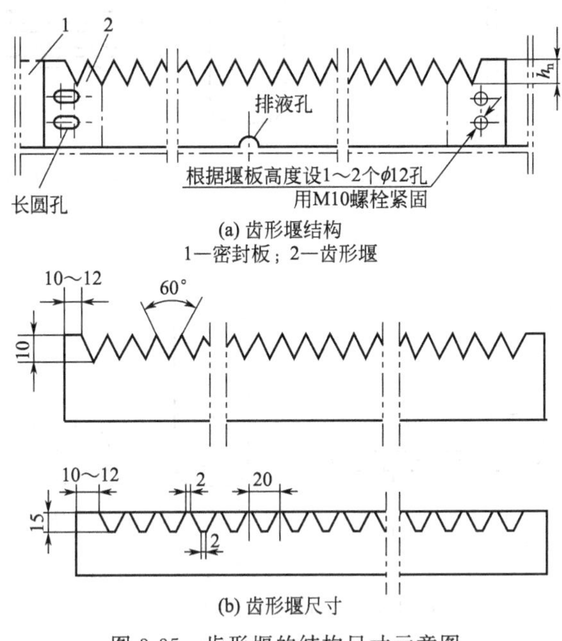

(a) 齿形堰结构
1—密封板；2—齿形堰

(b) 齿形堰尺寸

图 3-35　齿形堰的结构尺寸示意图

3.7.6　塔板结构设计的其他考虑

塔板结构设计除以上结构因素之处，还应当包括其他设计结构，比如排液孔、视镜、液面计及其他仪表接孔等结构因素。此处不做赘述。

3.8　精馏塔的附件及附属设备

精馏塔的附件及附属设备包括塔底再沸器、塔顶冷凝器、除沫器、原料加热器、各种连接管、物料及产品的输送泵以及各种为精馏塔提供支撑的储罐等。在课程设计时，这些附属设备，仅需要计算出其主要的性能参数即可，然后依据其性能参数进行设备或附件的选择，而不必对其进行详细设计。

这些设备的选择和参数计算除根据相关的知识以外，还应当考虑工程实际情况以及相应标准。以下就主要附属设备的参数计算和选择做简要介绍。

3.8.1　再沸器

再沸器是操作分离的能量来源，其选用与安装正确与否对精馏塔的正常操作、产品的产量与质量均有重要影响。

根据再沸器的结构类型、安装方式可将其分为若干种形式，比如立式与卧式、热虹吸式与强制循环式等。当所需热流量较小时，可选用立式热虹吸式再沸器；当所需热流量较大时，可选用卧式热虹吸式再沸器。当塔底物料黏度较大或受热易分解时，可选用泵强制循环式再沸器。以上几种再沸器结构形式如图 3-36 所示。

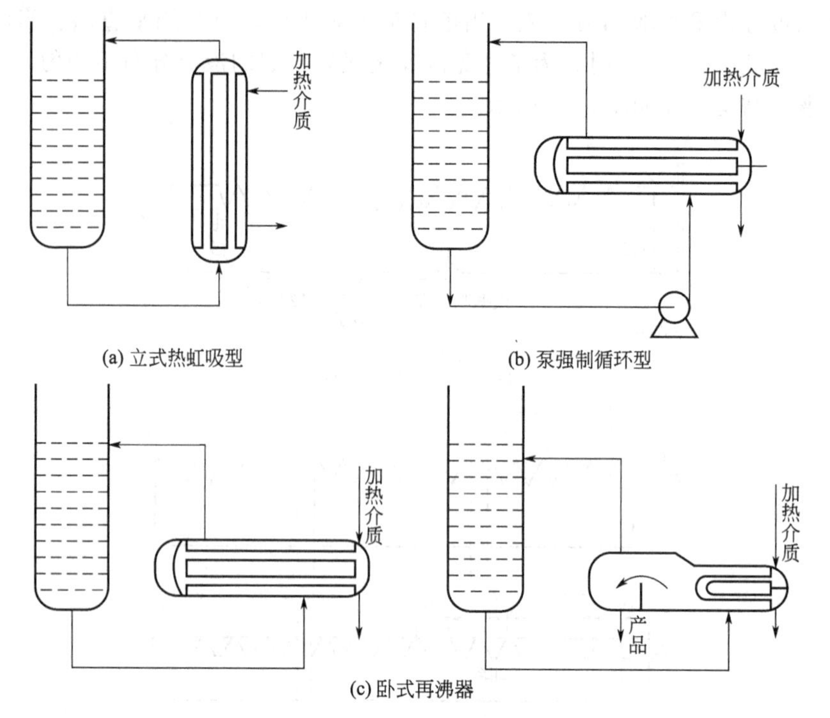

(a) 立式热虹吸型　(b) 泵强制循环型
(c) 卧式再沸器

图 3-36　几种再沸器结构形式

下面以立式热虹吸式再沸器为例，简要说明其参数计算过程。

(1) 收集整理原始数据

根据精馏塔的工艺条件，决定再沸器的热负荷和操作压力，查出各种物性数据并选择适宜的加热介质。再沸器的热负荷是根据操作压力下的汽化潜热、总体循环量以及汽化率确定的，汽化量 V，总体循环量 W_t 以及汽化率 x 之间的关系为：

$$x=\frac{V}{W_t} \tag{3-75}$$

通常情况下，汽化率的取值为 15%～25%。

(2) 初步估算及校核设备尺寸

依据选定的加热介质温度以及操作条件下的物料饱和温度确定传热温差。根据经验初步估计传热系数，根据所需的热负荷，进而计算所需要的传热面积，然后可在再沸器系列中选择合适的再沸器。再沸器系列可参见 GB/T 151—2014。当选定再沸器之后，可以校核初步估计的传热系数是否合理，如此循环，直至满足精度要求。再沸器一些常用的总传热系数的经验值如表 3-7 所示。

表 3-7　再沸器总传热系数常用经验值

壳程	管程	总传热系数/[W/(m² · ℃)]	备注
水蒸气	液体	1400	垂直短管
水蒸气	液体	1160	水平管
水蒸气	水	2265～5700	垂直管
水蒸气	水	1980～4260	
水蒸气	有机溶剂	570～1150	
水蒸气	轻油	450～1020	
水蒸气	重油	140～430	

3.8.2　冷凝器

下面以饱和蒸汽冷凝器为例，简要说明其参数计算过程。

第一步，计算热负荷及冷却水流量。

对于冷凝需求量为 V 的操作状况，其冷凝热负荷 Q 为：

$$Q=V\lambda \tag{3-76}$$

式中　λ——汽化潜热，kJ/kg。

若冷流体质量流量为 m，热损失不计，则应有：

$$Q=V\lambda=mC_{pc}(T_2-T_1) \tag{3-77}$$

式中　C_{pc}——冷流体比热容，kJ/(kg·℃)；

T_2——冷流体出口温度，℃；

T_1——冷流体进口温度，℃。

第二步，依据经验估计冷凝器的总传热系数。

通常情况下，在估算冷凝器的换热面积时，应当先估计其总传热系数，估计总传热系数往往依靠实践经验，表 3-8 给出了精馏塔塔顶冷凝器的不同操作状况下的经验总传热系数，也可以在相关参考书中查找相应的总传热系数经验值。依据估计的总传热系数，初步估算所需要的换热面积，预选冷凝器型号，然后进行校核。在校核过程中，需要分别计算冷凝器间壁两侧的对流换热系数。

表 3-8　冷凝器总传热系数常用经验值

壳程	管程	总传热系数/[W/(m²·℃)]	壳程	管程	总传热系数/[W/(m²·℃)]
塔顶油蒸气	水	230	重整产品	水	350
常压分馏塔顶蒸气	水	350～600	低沸点常压、减压烃类	水	460～1140
再蒸馏塔顶蒸气	水	400	高沸点减压烃类	水	120～300
烃分馏塔顶蒸气	水	460～1140	烃类油蒸气	油	140～530

第三步，用估计的总传热系数，进行所需换热面积的估算。初步估算换热面积后，根据实际情况选取一定的裕量，得到设计换热面积，再确定冷凝器的型号规格。

第四步，选定冷凝器的型号规格。由初步估算出的换热面积，在冷凝器系列标准中选择适当的冷凝器型号。可以考虑将多个冷凝器并联或串联使用。

第五步，根据所选冷凝器的结构参数以及相应的操作工艺参数进行总传热系数的校核，此时需要计算冷热流体各自的传热系数。如果依此计算出的总传热系数与初步估计的传热系数相差较大，则必须重新审视以上各个计算环节是否合理，必要时须重新选取冷凝器的型号，直至满足设定误差要求。

3.8.3　主要接管尺寸

塔体上的接管用于连接各个工艺管路，使各个工艺设备连成系统，通常包括液体进料管、回流管、有闪蒸时的液体进料管、汽液进料管、低温液体进料管、进气管、出气管、侧线采出口管、釜液出口管、液面计接口管以及其他测量及控制仪表接管等。

各种接管尺寸的计算可以根据已经学过的基本流体力学知识解决，针对具有各种特殊要求的接管，设计计算时的具体要求分述如下。

① 对于无闪蒸的液体进料管及回流管，设计时应当注意，液体不直接加到塔盘的鼓泡区；接管的安装应不妨碍塔盘上液体的流动；管内的允许流速不宜超过 1.5～1.8m/s。回流管及进液管的结构形式通常采用直管式或弯管式两种结构。

② 对于有闪蒸的液体进料管，不仅要求进料时使液体均匀分布，还须能适应进料闪蒸时的汽液分离，此时可采用两端封死 T 形管式结构，使其在一定压力下排出液体。

③ 对于汽液进料管，不仅要求进料均匀，而且要求液体流过塔板时蒸汽能分离出来，接管结构形式可以采用两端封死 T 形管，在安装时须注意避免物料冲击塔板鼓泡区。

④ 对于蒸汽进出口管，须具备合适的尺寸，以避免压力过大，各种操作条件下蒸汽管内的许可流速列于表 3-9。

表 3-9 塔内蒸汽许可流速参考值

操作压强(绝压)	常压	6.7～13.3kPa	6.7kPa 以下
蒸汽流速/(m/s)	12～20	30～45	45～60

⑤ 对于加料管，当采用高位槽进料时，管内许可流速可取 0.4～0.8m/s。

⑥ 对于回流液管，当采用重力回流时，回流管内流速通常可取 0.2～0.5m/s。

3.8.4 泵

精馏装置系统使用的泵一般包括进料泵、回流泵、产品泵、冷却泵等，其型号选择可依据流体力学基础知识进行，简要叙述选型过程如下。

① 首先计算出泵所在系统的总阻力，其中包括输送流体流过的管路、管件、设备单元等。

② 依据泵送流体初始界面及终了界面，考虑其位能、静压能以及动能的变化。

③ 利用流体力学知识，在泵送流体初始界面及终了界面之间列伯努利方程，计算出泵输送流体所需扬程。

$$H=\frac{\Delta p}{\rho g}+\frac{\Delta u^2}{2g}+\Delta Z+\sum h_f \tag{3-78}$$

式中 Δp——静压的变化，Pa；

Δu——流速的变化，m/s；

ΔZ——位能的变化，m 液柱；

$\sum h_f$——沿程总阻力损失，m 液体。

④ 依据扬程及流量要求，并根据输送介质的特性选择泵的类型及型号。

3.8.5 其他附属设备

精馏塔的其他附属设备包括除沫器、裙座、塔釜隔板、人孔和手孔、吊柱、吊耳、塔箍、各种连接结构以及操作平台和梯子等。

当空塔气速较大，塔顶溅液现象严重，以及工艺过程不允许出塔气体夹带雾滴的情况下，应当设置除沫器，以减少液体的夹带损失，确保气体的纯度以及保证后续设备的正常操作。塔体常用裙座支承，一般采用圆筒形结构，也可以采用圆锥形结构。裙座是塔设备的主要支座形式。对于采用热虹吸式再沸器的精馏塔，再沸器内形成的汽液混合物密度小于塔釜热液密度，依靠这种密度差，使塔釜热液自动地从塔底流入再沸器，而再沸器内的汽液混合物自动地返回塔釜。此时必须使塔釜液层维持恒定的高度，因此必须在塔釜设置垂直隔板。其他附属设备这里不再详细叙述，可参考相关文献。

3.9 精馏塔的设计示例

【设计任务】

设计一台年处理量 18000t 的苯酚-间甲酚二元精馏浮阀塔。

【设计条件】

进料苯酚含量 55%（摩尔分数），饱和液体进料，1.3 倍的最小回流比；年开工时间 300d。塔顶苯酚含量不低于 95.3%，塔底苯酚含量不高于 5.24%。

【设计计算】

(1) 设计方案的确定（略）

(2) 全塔物料衡算

① 原料液及塔顶、塔底产品摩尔分数

已知苯酚摩尔质量 $M_A=94.11\text{g/mol}$，间甲酚摩尔质量 $M_B=108.13\text{g/mol}$。

原料液组成（摩尔分数）　$x_F=0.55$

塔顶组成（摩尔分数）　$x_D=0.953$

塔釜组成（摩尔分数）　$x_W=0.0524$

② 原料液及塔顶、塔底产品的平均摩尔质量

$$M_F=0.55\times94.11+(1-0.55)\times108.13=100.419\text{g/mol}$$

$$M_D=0.953\times94.11+(1-0.953)\times108.13=94.76894\text{g/mol}$$

$$M_W=0.0524\times94.11+(1-0.0524)\times108.13=107.395\text{g/mol}$$

③ 全塔物料衡算

进口流率：$F=18000\times1000/(100.419\times300\times24)=24.896\text{kmol/h}$

$$\begin{cases}F=D+W\\F_x=D_xD+W_xW\end{cases}\quad 即\begin{cases}24.896=D+W\\24.896\times0.55=D\times0.953+W\times0.0524\end{cases}$$

解得：$D=13.755\text{kmol/h}$，$W=11.141\text{kmol/h}$

(3) 基本物性数据

① 各种定性温度　利用 Antoine 方程：$\lg p_A^\circ=A-\dfrac{B}{t+C}$（$p_A^\circ$：mmHg）

查资料得：

项目	A	B	C
苯酚 C_6H_6O	7.13450	1516.070	174.570
间甲酚 C_7H_8O	7.50800	1856.360	199.070

按照常压计算：$p=760.24\text{mmHg}$。

利用以下公式进行反复计算：

$$x_A=(p-p_B^\circ)/(p_A^\circ-p_B^\circ),\ y_A=p_A/p=\frac{p_A^\circ x_A}{p},\ \alpha=\frac{p_A^\circ}{p_B^\circ}$$

经计算所得相平衡数据为：

项目	t	p_A°	p_B°	x_A	y_A	α
塔顶	182.6℃	775.9272mmHg	440.7752mmHg	0.9531	0.9729	1.76037
进料处	189.56℃	937.77mmHg	540.196mmHg	0.5534	0.6827	1.735983
塔釜	200.778℃	1245.63mmHg	733.39mmHg	0.05241	0.08588	1.698454

精馏段平均温度：$\bar{t}_1=\dfrac{t_F+t_o}{2}=186.08℃$

提馏段平均温度：$\bar{t}_2=\dfrac{t_F+t_W}{2}=195.17℃$

a. 精馏段 $\bar{t}_1=186.08℃$

利用内插法得 $x_{A1}=0.7470$，$y_{A1}=0.8374$

汽液相平均摩尔质量：

$$M_{L1}=94.11\times0.7470+108.13\times(1-0.7470)=97.66\text{g/mol}$$

$$M_{V1}=94.11\times0.8374+108.13\times(1-0.8374)=96.39\text{g/mol}$$

b. 提馏段 $\bar{t}_2=195.17℃$

利用内插法得 $x_{A2}=0.2886$，$y_{A2}=0.4102$

汽液相平均摩尔质量：

$$M_{L2}=94.11\times0.2886+108.13\times(1-0.2886)=104.08\text{g/mol}$$

$$M_{V2}=94.11\times0.4102+108.13\times(1-0.4102)=102.38\text{g/mol}$$

② 密度

混合液体密度：$\dfrac{1}{\rho_L}=\dfrac{a_A}{\rho_A}+\dfrac{a_B}{\rho_B}$（$a_A$、$a_B$为质量分数）

混合气体密度：$\rho_V=\dfrac{p\overline{M}_V}{RT}$

a. 精馏段 $\bar{t}_1=186.08℃$

利用内插法得：

$$\rho_{A1}=913\text{kg/m}^3,\ \rho_{B1}=879.6\text{kg/m}^3$$

$$a_A=\frac{94.11x_{A1}}{94.11x_{A1}+108.13(1-x_{A1})}=0.7199$$

$$a_B=1-a_A=0.2801$$

由$\dfrac{1}{\rho_L}=\dfrac{a_A}{\rho_A}+\dfrac{a_B}{\rho_B}$ 求得 $\rho_{L1}=903.1\text{kg/m}^3$

由 $\rho_V=\dfrac{p\overline{M}_V}{RT}$ 求得 $\rho_{V1}=2.558\text{kg/m}^3$

b. 提馏段 $\bar{t}_2=195.17℃$

利用内插法得：

$$\rho_{A2}=902.55\text{kg/m}^3,\ \rho_{B2}=870.07\text{kg/m}^3$$

$$a_A=\frac{94.11x_{A2}}{94.11x_{A2}+108.13(1-x_{A2})}=0.2609$$

$$a_B=1-a_A=0.7391$$

$$\rho_{L2}=878.32\text{kg/m}^3,\ \rho_{V2}=2.6643\text{kg/m}^3$$

③ 液相平均黏度

$$\mu_{Lm}=\mu_A x_A+\mu_B(1-x_A)$$

a. 精馏段　$\bar{t}_1=186.08℃$，$x_{A1}=0.7470$

利用内插法得：$\mu_{A1}=0.2298mPa\cdot s$，$\mu_{B1}=0.1502mPa\cdot s$

$$\mu_{Lm1}=0.2298\times0.7470+0.1502\times(1-0.7470)=0.2097mPa\cdot s$$

b. 提馏段　$\bar{t}_2=195.17℃$，$x_{A2}=0.2886$

利用内插法得：$\mu_{A2}=0.2025mPa\cdot s$，$\mu_{B2}=0.1436mPa\cdot s$

$$\mu_{Lm2}=0.2025\times0.2886+0.1436\times(1-0.2886)=0.1606mPa\cdot s$$

④ 液体平均表面张力

$$\sigma_{Lm}=\sigma_A x_A+\sigma_B(1-x_A)$$

a. 精馏段　$\bar{t}_1=186.08℃$，$x_{A1}=0.7470$

查表并利用内插法得：$\sigma_{A1}=22.58mN/m$，$\sigma_{B1}=20.76mN/m$

$$\sigma_{L1}=22.58\times0.7470+20.76\times(1-0.7470)=22.12mN/m$$

b. 提馏段　$\bar{t}_2=195.17℃$，$x_{A2}=0.2886$

查表并利用内插法得：$\sigma_{A2}=21.54mN/m$，$\sigma_{B2}=19.85mN/m$

$$\sigma_{L2}=21.54\times0.2886+19.85\times(1-0.2886)=20.38mN/m$$

(4) 精馏过程计算

塔顶：$x_D=0.953$，$t=182.6℃$，$\alpha=1.76037$

塔釜：$x_W=0.0524$，$t=200.778℃$，$\alpha=1.69845$

① 确定回流比

$$\alpha=\sqrt{\alpha_D\alpha_W}=\sqrt{1.76037\times1.69845}=1.7291$$

相平衡方程：

$$y=\frac{\alpha x}{1+(\alpha-1)x}=\frac{1.7291x}{1+0.7291x}$$

或

$$x=\frac{y}{1.7291-0.7291y}\quad ①$$

由已知泡点进料，$q=1$，并且进料组成为 $x_F=0.55$，可得

q 线方程：泡点进料　　$x=x_F=0.55$　②

式①、式②联立求解：$x_e=x_F=0.55$，$y_e=0.6788$

$$\frac{R_{min}}{R_{min}+1}=\frac{x_D-y_e}{x_D-x_e}=\frac{0.953-0.6788}{0.953-0.55}=0.6804$$

得：

$$R_{min}=2.1289$$

由 $R/R_{min}=1.3$　　得：$R=1.3$，$R_{min}=2.7676$

回流比是保证精馏塔汽液平衡的必要条件，回流比的控制是保障正常生产的必要因素。

回流比大的话，能提高分离要求，但是对塔板效率是个浪费，造成效率低下；回流比小的话，塔顶的浓度可能达不到分离要求；回流比的大小对塔板数的影响，具体要看所分离的物系，不同的物系，有很大的差异。回流比大容易提高操作成本，回流比小容易对塔的费用造成较大的影响，因此工艺上需要选择合适的回流比。教科书上一般取最小回流比的 1.2～2 倍，取 1.3 倍的比较普遍。但是，回流比选取需要依据所分离物系的情况而定，不同的分离物系回流比差别很大，当然参考现成的同类型塔的回流比是条捷径，也需要考虑进料组分的回流量，结合单纯的回流比更有实际意义。此处取 1.3 倍的最小回流比。若能获取详尽的经济数据，比如设备费用、操作费用等，可以投资设备费用和操作费用总和最小为优化目标

函数求取最佳回流比。

② 精馏塔汽、液相负荷

$$L=RD=2.7676\times13.755=38.0683\text{kmol/h}$$
$$V=(R+1)D=(2.7676+1)\times13.755=51.8233\text{kmol/h}$$
$$V'=(R+1)D-(1-q)F=V=51.8233\text{kmol/h}$$
$$L'=RD+qF=2.7676\times13.755+1\times24.896=62.9643\text{kmol/h}$$

③ 操作线方程　精馏段操作线方程：

$$y_{n+1}=\frac{R}{R+1}x_n+\frac{x_D}{R+1}=\frac{2.7676}{3.7676}x_n+\frac{0.953}{3.7676}$$

即

$$y_{n+1}=0.7346x_n+0.2529$$

提馏段操作线方程：

$$y_{n+1}=\frac{L'}{V'}x_n-\frac{Wx_W}{V'}=\frac{62.9643}{51.8233}x_n-\frac{11.41\times0.0524}{51.8233}$$

即

$$y_{n+1}=1.2150x_n-0.0115$$

④ 塔板层数求取　联立 q 线方程和精馏段操作线方程：

$$\begin{cases}x=x_F=0.55\\ y_{n+1}=0.7346x_n+0.2529\end{cases}\quad 即\begin{cases}x_q=0.55\\ y_q=0.6569\end{cases}$$

塔顶全凝器　　所以 $y_1=x_D=0.953$

由相平衡方程和精馏段操作线方程交替使用得：

y	x
$y_1=0.9530$	$x_1=0.9214$
$y_2=0.9298$	$x_2=0.8845$
$y_3=0.9026$	$x_3=0.8428$
$y_4=0.8720$	$x_4=0.7976$
$y_5=0.8388$	$x_5=0.7506$
$y_6=0.8043$	$x_6=0.7039$
$y_7=0.7700$	$x_7=0.6594$
$y_8=0.7373$	$x_8=0.6188$
$y_9=0.7074$	$x_9=0.5831$
$y_{10}=0.6812$	$x_{10}=0.5528$
$y_{11}=0.6590$	$x_{11}=0.5277<0.55=x_F$

由此可知，精馏段 10 块塔板，$N_{T1}=10$；加料板为第 11 块板。

将 $x_{11}=0.5277$ 代入提馏段操作线方程：

y	x
	$x_1=x_6=0.524586$
$y_2=0.6297$	$x_2=0.4958$
$y_3=0.5909$	$x_3=0.4552$
$y_4=0.5415$	$x_4=0.4059$
$y_5=0.4816$	$x_5=0.3495$
$y_6=0.4132$	$x_6=0.2894$
$y_7=0.3401$	$x_7=0.2296$
$y_8=0.2675$	$x_8=0.1744$
$y_9=0.2003$	$x_9=0.1266$
$y_{10}=0.1423$	$x_{10}=0.0875$
$y_{11}=0.0948$	$x_{11}=0.0571$
$y_{12}=0.0579$	$x_{12}=0.0343<0.0524=x_W$

由此可知，提馏段 11 块塔板，$N_{T2}=11$ 块。

⑤ 实际塔板数

全塔黏度平均值　$\bar{\mu}_L=\dfrac{\mu_{Lm1}+\mu_{Lm2}}{2}$

$$\bar{\mu}_L=\frac{0.2097+0.1606}{2}=0.18515\text{mPa}\cdot\text{s}$$

全塔效率估算：$E_T=0.49(\alpha\bar{\mu}_L)^{-0.245}$

$$E_T=0.49\times(1.7291\times0.18515)^{-0.245}=0.6477=64.77\%$$

精馏段实际塔板数：$\dfrac{10}{64.77\%}=15.43\approx16$

提馏段实际塔板数：$\dfrac{11}{64.77\%}=16.98\approx17$（不包括再沸器）

此精馏塔实际塔板数为 33（不包括再沸器）。

(5) 工艺条件

① 操作压力计算

塔顶压力：$p_D=101.325\text{kPa}$

每层塔板压降：$\Delta p=1\text{kPa}$

塔釜压力：$p_W=p_D+33\Delta p=134.325\text{kPa}$

进料板压力：$p_F=p_D+10\Delta p=111.325\text{kPa}$

精馏段平均压力：$p_{m1}=106.325\text{kPa}$

提馏段平均压力：$p_{m2}=122.825\text{kPa}$

差别很小，可以近似按全塔常压计算。

② 气液相负荷（体积流量）

a. 精馏段

液相体积流量：$L_{s1}=\dfrac{LM_{L1}}{3600\rho_{L1}}$

$$L_{s1}=\frac{38.0683\times97.66}{3600\times903.4}=0.001143\text{m}^3/\text{s}$$

汽相体积流量：$V_{s1}=\dfrac{VM_{V1}}{3600\rho_{V1}}$

$$V_{s1}=\frac{51.8233\times96.39}{3600\times2.558}=0.5424\text{m}^3/\text{s}$$

b. 提馏段

液相体积流量：$L_{s2}=\dfrac{L'M_{L2}}{3600\rho_{L2}}$

$$L_{s2}=\frac{62.9643\times104.08}{3600\times878.32}=0.002073\text{m}^3/\text{s}$$

汽相体积流量：$V_{s2}=\dfrac{V'M_{V2}}{3600\rho_{V2}}$

$$V_{s2}=\frac{51.8233\times102.38}{3600\times2.6643}=0.5532\text{m}^3/\text{s}$$

(6) 塔体工艺尺寸

① 塔径的初步选择设计

初选板间距 $H_T=0.45\text{m}$，板上液层高度 $h_L=0.07\text{m}$。

$H=H_T-h_L=0.38\text{m}$ 反映液滴沉降空间高度对负荷系数的影响。

$$L_v=\frac{L_s}{V_s}\left(\frac{\rho_L}{\rho_V}\right)^{0.5}\text{（史密斯关联图）}$$

② 精馏段

$$L_{v1}=\frac{L_{s1}}{V_{s1}}\left(\frac{\rho_{L1}}{\rho_{V1}}\right)^{0.5}=\left(\frac{0.001143}{0.5424}\right)\times\left(\frac{903.4}{2.558}\right)^{0.5}=0.0396$$

查史密斯关联图得 $C_{20}=0.082$。

则 $C_1=C_{20}\left(\frac{\sigma_{L1}}{20}\right)^{0.2}=0.082\times\left(\frac{22.12}{20}\right)^{0.2}=0.08367$

$$u_{max1}=C_1\sqrt{\frac{\rho_{L1}-\rho_{V1}}{\rho_{V1}}}=0.08367\times\sqrt{\frac{903.4-2.558}{2.558}}=1.5702\text{m/s}$$

取安全系数为 0.7，则 $u_1=0.7u_{max1}=0.7\times1.5702=1.0991\text{m/s}$

$$D_1=\sqrt{\frac{4V_{s1}}{\pi u_1}}=\sqrt{\frac{4\times0.5424}{\pi\times1.0991}}=0.7929\text{m}$$

圆整 $D_1=1.0\text{m}$，横截面积 $A_{T1}=\frac{\pi}{4}D_1^2=\frac{\pi}{4}\times1.0^2=0.785\text{m}^2$

实际空塔气速 $u_1'=\frac{V_{s1}}{A_{T1}}=\frac{0.5424}{0.785}=0.691\text{m/s}$

③ 提馏段

$$L_{v2}=\frac{L_{s2}}{V_{s2}}\left(\frac{\rho_{L2}}{\rho_{V2}}\right)^{0.5}=\left(\frac{0.002073}{0.5532}\right)\times\left(\frac{878.32}{2.6643}\right)^{0.5}=0.06804$$

查史密斯关联图得 $C_{20}'=0.079$。

则 $C_2=C_{20}'\left(\frac{\sigma_{L2}}{20}\right)^{0.2}=0.079\times\left(\frac{20.38}{20}\right)^{0.2}=0.07930$

$$u_{max2}=C_2\sqrt{\frac{\rho_{L2}-\rho_{V2}}{\rho_{V2}}}=0.0793\times\sqrt{\frac{878.32-2.6643}{2.6643}}=1.4376\text{m/s}$$

取安全系数为 0.7，则 $u_2=0.7u_{max2}=0.7\times1.4376=1.0063\text{m/s}$

$$D_2=\sqrt{\frac{4V_{s2}}{\pi u_2}}=\sqrt{\frac{4\times0.5532}{\pi\times1.0063}}=0.8368\text{m}$$

圆整 $D_2=1.0\text{m}$，横截面积 $A_{T2}=\frac{\pi}{4}D_2^2=0.785\text{m}^2$

实际空塔气速 $u_2'=\frac{V_{s2}}{A_{T2}}=\frac{0.5532}{0.785}=0.7047\text{m/s}$

(7) 溢流装置

① 堰长 l_w。取 $l_w=0.7D=0.7\times1.0=0.7\text{m}$

出口堰高：设计采用齿形溢流堰，按下式计算堰上液高度。

$$h_{ow}=1.17\left(\frac{L_s h_n}{l_w}\right)^{0.4}$$

式中　h_n——齿形堰的齿深，一般取 $h_n=0.015$m；

L_s——液体积流量，m^3/s。

精馏段：$h_{ow1}=1.17\times\left(\dfrac{0.001143\times0.015}{0.7}\right)^{0.4}=0.01674$m

$$h_{w1}=h_L-h_{ow1}=0.07-0.01674=0.05326\text{m}$$

提馏段：$h_{ow2}=1.17\times\left(\dfrac{0.002073\times0.015}{0.98}\right)^{0.4}=0.01857$m

$$h_{w2}=h_L-h_{ow2}=0.07-0.01857=0.05143\text{m}$$

② 单溢流弓形降液管的宽度和横截面积

查表内插法得：$\dfrac{A_F}{A_T}=0.0878$，$\dfrac{w_D}{D}=0.142$

则横截面积 $A_F=0.0878\times0.785=0.06892\text{m}^2$

宽度 $w_D=0.142\times1.0=0.142$m　取 0.2m

计算降液管内停留时间：

精馏段：$\theta_1=\dfrac{A_F H_T}{L_{s1}}=\dfrac{0.06892\times0.45}{0.001143}=27.1339$s

提馏段：$\theta_2=\dfrac{A_F H_T}{L_{s2}}=\dfrac{0.06892\times0.45}{0.002073}=14.9609$s

保留时间 $\theta>5$s，故降液管可使用。

③ 降液管底隙高度

精馏段：$h_{o1}=h_{w1}-0.006=0.05326-0.006=0.04729$m

提馏段：$h_{o2}=h_{w2}-0.006=0.05143-0.006=0.04543$m

(8) 浮阀排列与分布

① 塔板分布　本塔设计塔径 $D=1.0$m，采用分块式塔板，选用 F_1 型浮阀，孔径 $d_0=0.039$m。

② 浮阀数目与排列

精馏段：取阀孔动能因子 $F_{o1}=11$，孔速 $u_{o1}=\dfrac{F_{o1}}{\sqrt{\rho_{v1}}}=\dfrac{11}{\sqrt{2.558}}=6.8777$m/s

每层塔板上浮阀数目为：

$$N_1=\frac{V_{s1}}{\dfrac{\pi}{4}d_0^2 u_{o1}}=\frac{0.5424}{0.785\times0.039^2\times6.8777}=66.05\approx67$$

取边缘区宽度 $W_c=0.05$m，破沫区宽度 $W_{s1}=0.07$m

计算塔板上鼓泡区面积，即 $A_a=2\left[x\sqrt{R^2-x^2}+\dfrac{x}{180}R^2\arcsin\dfrac{x}{R}\right]$

其中，$R=\dfrac{D}{2}-W_c=\dfrac{1.0}{2}-0.05=0.45$m

$$x_1=\frac{D}{2}-(w_D+w_{s1})=0.5-(0.2+0.07)=0.23\text{m}$$

则 $A_a=2\times\left[0.23\times\sqrt{0.45^2-0.23^2}+\frac{\pi}{180}\times0.45^2\arcsin\frac{0.23}{0.45}\right]$

$=0.4192\text{m}^2$

浮阀排列方式采用等腰三角形，排间距定为65mm，阀孔中心间距75mm，作精馏段浮阀板布置图，可知实际浮阀数目为78个。

(9) 塔板的流体力学验算

① 汽相通过浮阀塔板的压降　可根据 $h_p=h_c+h_1+h_\sigma$，$\Delta p_p=h_p\rho_L g$ 计算。

a. 精馏段

干板阻力 $h_{c1}=5.34\frac{\rho_{V1}u_{o1}^2}{2\rho_{L1}g}=5.34\times\frac{2.558\times6.8777^2}{2\times903.4\times9.8}=0.03649\text{m}$

流层阻力：取 $\varepsilon_0=0.5$，$h_L=0.07\text{m}$，则 $h_{L1}=\varepsilon_0 h_L=0.5\times0.07=0.035\text{m}$

液体表面张力所造成的阻力很小，可忽略不计 $h_\sigma\approx0$

则 $h_{p1}=0.03649+0.035=0.07149\text{m}$

$$\Delta p_{p1}=h_{p1}\rho_{L1}g=0.07149\times903.4\times9.8=632.9\text{Pa}$$

b. 提馏段

干板阻力 $h_{c2}=5.34\frac{\rho_{V2}u_{o2}^2}{2\rho_{L2}g}=5.34\times\frac{2.6643\times6.7391^2}{2\times878.32\times9.8}=0.03753\text{m}$

液层阻力：$h_{L2}=h_{L1}=0.035\text{m}$，$h_\sigma\approx0$

则 $h_{p2}=0.03753+0.035=0.07253\text{m}$

$$\Delta p_{p2}=h_{p2}\rho_{L2}g=0.07253\times878.32\times9.8=624.3\text{Pa}$$

② 淹塔　为了防止淹塔现象的发生，要求控制降液管中清液高度

$$H_d\leqslant\Phi(H_T+h_w)，H_d=h_p+h_L+h_d$$

精馏段：$h_{p1}=0.07149\text{m}$，$h_L=0.07\text{m}$

液体通过降液管的压力损失 $h_{d1}=0.153\left(\frac{L_{s1}}{l_w h_{o1}}\right)^2$

$$h_{d1}=0.153\times\left(\frac{0.001143}{0.7\times0.04729}\right)^2=1.824\times10^{-4}\text{m}$$

$$H_{d1}=h_{p1}+h_L+h_{d1}=0.07149+0.07+1.824\times10^{-4}=0.1417\text{m}$$

取 $\Phi=0.5$，则 $\Phi(H_T+h_{w1})=0.5\times(0.45+0.05326)=0.2516\text{m}$

可见 $H_{d1}<\Phi(H_T+h_{w1})$ 所以符合防止淹塔的要求。

提馏段：$h_{p2}=0.07253\text{m}$　$h_L=0.07\text{m}$

$$h_{d2}=0.153\left(\frac{L_{s2}}{l_w h_{o2}}\right)^2=0.153\times\left(\frac{0.002073}{0.7\times0.04543}\right)^2=6.501\times10^{-4}\text{m}$$

$$H_{d2}=h_{p2}+h_L+h_{d2}=0.07253+0.07+6.501\times10^{-4}=0.1432\text{m}$$

取 $\Phi=0.5$，则 $\Phi(H_T+h_{w2})=0.5\times(0.45+0.05143)=0.2507\text{m}$

可见 $H_{d2}<\Phi(H_T+h_{w2})$ 所以符合防止淹塔的要求。

③ 雾沫夹带

$$泛点率=\frac{V_s\sqrt{\frac{\rho_V}{\rho_L-\rho_V}}+1.36L_sZ_L}{kC_FA_b}\times100\%$$

板上液体流径长度：$Z_L=D-2W_D=1.0-2\times0.2=0.6\text{m}$

板上液流面积：$A_b=A_T-2A_F=0.785-2\times0.06892=0.6472\text{m}^2$

精馏段：取物性系数 $K=1.0$，由泛点负荷系数图取 $C_F=0.127$

$$泛点率=\frac{0.5424\times\sqrt{\dfrac{2.558}{903.4-2.558}}+1.36\times0.001143\times0.6}{1\times0.127\times0.6472}=36.3\%<80\%$$

提馏段：$K=1.0$，由泛点负荷系数图取 $C_F=0.127$

$$泛点率=\frac{0.5532\times\sqrt{\dfrac{2.6643}{878.32-2.6643}}+1.36\times0.002073\times0.6}{1\times0.127\times0.6472}=39.18\%<80\%$$

为避免过量雾沫夹带，应控制泛点率不超过80%。显然，上述结构满足这一要求。

④ 塔板负荷性能图

a. 雾沫夹带线

$$泛点率=\frac{V_s\sqrt{\dfrac{\rho_V}{\rho_L-\rho_V}}+1.36L_sZ_L}{kC_FA_b}\times100\%$$

据此做出的负荷性能图中雾沫夹带线，按泛点率80%计算。

精馏段：

$$0.8=\frac{V_{s1}\sqrt{\dfrac{2.558}{903.4-2.558}}+1.36\times0.6L_{s1}}{1\times0.127\times0.6472}$$

化简上式得：　$V_{s1}=1.234-15.313L_{s1}$

提馏段：

$$0.8=\frac{V_{s2}\sqrt{\dfrac{2.6643}{878.32-2.6643}}+1.36\times0.6L_{s2}}{1\times0.127\times0.6472}$$

化简上式得：　$V_{s2}=1.1921-14.7933L_{s2}$

在操作范围内，任取两个 L_{s1} 和 L_{s2} 值，可分别算出 V_{s1} 和 V_{s2} 值。

计算结果如表所示：

精馏段		提馏段	
L_{s1}/(m³/s)	V_{s1}/(m³/s)	L_{s2}/(m³/s)	V_{s2}/(m³/s)
0.001	1.2187	0.001	1.1773
0.007	1.1268	0.007	1.0885

b. 液泛线

$\Phi(H_T+h_w)=h_p+h_L+h_d=h_c+h_l+h_\sigma+h_L+h_d$，忽略式中 h_σ

$$\Phi(H_T+h_w)=5.34\times\frac{\rho_Vu_0^2}{2\rho_Lg}+0.153\times\left(\frac{L_s}{l_wh_o}\right)^2+(1+\varepsilon_0)h_L$$

$$=5.34\times\frac{\rho_Vu_0^2}{2\rho_Lg}+0.153\times\left(\frac{L_s}{l_wh_o}\right)^2+(1+\varepsilon_0)(h_w+h_{ow})$$

$$=5.34\times\frac{\rho_V u_0^2}{2\rho_L g}+0.153\times\left(\frac{L_s}{l_w h_o}\right)^2+(1+\varepsilon_0)\left[h_w+1.17\times\left(\frac{L_s h_n}{l_w}\right)^{\frac{2}{5}}\right]$$

其中 $u_0=\dfrac{V_s}{\dfrac{\pi}{4}d_0^2 N}$

精馏段：

$$0.2516=5.34\times\frac{2.558V_{s1}^2}{0.785^2\times0.039^4\times78^2\times2\times903.4\times9.8}+0.153\times\frac{L_{s1}^2}{0.7^2\times0.04729^2}$$
$$+(1+0.5)\times\left[0.05326+1.17\times\left(\frac{0.015L_{s1}}{0.7}\right)^{\frac{2}{5}}\right]$$

整理得：$V_{s1}^2=1.9305-1569.7844L_{s1}^2-4.242L_{s1}^{2/5}$

提馏段：

$$0.2507=5.34\times\frac{2.6643V_{s2}^2}{0.785^2\times0.039^4\times78^2\times2\times878.32\times9.8}+0.153\times\frac{L_{s2}^2}{0.7^2\times0.04543^2}$$
$$+(1+0.5)\times\left[0.05143+1.17\times\left(\frac{0.015L_{s2}}{0.7}\right)^{\frac{2}{5}}\right]$$

整理得：$V_{s2}^2=1.8214-1587.7453L_{s2}^2-3.9597L_{s2}^{\frac{2}{5}}$

计算如下表所示：

精馏段		提馏段	
$L_{s1}/(m^3/s)$	$V_{s1}/(m^3/s)$	$L_{s2}/(m^3/s)$	$V_{s2}/(m^3/s)$
0.001	1.6613	0.001	1.5700
0.005	1.3817	0.005	1.3061
0.009	1.1588	0.009	1.0911
0.013	0.9185	0.013	0.8561

c. 液相负荷上限线　以 $\theta=5s$ 作为液体在降液管内停留时间的下限，则：

$$(L_s)_{max}=\frac{A_F H_T}{5}=\frac{0.6892\times0.45}{5}=0.006203m^3/s$$

d. 漏液线　对于 F_1 型重阀，以 $F_o=5$ 作为规定气体最小负荷的标准，则：

$$(V_s)_{min}=\frac{\pi}{4}d_0^2 N\frac{5}{\sqrt{\rho_V}}$$

精馏段：$(V_{s1})_{min}=\dfrac{\pi}{4}\times0.039^2\times78\times\dfrac{5}{\sqrt{2.558}}=0.2911m^3/s$

提馏段：$(V_{s2})_{min}=\dfrac{\pi}{4}\times0.039^2\times78\times\dfrac{5}{\sqrt{2.6643}}=0.2853m^3/s$

e. 液相负荷下限线　以堰上液层高度 $h_{ow}=0.006m$ 作为规定最小液体负荷的标准，该线为与汽相流量无关的竖直线。

$$1.17\times\left[\frac{(L_s)_{min}\times0.015}{0.7}\right]^{\frac{2}{5}}=0.006$$

则
$$(L_s)_{min}=8.7886\times10^{-5}m^3/s$$

由以上 a～e 可分别做出精馏段、提馏段的塔板负荷性能图。图 3-37 为精馏段的塔板负荷性能图，提馏段的负荷性能图略。

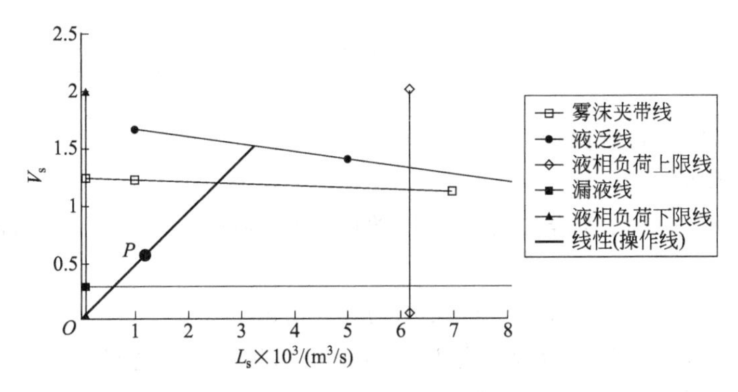

图 3-37 精馏段负荷性能图

图 3-37 中 5 条线包围的区域为精馏段塔板操作区，P 为操作点，OP 为操作线。由图可以看出，在任务规定的汽液负荷下的操作点 P 处于适宜操作区的适中位置；塔板的汽相负荷上限完全由雾沫夹带控制，下限则由漏液控制。由图可查出塔板的汽相负荷上限 $(V_s)_{max}=1.1954m^3/s$，$(V_s)_{min}=0.2911m^3/s$。

所以，精馏段操作弹性$=1.1954/0.2911=4.1$。

(10) 辅助设备设计

① 塔主要接管设计

a. 料管 设计采用直管进料管，管径计算如下：

$$D_F=\sqrt{\frac{4V_s}{\pi u_F}}$$

取 $u_F=1m/s$，$\rho_L=893.65kg/m^3$，$M_F=100.42kg/kmol$

$$V_s=\frac{FM_F}{3600\rho_L}=\frac{24.896\times100.42}{3600\times893.65}=7.771\times10^{-4}m^3/s$$

则
$$D_F=\sqrt{\frac{4\times7.771\times10^{-4}}{\pi\times1}}=0.03146m=32mm$$

查标准系列选取 $\Phi38\times3$。

b. 回流管 强制回流（由泵输送）u 取 $1.5\sim2.5m/s$，此处取 $u=1.8m/s$

$$D_R=\sqrt{\frac{L_{s1}}{\frac{\pi}{4}\times u}}=\sqrt{\frac{0.001143}{0.785\times1.8}}=0.02844m$$

查标准选取 $\Phi42\times5$。

c. 塔底出料管

取 $u=0.8m/s$，$w_s=\frac{WM_w}{3600\times\rho_{Lwm}}$，$M_w=107.40kg/kmol$

$$w_s=\frac{11.141\times107.40}{3600\times887.78}=3.7439\times10^{-4}$$

$$D_w=\sqrt{\frac{4w_s}{\pi u}}=\sqrt{\frac{4\times3.7439\times10^{-4}}{\pi\times0.8}}=0.0244m=25mm$$

查表取 $\Phi30\times2.5$。

d. 塔顶蒸气出料管　直管出气，取出口气速 $u_v=30\text{m/s}$，则：

$$出料管直径\ D=\sqrt{\frac{4\times1.523}{3.14\times30}}=0.254\text{m}=254\text{mm}$$

查表，取 $\Phi273\times8$，管内径 257mm。

② 塔总体高度的设计

a. 塔顶部空间　取除沫器到第一块板的距离为 800mm，塔顶空间高度取 1500mm，$H_D=1.5\text{m}$。

b. 进料板高度　设有人孔，取 800mm，$H_F=0.8\text{m}$。

c. 设有人孔的塔板间距　在精馏塔的塔顶，进料板处，塔釜处各设一人孔，板间距设为 800mm，人孔内径为 650mm。

d. 封头高度，包括曲面高度和直边高度，$H=350+40=390\text{mm}$。

e. 裙座高度为 3m。

f. 塔底空间高度为 2.9m（考虑塔底液面到最下层塔板间距）。

g. 总高：$H=(33-2)\times0.45+0.8+1.5+0.39+3+2.9=22.54\text{m}$。

③ 换热器

a. 塔顶冷凝器　塔顶温度 $t_D=182.6℃$，冷凝器水入口温度 $t_1=20℃$，出口温度 $t_2=33℃$

$$\Delta t_1=t_D-t_1=182.6-20=162.6℃$$

$$\Delta t_2=t_D-t_2=182.6-33=151.6℃$$

$$\Delta t_m=\frac{\Delta t_2-\Delta t_1}{\ln\frac{\Delta t_2}{\Delta t_1}}=\frac{-11}{\ln\frac{151.6}{162.6}}=157.04℃$$

$$t_D=182.6℃$$

查表得：汽化潜热 $r_{苯酚}=45.62\text{kJ/mol}$，$r_{间甲酚}=49.01\text{kJ/mol}$

$$F=45.62\times0.953+49.01\times(1-0.953)=45.78\text{kJ/mol}$$

气体流量 $V_{s1}=0.5424\text{m}^3/\text{s}$

塔顶被冷凝量 $g=v_{s1}\rho_v=0.5424\times2.558=1.3875\text{kg/s}$

冷凝的热量 $\theta=g\bar{r}=1.3875\times45.78\div96.39\times1000=658.99\text{kJ/s}$

取传热系数为 $k=600\text{W/(m}^2\cdot\text{K)}$

则传热面积 $s=Q/(k\Delta t_m)=\dfrac{658.99\times10^3}{600\times157.04}=6.9938\text{m}^2$

冷凝水流量 $w=\dfrac{Q}{C_p\ (t_1-t_2)}=\dfrac{658.99\times10^3}{4183\times13}=12.1185\text{kg/s}$

取双管程的换热器

b. 再沸器　塔底温度 $t_w=200.778℃$，用 $p=2.32\text{MPa}$ 的蒸汽（饱和温度 220℃）

釜液出口温度 $t_1=200.778℃$

则 $\Delta t_m=220-200.778℃=19.222℃$

由 $t_w=200.778℃$ 查得 $r_{间甲酚}=47.61\text{kJ/mol}$

又气体流量 $v_{s2}=0.5532m^3/s$，密度 $\rho_v=2.6643kg/m^3$

则 $g_m=v_{s2}\rho_{v2}=1.4739m^3/s$，密度 $\rho_{v2}=2.6643kg/m^3$

$Q=g_m r_{间甲酚}=1.4739\times47.61\div102.38\times1000=685.41kJ/s$

取传热系数 $k=600W/(m^2\cdot K)$

则传热面积 $s=Q/(k\Delta t_m)=\dfrac{685.41\times1000}{600\times19.22}=59.44m^2$

加热蒸汽的质量流量 $w=\dfrac{Q}{C_p(t_0-t_1)}=\dfrac{685.41\times1000}{2177.6\times19.222}=16.3747kg/s$

④ 泵的选型

进料：

进料温度 $t_q=189.56℃$，$\rho_F=893.65kg/m^3$，$\mu_{LF}=0.1852mPa\cdot s$

进料质量流量：$F=24.896\times100.42\div3600=0.6945kg/s$

$$q_v=F/\rho_F=0.6945\div893.65=7.771\times10^{-4}m^3/s$$

取管内流速 $u=2m/s$，则：

$$d=\sqrt{\frac{4q_v}{\pi u}}=\sqrt{\frac{4\times7.771\times10^{-4}}{\pi\times2}}=0.0222m=22.2mm$$

内径 d 取23mm，代入得：

$$u=\frac{4q_v}{\pi d^2}=\frac{4\times7.771\times10^{-4}}{\pi\times0.023^2}=1.87m/s$$

$$Re=du\rho/u=\frac{0.023\times1.87\times893.65}{0.1852}=207.54$$

取绝对粗糙度为 $\varepsilon=0.35mm$

则相对粗糙度为 $\varepsilon/d=0.0152$

由 $\lambda^{-1/2}=1.8\times\lg[(\varepsilon/d/3.17)^{1.11}+6.9/Re]$ 得

摩擦系数 $\lambda=0.034$

进料口位置高度 $h=17\times0.45+3+2.9+0.8=14.35m$

$$\sum H_f=\left(\lambda\times\frac{h}{d}\right)\frac{u^2}{g}=\left(0.034\times\frac{14.35}{0.023}\right)\times\frac{1.87^2}{9.81}=7.5694m$$

扬程 $H>\sum H_f+h=7.5694+14.35=21.92m$

查表，选取泵IS50-32-250，油泵，功率1.5kW，质量88/64kg。

⑤ 储罐　原料罐、回流罐以及产品罐应给定容积量。

回流罐：$V=\dfrac{l_h M\tau}{\rho_L\varphi}$，$\tau=10min$，$\varphi=0.7$，$\rho_L=903.4kg/m^3$

$$l_h=(R+1)D=L_{s1}=0.001143m^3/s=1.0326kg/s=3717.3103kg/h$$

$V=\dfrac{3717.3103\times\dfrac{1}{6}}{903.4\times0.7}=0.9797m^3$，可取为 $1.5m^3$

原料罐停留时间30min，产品罐72h。

同理得原料罐 v 为 $10m^3$，两个产品罐分别为 $500m^3$。

(11) 设计结果汇总一览表

项目		数值及说明	备注
塔径 D/m		1.0	
板间距 H_T/m		0.45	
空塔气速 u/(m/s)	精馏段	0.691	
	提馏段	0.7047	
塔板形式		分块式塔板	单溢流弓形降液管
堰长 l_w/m		0.7	
堰高 h_w/m		0.05143	
板上液层高度 h_L/m		0.07	
降液管隙高度 h_0/m		0.04543	
浮阀数 N/个		78	等腰三角形排列

项目	数值及说明	备注
阀孔动能因数 F_0	11	
孔心距 t/m	0.075	
排间距 t'/m	0.065	
单板压降 Δp/Pa	1000	
液体在降液管内停留时间/s	14.96	
降液管内清液层高度 H_d/m	0.14	
泛点率/%	39.18	
汽相负荷上限 V_{max}/(m^3/s)	2.33	雾沫夹带
汽相负荷下限 V_{min}/(m^3/s)	0.29	漏液控制

3.10 精馏塔的设计任务书示例

3.10.1 苯酚-间甲酚二元精馏浮阀塔的设计

(1) 设计条件

常压操作，年处理量18000t，进料苯酚含量55%（摩尔分数），年开工时间300d，塔顶苯酚含量不低于95.3%，塔底苯酚含量不高于5.24%，进料状况为泡点进料，塔顶采用全凝器泡点回流，回流比$R/R_{min}=1.1\sim2.0$，塔底采用间接饱和蒸汽加热，单板压降≤1kPa。

(2) 设计任务及内容

① 工艺设计，包括全塔物料衡算、热量衡算、塔体工艺尺寸计算；

② 流体力学验算；

③ 负荷性能图；

④ 辅助设备设计；

⑤ 撰写设计说明书。

3.10.2 丙烯-丙烷二元精馏筛板塔的设计

(1) 设计条件

加压操作，平均操作压力2.0MPa，进料流量500kmol/h，进料丙烯摩尔含量90%，塔顶丙烯含量大于99.7%，塔底丙烯含量小于13.22%，进料温度50℃，塔顶全凝，冷却介质为常温水，再沸器加热介质为饱和水蒸气，回流比采用$R/R_{min}=1.3\sim1.8$，采用泵强制回流。

(2) 设计任务及内容

① 工艺设计，包括全塔物料衡算、热量衡算、塔体工艺尺寸计算；

② 确定操作条件；

③ 流体力学验算；

④ 负荷性能图；

⑤ 辅助设备设计；

⑥ 撰写设计说明书。

第4章 填料吸收塔的设计

【导入案例】

在合成氨工厂，合成氨的原料气中含有30% CO_2，如何将CO_2从原料气中分离？在焦化厂，焦炉气中含有多种气体，如CO、H_2、NH_3、苯类等，如何将NH_3从焦炉气中分离？在硫酸厂，硫铁矿经焙烧氧化，可以得到SO_3，如何由SO_3制造硫酸？

为了解决上述问题，化学工程师提出了一种化工单元操作——吸收。

气体吸收过程是化工生产中常用的气体混合物的分离操作，其基本原理是利用混合物中各组分在特定的液体吸收剂中的溶解度不同，实现各组分分离的单元操作。

化工生产中吸收操作广泛应用于混合气体的分离。

① 净化或精制气体，混合气体中去除杂质。如用K_2CO_3水溶液脱除合成气中的CO_2，丙酮脱除石油裂解气中的乙炔等。

② 制取某种气体的液态产品。如用水吸收氯化氢气体制取盐酸，用水吸收二氧化氮制取硝酸，用水吸收甲醛制取福尔马林溶液等。

③ 混合气体以回收所需组分。如用洗油处理焦炉气以回收其中的芳烃。

④ 工业废气处理。工业生产中所排放的废气中常含有丙酮，NO、NO_2、HF等有害组分，常选用碱性吸收剂吸收这些有害的气体。

在工业过程中，吸收操作多在填料塔中进行。填料塔的结构如图4-1所示，主要包括塔体、填料、液体分布器、液体再分布器、填料支撑板、气体和液体进出口管等。

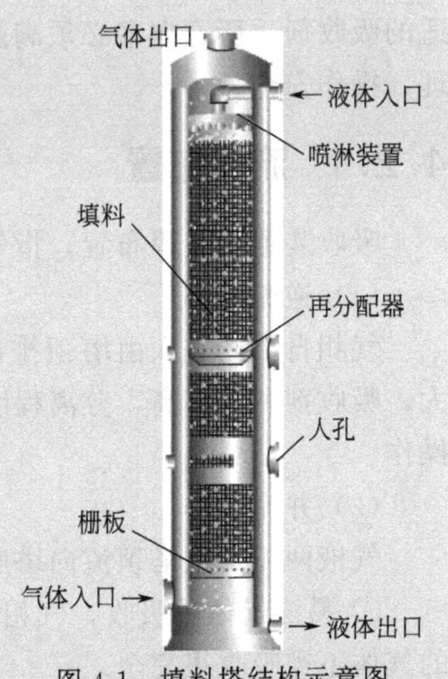

图4-1 填料塔结构示意图

那么，板式吸收塔是如何设计出来的呢？吸收塔的设计步骤主要包括：工艺流程及方案的选定；物性参数及吸收剂的选取；工艺计算；图纸的绘制和设计说明书的编写等一系列的过程。

4.1 概述

用于吸收的塔设备类型很多，有填料塔、板式塔、鼓泡塔、喷洒塔等。由于填料塔具有结构简单、阻力小、加工容易、可用耐腐蚀材料制作、吸收效果好、装置灵活等优点，故在化工、环保、冶炼等工业吸收、解吸和气体洗涤操作中应用较普遍。特别是近年由于性能优良的新型散装和规整填料的开发，塔内件结构和设备的改进，改善了填料层内气液相的均布与接触情况，使填料塔的负荷通量加大、阻力降低、效率提高、操作弹性增大，放大效应减小，促使填料塔的应用日益广泛。

填料塔塔体为一圆形筒体，在塔体内充填一定高度的填料，自塔上部进入的液体通过分布器均匀喷洒于填料表面，在填料层内液体沿填料表面呈膜状态流下。各层填料之间设有液体再分布器，将液体重新均匀分布，再进入下层填料。气体自塔下部进入，通过填料缝隙中的自由空间，从塔顶部排出。离开填料层的气体可能夹带少量雾滴，因此有时需要在塔顶安装除沫器，气液两相在填料塔内进行接触传质。

本章结合吸收过程讨论填料塔的设计，其设计步骤如下。

① 确定吸收过程的设计方案。

② 确定吸收过程的平衡关系、装置的气液负荷、物性参数及特性。

③ 主要设备的构型和工艺设计。

④ 填料塔附属设备的选型和结构设计。

⑤ 绘制带控制点的工艺流程图和塔设备的装置图。

⑥ 编写设计说明书。

4.2 设计方案的确定

设计方案的确定主要包括：确定吸收装置的流程、主要设备的形式和操作条件、选择合适的吸收剂。所选方案必须满足指定的工艺要求，达到规定的生产能力及分离要求，经济合理，操作安全。

4.2.1 流程布置

吸收装置的流程布置，指气体和液体进出吸收塔的流向安排，主要有以下几种。

(1) 逆流操作

气相自塔底进入由塔顶排出，液相反向流动，即为逆流操作。逆流操作时平均推动力大，吸收剂利用率高，分离程度高，完成一定分离任务所需传质面积小，工业上多采用逆流操作。

(2) 并流操作

气液两相均从塔顶流向塔底。在以下情况下可采用并流操作。

① 易溶气体的吸收，气相中平衡曲线较平坦时，流向对吸收推动力影响不大，或处理的气体不需吸收很完全。

② 吸收剂用量特别大，逆流操作易引起液泛。此种系统不受液流限制，可提高操作气速以提高生产能力。

(3) 吸收剂部分再循环操作

在逆流操作系统中，用泵将吸收塔排出的一部分液体经冷却后与补充的新鲜吸收剂一同送回塔内，即为部分再循环操作。主要用于：

① 当吸收剂用量较小，为提高塔的液体喷淋密度以充分润湿填料；

② 为控制塔内温升，需取出一部分热量时。

吸收部分再循环操作较逆流操作的平均吸收推动力要低，还需设循环用泵，消耗额外的动力。

(4) 单塔或多塔串联操作

若设计的填料层高度过大，或由于所处理物料等原因需经常清理填料，为便于维修，可把填料层分装在几个串联的塔内，每个吸收塔通过的吸收剂和气体量都相同，即为多塔串联系统。此种系统因塔内需留较大的空间，输液、喷淋、支撑板等辅助装置的增加，使设备投资加大。

若吸收过程处理的液量很大，如果用通常的流程，则液体在塔内的喷淋密度过大，操作气速势必很小（否则易引起塔的液泛），塔的生产能力很低。实际生产中可采用气相作串联而液相作并联的混合流程。若吸收过程处理的液量不大而气相流量很大时，可用液相作串联而气相作并联的混合流程。总之，在实际应用中应根据生产任务、工艺特点，结合各种流程的优缺点选择适宜的流程。

注意：在逆流操作过程中，液体在向下流动时受到上升气体的曳力，这种曳力过大会妨碍液体顺利流下，因而限制了吸收塔的液体流量和气体流量。

4.2.2 吸收操作条件的确定

(1) 操作温度的确定

对于大多数物理吸收，气体溶解过程是放热的。由吸收过程的气液平衡关系可知，温度降低可增加溶质组分的溶解度，即减少吸收剂液面上溶质的平衡分压，有利于吸收。但操作温度低限应由吸收系统的具体情况决定。

(2) 操作压力的确定

由吸收过程的气液平衡关系可知，压力升高可增加溶质组分的溶解度，即加大吸收过程的推动力。但随着操作压力的升高，对设备的加工制造要求提高，且能耗增加，因此需结合具体工艺的条件综合考虑，以确定操作压力。

4.2.3 吸收剂的选择

吸收剂的选择对吸收操作过程的经济性有重要影响，因此选择适宜的吸收剂具有十分重要的意义。一般情况下，吸收剂的选择，应着重考虑以下方面。

(1) 对溶质的溶解度大

所选的吸收剂对溶质的溶解度大，则单位吸收剂能够溶解较多的溶质，在一定的处理量和分离要求条件下，吸收剂的用量小，可以有效地减少吸收剂的循环量。另外，在同样的吸收剂用量下液相的传质推动力大可以提高吸收效率，减小塔设备的尺寸。

(2) 对溶质有较高的选择性

对溶质有较高的选择性即要求选用的吸收剂应对溶质有较大的溶解度；而对其他组分则溶解度要小或基本不溶。这样，不但可以减小惰性气体组分的损失，而且可以提高解吸后溶质气体的纯度。

(3) 不易挥发

吸收剂在操作条件下应具有较低的蒸气压，以避免吸收过程中吸收剂的损失，提高吸收过程的经济性。

(4) 再生性能好

由于在吸收剂再生过程中一般要对其进行升温或气提等处理，能量消耗较大。因而，吸收剂再生性能的好坏对吸收过程能耗的影响极大。选用具有良好再生性能的吸收剂往往能有效地降低过程的能量消耗。

(5) 黏度和其他物性

吸收剂在操作条件下的黏度越低，其在塔内的流动性越好，有助于传质速率和传热速率的提高。此外，所选的吸收剂还应尽可能满足无毒性、无腐蚀性、不易燃易爆、不发泡、冰点低，价廉易得以及化学性质稳定的要求。

一般来说，任何一种吸收剂都难以满足以上所有要求，选用时应针对具体情况和主要矛盾，既考虑工艺要求又兼顾到经济合理性。工业上常用的吸收剂见表 4-1。

表 4-1 工业常用吸收剂

溶质	吸收剂	溶质	吸收剂
氧	水,硫酸	硫化氢	碱液、砷碱液、有机吸收剂
丙酮蒸气	水	苯蒸气	煤油、洗油
氯化氢	水	丁二烯	乙醇、乙腈
二氧化碳	水、碱液,碳酸丙烯酯	二氯乙烯	煤油
二氧化硫	水	一氧化碳	铜氨液

【设计分析 11】不同吸收流程方案确定的分析。

(1) 逆流和并流的选择与比较

由于逆流吸收的平均传质推动力大于并流，所以对于同样的气液和相同尺寸的塔，逆流比并流可得到较高的吸收率；对于同样的吸收率和相同尺寸的塔，逆流比并流的液气比要小，即所需溶剂量要少；对于同样的吸收率和液气比，逆流比并流所需传质面积要小，这意味着塔的尺寸可减少，设备费用可降低。所以一般来说，逆流操作优于并流，工业上多采用逆流操作。但这并不是说吸收不能采用并流操作，当吸收易溶气体时，就可以采用并流，气、液两相均可自塔顶流向塔底。因为易溶气体的吸收，气相中的平衡浓度极低，此时逆流与并流的传质推动力相差不大，但并流不受液泛的限制，气速可提高，处理量可加大，对增产有利。对化学吸收也可用并流，因为此时的吸收速率取决于反应速率，而不取决于传质速率。

(2) 单塔和多塔的选择与比较

采用单塔或多塔，完全取决于气体处理量和吸收率。当设计计算塔高时，可将其分成几个塔，串联起来。数塔串联时，一般遵循各塔的填料层高度相等的原则，来确定各塔的浓度分配。有时也因为物系堵塞严重，为了便于维修或其他原因也可分成数塔串联。

多塔吸收时，一般有气液逆流串联和气体串联、液体并联两种流程形式，各有利弊。对于气体串联、液体并联，由于向每一个塔中喷淋的都是新鲜再生溶液，入塔的初始浓度低，平均传质推动力大，有利于吸收，但液体的循环量大，吸收后溶液平均浓度低，再生处理量加大，操作成本增加。高硫煤气脱硫，常采用此种流程。对于气液串联，液体的循环量小，吸收后液体平均浓度高，再生处理量少，但吸收溶液每经一塔浓度增大，使入塔液体浓度依次增加，传质动力随之依次减小，不利于吸收。

4.3 气液平衡关系

4.3.1 溶解度曲线

在一定压力和温度下，使一定量的吸收剂与混合气体充分接触，气相中的溶质便向液相溶剂中转移或液相溶剂中的溶质向气相中转移，经长时间充分接触之后，液相中溶质组分的浓度不再增加或减少，此时，气液两相达到平衡，此状态为平衡状态。气液相平衡关系用二维坐标绘成的关系曲线称为溶解度曲线。

气体溶解度大小随物系、温度和压强而变。由图 4-2 可知，在一定的温度下，气相中溶质组成 y 不变，当总压 p 增加时，在同一溶剂中溶质的溶解度 x 随之增加，这将有利于吸收的进行，故吸收操作通常在加压条件下进行。由图 4-3 可知，当总压 p、气相中溶质 y 一定时，吸收温度下降，溶解度大幅度提高，这有利于吸收的进行，故吸收剂常经冷却后进入吸收塔。图 4-4 给出几种常见气体在水中的溶解度曲线。

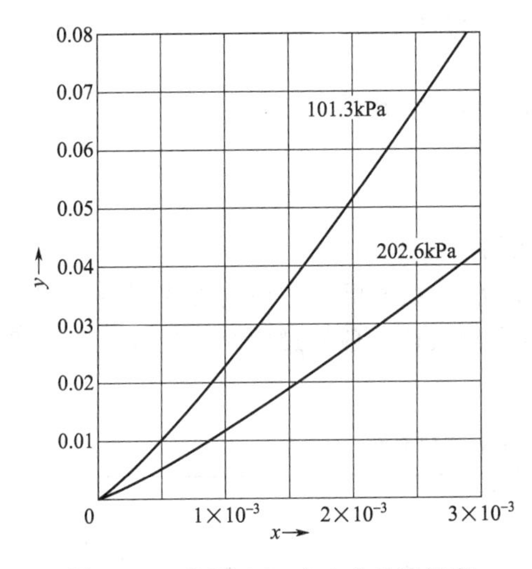

图 4-2　20℃下 SO_2 在水中的溶解度

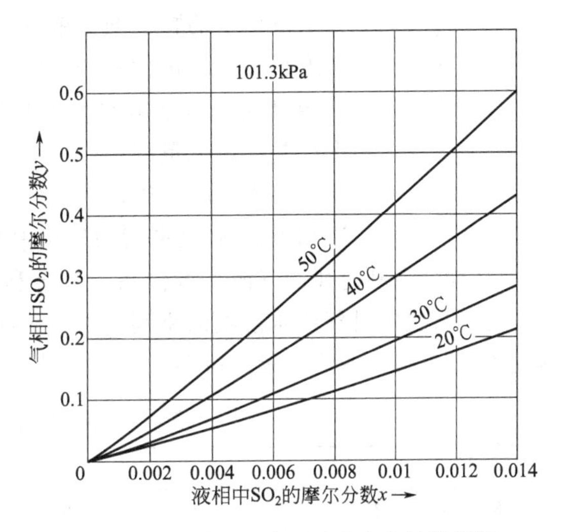

图 4-3　101.3kPa 下 SO_2 在水中的溶解度

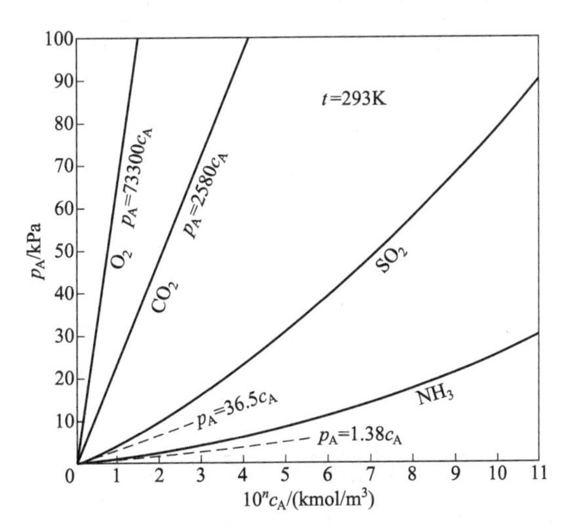

图 4-4　几种气体在水中的溶解度曲线

4.3.2　亨利定律

当总压不太高（不超过 5×10^5 Pa）时，在一定温度下，稀溶液上方气相中溶质的平衡分压与溶质在液相中的摩尔分数成正比，其比例系数为亨利系数。

$$p_A^* = Ex \tag{4-1}$$

$$y^* = mx \tag{4-2}$$

$$p_A^* = \frac{c_A}{H} \tag{4-3}$$

$$Y_A^* = mX_A \tag{4-4}$$

式中 p_A^*——溶质在气相中的平衡分压，kPa；

E——亨利系数，kPa；

x——溶质在液相中的摩尔分数。

c_A——溶质在液相中的物质的量浓度，$kmol/m^3$；

H——溶解度系数，$kmol/(m^3 \cdot kPa)$；

y^*——与液相组成 x 呈平衡的气相中溶质的摩尔分数；

m——相平衡常数，无量纲；

X——液相中溶质的摩尔比；

Y^*——与液相组成 X 呈平衡的气相中溶质的摩尔比。

对符合亨利定律的气液平衡体系，其亨利系数 E 的数值可在一般物性手册中查取，表4-2 给出某些常见气体水溶液的亨利系数。溶解度大的气体一般不遵守亨利定律，气液平衡关系常以表格或曲线表示，可参考有关文献。

表 4-2 某些气体水溶液的亨利系数

气体	温度/℃															
种类	0	5	10	15	20	25	30	35	40	45	50	60	70	80	90	100
	$(E\times10^{-6})$/kPa															
H_2	5.87	6.16	6.44	6.70	6.92	7.16	7.39	7.52	7.61	7.70	7.75	7.75	7.71	7.65	7.61	7.55
N_2	5.35	6.05	6.77	7.48	8.15	8.76	9.36	9.98	10.5	11.0	11.4	12.2	12.7	12.8	12.8	12.8
空气	4.38	4.94	5.56	6.15	6.73	7.30	7.81	8.34	8.82	9.23	9.59	10.2	10.6	10.8	10.9	10.8
CO	3.57	4.01	4.48	4.95	5.43	5.88	6.28	6.68	7.05	7.39	7.71	8.32	8.57	8.57	8.57	8.57
O_2	2.58	2.95	3.31	3.69	4.06	4.44	4.81	5.14	5.42	5.70	5.96	6.37	6.72	6.96	7.08	7.10
CH_4	2.27	2.62	3.01	3.41	3.81	4.18	4.55	4.92	5.27	5.58	5.85	6.34	6.75	6.91	7.01	7.10
NO	1.71	1.96	2.21	2.45	2.67	2.91	3.14	3.35	3.57	3.77	3.95	4.24	4.44	4.45	4.58	4.60
C_2H_6	1.28	1.57	1.92	2.90	2.66	3.06	3.47	3.88	4.29	4.69	5.07	5.72	6.31	6.70	6.96	7.01
	$(E\times10^{-5})$/kPa															
C_2H_4	5.59	6.62	7.78	9.07	10.3	11.6	12.9	—	—	—	—	—	—	—	—	—
N_2O	—	1.19	1.43	1.68	2.01	2.28	2.62	3.06	—	—	—	—	—	—	—	—
CO_2	0.378	0.8	1.05	1.24	1.44	1.66	1.88	2.12	2.36	2.60	2.87	3.46	—	—	—	—
C_2H_2	0.73	0.85	0.97	1.09	1.23	1.35	1.48	—	—	—	—	—	—	—	—	—
Cl_2	0.272	0.334	0.399	0.461	0.537	0.604	0.669	0.74	0.80	0.86	0.90	0.97	0.99	0.97	0.96	—
H_2S	0.272	0.319	0.372	0.418	0.489	0.552	0.617	0.686	0.755	0.825	0.689	1.04	1.21	1.37	1.46	1.50
	$(E\times10^{-4})$/kPa															
SO_2	0.167	0.203	0.245	0.294	0.355	0.413	0.485	0.567	0.661	0.763	0.871	1.11	1.39	1.70	2.01	—

4.4 塔填料的选择

塔填料的选择是填料塔设计最重要的环节之一，一般要求塔填料具有较大的通量，较低的压降，较高的传质效率，同时操作弹性大，性能稳定，能满足物系的腐蚀性、污堵性、热敏性等特殊要求，填料的强度要高，便于塔的拆装、检修，并且价格要低廉。

为此填料应具有较大的比表面积，较高的空隙率，结构要敞开，死角空隙小，液体的再分布性能好，填料的类型、尺寸、材质选择适当。

4.4.1 填料类型

现代工业填料按装填方式可分为散装填料和规整填料两大类型。以下分别介绍几种常用的填料类型。

（1）散装填料

散装填料是将一个个具有一定几何形状和尺寸的颗粒体以随机的方式堆积在塔内，又称乱堆填料和颗粒填料。散装填料根据结构特点不同，又可分为环形填料、鞍形填料和环鞍填料等，几种填料的外形如图 4-5 所示。

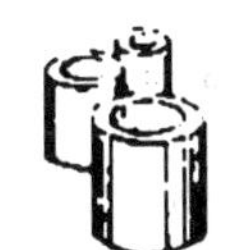

(a) 拉西环填料　(b) 鲍尔环填料　(c) 鞍形填料　(d) 矩鞍填料　(e) 阶梯环填料　(f) 金属环矩鞍填料

图 4-5　几种常用填料

① 拉西环填料　拉西环填料是最早提出的工业填料，其结构为外径与高度相等的圆环，可用陶瓷、塑料、金属等材质制成。拉西环填料的气液分布较差、传质效率低、阻力大、通量小，目前工业上用得较少。

② 鲍尔环填料　鲍尔环是在拉西环的基础上改进而得。其结构为在拉西环的侧壁上开出两排长方形的窗口，被切开的环壁的一侧仍与壁面相连，另一侧向环内弯曲，形成内伸的舌叶，诸舌叶的侧边与环中间相搭，可用陶瓷、塑料、金属制造鲍尔环。与拉西环相比，鲍尔环由于环内开孔，大大提高了环内空间及环内表面的利用率，气流阻力小，传质效率高，操作弹性大。鲍尔环是目前应用较广的填料之一，但价格较拉西环高。

③ 阶梯环填料　阶梯环是近年开发的一种填料，是鲍尔环的改进。填料高度为鲍尔环高度的一半，在一端环壁上开有长方形孔，环内有两层交错 45°的十字形翅片，另一端为喇叭口。由于绕填料外壁流过的气体平均路径较鲍尔环短，而喇叭口又增加了填料的非对称性，使填料在床层中以点接触为主，床层均匀，空隙率大，气流阻力小，点接触利于下流液体的汇聚与分散，利于液膜的表面更新，故传质效率高。阶梯环可用陶瓷、塑料、金属材料制作。

④ 鞍形类填料　鞍形类填料主要有弧鞍形填料、矩鞍形填料和环矩鞍填料。

弧鞍形填料：弧鞍形填料的形状如马鞍，结构简单，用陶瓷制成，由于两面对称结构，在填料中互相重叠，使填料表面不能充分利用，影响传质效果。

矩鞍形填料：将弧鞍形改制成两面不对称，大小不等的矩鞍形，它在填料中不能互相重叠，因此填料表面利用率好，传质效果比相同尺寸的拉西环好。

环矩鞍填料：环矩鞍填料是结合了开孔环形填料和矩鞍填料的优点而开发出来的新型填料，即将矩鞍环的实体变为两条环形筋，而鞍形内侧成为有两个伸向中央的舌片的开孔环。这种结构有利于流体分布，增加了气体通道，因而具有阻力小，通量大，效率高的特点。

⑤ 十字环填料　十字环是由拉西环改进而成，操作时可使塔内压降相对降低，沟流和壁流较少，效率较拉西环高。

⑥ θ 环形填料　这种填料是由拉西环改进而成，在环的中间有一隔板，增大了填料的比表面积，可用陶瓷、石墨、塑料或金属制成。

几种常用环形填料的特性数据以供选用，见表 4-3。

表 4-3　环形填料的特性参数

瓷拉西环(散装)								
填料外径(d)/mm	高×厚($H\times\delta$)/(mm×mm)	比表面(a_t)/(m^2/m^3)	孔隙率(ε)/(m^3/m^3)	个数(n)/(个/m^3)	堆积密度(ρ_p)/(kg/m^3)	干填料因子(a_t/ε^3)/m^{-1}	填料因子(Φ)/m^{-1}	备注
6.4	6.4×0.8	789	0.73	3110000	737	2030	2400	
8	8×1.5	570	0.64	1465000	600	2170	2500	
10	10×1.5	440	0.70	720000	700	1280	1500	
15	15×2	330	0.70	250000	690	760	1020	
16	16×2	305	0.73	192000	730	784	900	
25	25×2.5	190	0.78	49000	505	400	400	
40	40×4.5	126	0.75	12700	577	305	350	
50	50×4.5	93	0.81	6000	457	177	220	
80	80×9.5	76	0.68	1910	714	243	280	不常用
钢拉西环(散装)								
6.4	6.4×0.8	789	0.73	3110000	2100	2030	2500	
8	8×0.3	630	0.91	1550000	750	1140	1580	
10	10×0.5	500	0.88	800000	960	740	1000	
15	15×0.5	350	0.92	248000	660	460	600	
25	25×0.8	220	0.92	55000	640	290	390	
35	35×1	150	0.93	19000	570	190	260	
50	50×1	110	0.95	7000	430	130	175	
76	76×1.6	68	0.95	1870	400	80	105	
瓷拉西环(规整)								
填料外径(d)/mm	高×厚/($H\times\delta$)/(mm×mm)	比表面(a_t)/(m^2/m^3)	孔隙率(ε)/(m^3/m^3)	个数(n)/(个/m^3)	堆积密度(ρ_p)/(kg/m^3)	干填料因子(a_t/ε^3)/m^{-1}	填料因子(Φ)/m^{-1}	备注
25	25×2.5	241	0.73	62000	720	629		不常用
40	40×4.5	197	0.60	19800	898	891		不常用
50	50×4.5	124	0.72	8830	673	339		
80	80×9.5	102	0.57	2580	962	564		
100	100×13	65	0.72	1060	930	172		
125	125×14	51	0.68	530	825	165		
150	150×16	44	0.68	318	802	142		

续表

金属鲍尔环								
16 38 50	15×0.8 38×0.8 50×1	239 129 112.3	0.928 0.945 0.949	143000 13000 6500	216 365 395	299 153 131	400 130 140	
塑料鲍尔环								
25 38 50	24.2×1 38×1 48×1.8	194 155 106.4	0.87 0.89 0.90	53500 15800 7000	103 100 89.2	294 220 146	320 200 120	
瓷阶梯环								
50 76	30×5 45×7	108.8 63.4	0.787 0.795	9091 2517	516 420	223 126	— —	
钢阶梯环								
25 38 50	12.5×0.6 19×0.6 25×1.0	220 154.3 109.2	0.93 0.94 0.95	97160 31890 11600	439 475.5 400	273.5 185.5 127.4	230 118 82	
塑料阶梯环								
25 38 50 76	12.5×1.4 19×1 25×1.5 37×3	228 132.5 114.2 90	0.90 0.91 0.927 0.929	81500 27200 10740 3420	97.8 57.5 54.3 68.4	312.8 175.8 143.1 112.3	172 116 100 —	

(2) 规整填料

规整填料是由若干具有相同形状和几何尺寸的填料单体组成的，以整砌的方式装填在塔内。有波纹填料、格栅填料、脉冲填料等多种，目前工业应用最广的是波纹填料，包括波纹网和波纹板。规整填料可使化工生产的塔压降低，操作气速提高，分离程度增加。同时，可按人为规定的路径使气液接触，因而使填料在大直径时仍能保持较高的效率，是填料发展的趋势，但造价相应较高。

① 波纹网填料　填料由平行丝网波纹片垂直排列组装而成，网片波纹方向与塔轴一般成30°或45°的倾角，相邻网片的波纹倾斜方向相反，使波纹片之间形成系列相互交错的三角形通道，相邻两盘成90°交叉放置，如图4-6所示。直径小于1500mm的塔用整体填料盘，直径大于1500mm的塔采用分块式填料，由人孔将填料块送入塔内后组装成盘。

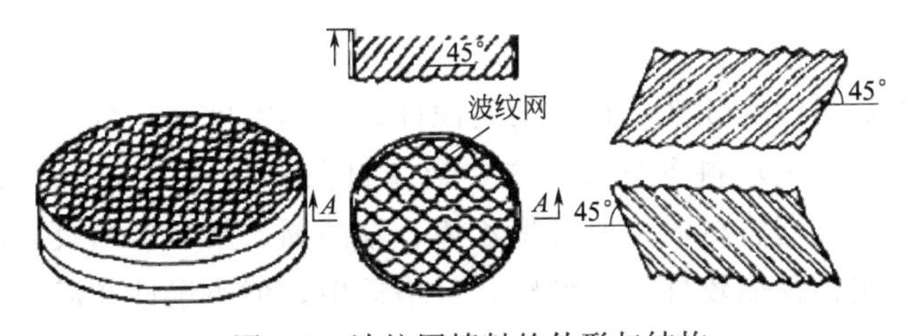

图4-6　波纹网填料的外形与结构

波纹网填料可用不锈钢、黄铜、磷青铜、碳钢、镍、蒙乃尔合金等金属丝网和聚丙烯、聚丙烯腈、聚四氟乙烯等塑料丝网制作，一般用60～100目丝网（不宜低于40目）。由于其材料细薄，结构规整紧凑，故空隙率大、比表面积大、气流通量大而阻力较小。又液体在网体表面易形成稳定而薄的液膜，故填料表面润湿率高，在填料中气液两相混合充分，故效率高且放大效应小；其操作范围也较宽，持液量很小。

② 波纹板填料　波纹板填料与波纹网填料的结构相同，可用多种金属、塑料及陶瓷板材制作，其价格较波纹网低，刚度较大。各种波纹填料的特性数据见表 4-4。

表 4-4　各种波纹填料的特性数据

名称	填料材质	型号	材料	比表面积/(m^2/m^3)	当量直径/mm	倾斜角/(°)	空隙率/(m^3/m^3)	堆积密度/(kg/m^3)
波纹网填料	金属丝网	AX	不锈钢	250	15	30	0.95	1250
		BX		500	7.5	30	0.90	2500
		CY		700	5	45	0.85	3500
	塑料丝网	BX	聚丙烯	450	7.5	30	0.85	1200
波纹板填料	金属薄板或塑料薄板	250Y	碳钢、不锈钢、铝	250	15	45	0.97	2000
			聚氯乙烯、乙烯					
	陶瓷薄板	BY	等陶瓷	460	6	30	0.75	5500

③ 栅格填料　栅格填料是最早形成的规整填料，后来经过研究改进，开发了多种新型结构。它具有气体定向偏射的特点，并且液相呈膜滴结合状态，使液体分散并不断更新界面。

④ 脉冲填料　脉冲填料是由带缩颈的中空三棱柱填料单元排列成规整填料。一般采用交错收缩堆砌。气液两相流过交替收缩和扩大的通道，产生强烈湍流，从而强化了传质。其特点是处理量大，阻力小，气液分布均匀。

4.4.2 填料的选用

(1) 填料尺寸

颗粒填料尺寸直接影响塔的操作和设备投资。一般同类型填料随尺寸减小分离效率提高，但填料层对气流的阻力增加，通量减少，对具一定生产能力的塔，填料的投资费用将增加；而较大尺寸的填料用于小直径塔中，将产生气液分布不良、气流短路和严重的液体壁流等问题，降低塔的分离效率。故应注意所选填料必须使塔径与填料直径之比（D/d）在 10 以上，对拉西环要求 $D/d>20$，鲍尔环 $D/d>10$，鞍形环 $D/d>15$，阶梯环 $D/d>8$，环矩鞍 $D/d>8$。

(2) 填料材质

填料材质应根据物料的腐蚀性、材料的腐蚀性、操作温度并综合填料性能及经济因素选用。常用的为金属、陶瓷和塑料等材质。主要金属材质有碳钢、1Cr18Ni9Ti 不锈钢、铝和铝合金、低碳合金钢等。塑料材质主要有聚乙烯、聚丙烯、聚氯乙烯及其增强塑料和其他工程塑料等。塑料填料耐蚀性能较好，质量轻，价格适中，但耐温性及润湿性较差，故多用于操作温度较低的吸收、水洗等装置。瓷质填料耐蚀性强，一般陶瓷能耐除氢氟酸以外的各种无机酸、有机酸及各种有机溶剂的腐蚀；对强碱介质可采用耐碱瓷质填料，其价格便宜但质脆易碎。

一般操作温度较高而物系无显著腐蚀性时，可选用金属环矩鞍或金属鲍尔环等填料；若温度较低时可选用塑料鲍尔环、塑料阶梯环填料；若物系具有腐蚀性、操作温度较高时，则宜采用陶瓷矩鞍填料。

4.5 填料塔的工艺设计

4.5.1 物料衡算及操作线方程

对低浓度气体的吸收（进塔混合气体的浓度不超过 10%，体积分数），可以近似地认为气体和液体沿塔高的流量变化不大，可用摩尔比来表示溶质的浓度。逆流操作时吸收塔的物料衡算和操作线方程式的具体运算方法及步骤如下。

① 根据设计任务中给定的混合气体处理量、气体原料的浓度及分离要求，计算进、出口气体的组成。全塔物料衡算如图 4-7 所示，是一个定态操作逆流接触的吸收塔。

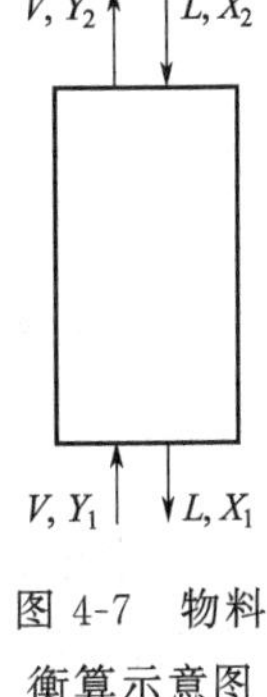

图 4-7 物料衡算示意图

图中各符号的意义如下：

V——单位时间内通过吸收塔的惰性气体量，kmol/s；

L——单位时间内通过吸收塔的溶剂量，kmol/s；

Y_1，Y_2——进出吸收塔气体中溶质摩尔比，无量纲；

X_1，X_2——出塔及进塔液体中溶质摩尔比，无量纲。

在全塔范围内做溶质的物料衡算，得：

$$VY_1+LX_2=VY_2+LX_1$$

或

$$V(Y_1-Y_2)=L(X_1-X_2) \tag{4-5}$$

由式（4-5）可计算出 Y_1 或 Y_2。

② 求惰性气体的流量 V。

③ 求操作线方程：

$$VY+LX_1=VY_1+LX \quad 或 \quad Y=\frac{L}{V}X+\left(Y_2-\frac{L}{V}X_2\right) \tag{4-6}$$

④ 求吸收液的浓度 X_1。

4.5.2 吸收剂用量的确定

（1）最小液气比

若平衡线如图 4-8（a）所示的正常情况，最小液气比 $(L/V)_{min}$ 等于操作线与平衡线相交时的斜率：

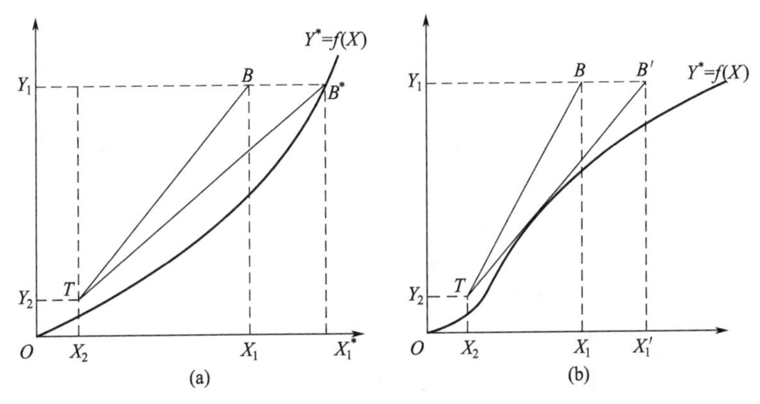

图 4-8 吸收塔的最小液气比

$$\left(\frac{L}{V}\right)_{\min}=\frac{Y_1-Y_2}{X_1^*-X_2} \tag{4-7}$$

如果平衡曲线呈现不正常的形状，如图 4-8（b）所示，则应当过 T 作平衡曲线的切线，按照式（4-8）计算最小液气比：

$$\left(\frac{L}{V}\right)_{\min}=\frac{Y_1-Y_2}{X_1'-X_2} \tag{4-8}$$

（2）操作液气比

根据生产实践经验，一般取吸收剂用量为最小用量的 1.1～2.0 倍是比较合适的，即

$$\frac{L}{V}=(1.1\sim2.0)\left(\frac{L}{V}\right)_{\min} \tag{4-9}$$

（3）吸收剂用量

吸收剂实际用量为：

$$L=V\left(\frac{L}{V}\right) \tag{4-10}$$

必须指出，为了保证填料表面能被液体充分润湿，还应考虑到单位塔截面积上单位时间内流下的液体量不得小于某一最低允许值。如果按式（4-9）算出的吸收剂用量不能满足充分润湿填料的起码要求，则应采用更大的液气比。

4.5.3 填料层高度的计算

吸收塔中提供气液两相接触的是填料，塔内填料装填量或一定直径塔内填料层高度将直接影响吸收结果。在工程设计中，对于吸收、解吸及萃取等过程中的填料塔的设计，多采用传质单元数法；而对于精馏过程中的填料塔的设计，则习惯用等板高度法。

（1）传质单元数法

① 计算公式　填料层高度的计算通式为：填料层高度＝传质单元数×传质单元高度

即

$$Z=N_{OG}H_{OG} \tag{4-11}$$

或

$$Z=N_{OL}H_{OL} \tag{4-12}$$

$$Z=N_GH_G \tag{4-13}$$

$$Z=N_LH_L \tag{4-14}$$

对低浓度气体的吸收，塔内气体和液体的摩尔流量变化较小，其体积吸收系数可视为常数，填料层高度对应上述表达式依次为：

$$Z=\int_{Y_2}^{Y_1}\frac{G\mathrm{d}Y}{K_Ya\Omega(Y-Y^*)}=\frac{G}{K_Ya\Omega}\int_{Y_2}^{Y_1}\frac{\mathrm{d}Y}{Y-Y^*} \tag{4-15}$$

$$Z=\int_{X_2}^{X_1}\frac{L\mathrm{d}X}{K_Xa\Omega(X^*-X)}=\frac{L}{K_Xa\Omega}\int_{X_2}^{X_1}\frac{\mathrm{d}X}{X^*-X} \tag{4-16}$$

$$Z=\frac{V}{k_Ya\Omega}\int_{Y_2}^{Y_1}\frac{\mathrm{d}Y}{Y-Y_i} \tag{4-17}$$

$$Z=\frac{L}{k_La\Omega}\int_{X_2}^{X_1}\frac{\mathrm{d}X}{X_i-X} \tag{4-18}$$

式中　Z——填料层高度，m；

H_{OG}，H_{OL}——气相、液相的总传质单元高度，m；

N_{OG}，N_{OL}——气相、液相的总传质单元数；

H_G，H_L——气相、液相的分传质单元高度，m；

N_G，N_L——气相、液相的分传质单元数；

K_Ya，K_Xa——气相、液相的体积吸收总系数，kmol/(m³·s)；

k_Ya，k_Xa——气相、液相的体积吸收分系数，kmol/(m³·s)；

Y^*——气相平衡浓度，摩尔比；

X^*——液相平衡浓度，摩尔比；

Y_i——相界面处气相溶质的摩尔比；

X_i——相界面处液相溶质的摩尔比；

Ω——塔截面面积，m²。

② 填料层高度的计算方法

a. 传质单元数　传质单元数的求法有三种：对数平均推动力法、图解积分法和吸收因数法。

ⅰ. 对数平均推动力法　当气液平衡线为直线时，可用对数平均推动力法求总传质单元数：

$$N_{OG}=\int_{Y_2}^{Y_1}\frac{dY}{Y-Y^*}=\frac{Y_1-Y_2}{\Delta Y_1-\Delta Y_2}\int_{\Delta Y_2}^{\Delta Y_1}\frac{d(\Delta Y)}{\Delta Y}$$

$$=\frac{Y_1-Y_2}{\Delta Y_1-\Delta Y_2}\ln\frac{\Delta Y_1}{\Delta Y_2}=\frac{Y_1-Y_2}{\Delta Y_m} \tag{4-19}$$

$$N_{OL}=\frac{X_1-X_2}{\dfrac{\Delta X_1-\Delta X_2}{\ln\dfrac{\Delta X_1}{\Delta X_2}}}=\frac{X_1-X_2}{\Delta X_m} \tag{4-20}$$

式中　$\Delta Y_m=\dfrac{\Delta Y_1-\Delta Y_2}{\ln\dfrac{\Delta Y_1}{\Delta Y_2}}$，$\Delta X_m=\dfrac{\Delta X_1-\Delta X_2}{\ln\dfrac{\Delta X_1}{\Delta X_2}}$

ⅱ. 图解积分法　当平衡线为曲线时，传质单元数一般用图解积分法求取，现以气相总传质单元数 N_{OG} 为例说明其计算方法。

$$N_{OG}=\int_{Y_2}^{Y_1}\frac{dY}{Y-Y^*} \tag{4-21}$$

图解积分法的步骤如下：

第一，由平衡线和操作线求出若干个点（Y，$Y-Y^*$），如图 4-9 所示；

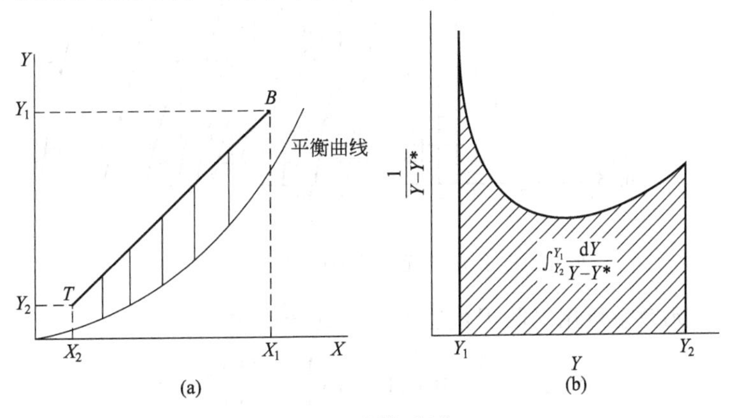

图 4-9　图解积分

第二，在 Y_2～Y_1 范围内作 Y-$1/(Y-Y^*)$ 曲线；

第三，在 Y_2 与 Y_1 之间，Y-$1/(Y-Y^*)$ 曲线和横坐标所包围的面积为传质单元数，如图 4-9（b）所示的阴影部分面积。

ⅲ. 吸收因数法　若气液平衡关系为直线，传质单元数的计算可按式（4-22）进行：

$$N_{OG}=\frac{1}{1-S}\ln\left[(1-S)\frac{Y_1-mX_2}{Y_2-mX_2}+S\right] \tag{4-22}$$

式中，$S=\dfrac{mV}{L}$ 为脱吸因数，是平衡线与操作线斜率的比值，无量纲。

由式（4-22）可以看出，N_{OG} 的数值与脱吸因数 S、$\dfrac{Y_1-mX_2}{Y_2-mX_2}$ 有关。为方便计算，以 $1/S$ 为参数，N_{OG} 为横坐标，$\dfrac{Y_2-mX_2}{Y_1-mX_2}$ 为纵坐标，在双对数坐标上标绘出式（4-22）的函数关系，得到如图 4-10 所示的曲线。由此图可以方便地查出 N_{OG} 值。

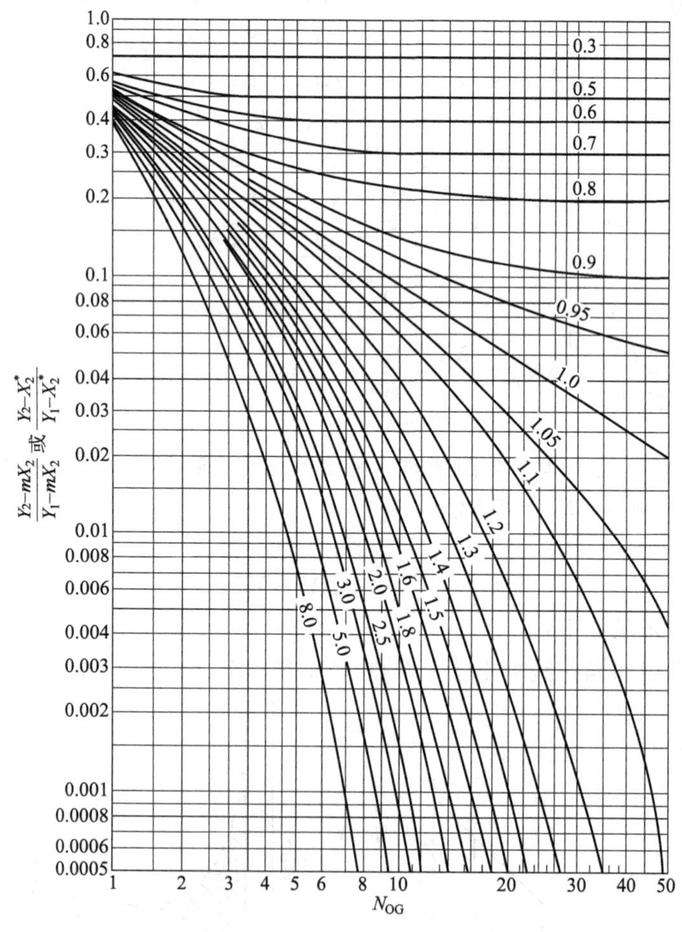

图 4-10　传质单元数［图中参数 $L/(mV)$］

液相总传质单元数也可用吸收因数法计算，其计算式为：

$$N_{OL}=\frac{1}{1-A}\ln\left[(1-A)\frac{Y_1-mX_2}{Y_1-mX_1}+A\right] \tag{4-23}$$

式中，$A=\frac{L}{mV}$，称为吸收因数。

注意：当操作条件、物系一定时，$S=\frac{mV}{L}$减小，通常是靠增大吸收剂流量实现的，而吸收剂流量增大会使吸收操作费用及再生负荷加大，因此，应考虑操作费用和设备费用之和最小。通常取 $L/(mV)=1.0\sim2.0$。

b. 传质单元高度及传质系数　传质单元高度的计算涉及传质系数的求解。传质系数不仅与流体的物性、气液两相速率、填料的类型及特征有关，还与全塔的液体分布、塔的高度和塔径有关。目前工程计算只能用经验方法解决，计算时应针对具体物系和操作条件选取适当的传质系数经验公式，可参考有关的设计手册。下面着重介绍填料塔常用的传质系数及恩田等人的推导的关联式，供设计参考。

恩田等人将填料的润湿表面 a_w 作为有效传质表面 a，分别提出计算传质系数 k_G、k_L 与有效表面积 a 的关联式，然后将它们相乘合并为体积吸收系数 k_Ga 和 k_La。

有效表面积：

$$\frac{a_w}{a_t}=1-\exp\left\{-1.45\left(\frac{\sigma_c}{\sigma}\right)^{0.75}\left(\frac{L_G}{a_t\mu_L}\right)^{0.1}\left(\frac{L_G^2a_t}{\rho_L^2g}\right)^{-0.05}\left(\frac{L_G^2}{\rho_L\sigma a_t}\right)^{0.2}\right\} \tag{4-24}$$

式中　a_w，a_t——单位体积填料层的润湿表面积及总表面积，m^2/m^3；

σ，σ_c——液体的表面张力及填料材质的临界表面张力，N/m；不同材质填料的 σ_c 见表 4-5；

L_G——液体通过空塔截面的质量流速，$kg/(m^2\cdot s)$；

μ_L——液体的黏度，Pa·s；

ρ_L——液体的密度，kg/m^3；

g——重力加速度，m/s^2。

表 4-5　常见材质的临界表面张力值

材质	碳	瓷	玻璃	聚丙烯	聚氯乙烯	钢	石蜡
表面张力/(mN/m)	56	61	73	33	40	75	20

液相传质系数 k_L

$$k_L=0.0051\left(\frac{L_G}{a_w\mu_L}\right)^{\frac{2}{3}}\left(\frac{\mu_L}{\rho_LD_L}\right)^{-\frac{1}{2}}\left(\frac{\mu_Lg}{\rho_L}\right)^{\frac{1}{3}}(a_td_p)^{0.4} \tag{4-25}$$

气相传质系数 k_G

$$k_G=C\left(\frac{V_G}{a_t\mu_G}\right)^{0.7}\left(\frac{\mu_G}{D_G\rho_G}\right)^{\frac{1}{3}}\left(\frac{a_tD_G}{RT}\right)(a_td_p) \tag{4-26}$$

式中　k_G——气膜吸收系数，$kmol/(m^2\cdot s\cdot kPa)$；

k_L——液膜吸收系数，m/s；

L_G，V_G——液相、气相的质量流率，$kg/(m^2\cdot s)$；

D_L，D_G——溶质在液相和气相中的扩散系数，m^2/s；

μ_L，μ_G——液相、气相的黏度，Pa·s；

R——气体常数，8.314kJ/(kmol·K)；

C——常数，一般环形填料和鞍形填料为5.23，小于15mm的填料为2.00，因为小填料的k_Ga值随a_t的增大而突然变大；

a_td_p——由填料类型与尺寸决定的无量纲数，d_p是填料的名义尺寸。a_td_p值可按填料的特征数据计算，也可查表4-6。

表4-6　各种填料的a_td_p值

填料类型	a_td_p	填料类型	a_td_p
拉西环	4.7	鲍尔环(陶瓷)	5.9
弧鞍	5.6		

天津大学化工系对各类开孔环形填料进行了系列传质实验，提出了恩田修正式：

$$k_L=0.0095\left(\frac{L_G}{a_w\mu_L}\right)^{\frac{2}{3}}\left(\frac{\mu_L}{\rho_L D_L}\right)^{-\frac{1}{2}}\left(\frac{\mu_L g}{\rho_L}\right)^{\frac{1}{3}}\varphi^{0.4} \tag{4-27}$$

$$k_G=0.237\left(\frac{V_G}{a_t\mu_G}\right)^{0.7}\left(\frac{\mu_G}{D_G\rho_G}\right)^{\frac{1}{3}}\left(\frac{a_tD_G}{RT}\right)\varphi^{1.1} \tag{4-28}$$

$$k_La=k_La_w \tag{4-29}$$

$$k_Ga=k_Ga_w \tag{4-30}$$

式中　φ——形状系数，可按表4-7查取。

表4-7　各类填料的形状系数

填料类型	φ值	填料类型	φ值
拉西环	1.00	开环	1.45
弧鞍环	1.19		

由修正的恩田公式计算出k_Ga和k_La后，可按式（4-31）计算气相总传质单元高度H_{OG}：

$$H_{OG}=\frac{V}{K_Ya\Omega}=\frac{V}{K_Gap\Omega} \tag{4-31}$$

其中

$$K_Ga=\frac{1}{1/(k_Ga)+1/(Hk_La)} \tag{4-32}$$

式中　H——溶解度系数，kmol/(m^3·kPa)；

Ω——塔截面积，m^2。

应予指出，修正的恩田公式只适用于$u\leqslant 0.5u_F$的情况，当$u>0.5u_F$时，需要按下式进行校正，即

$$k'_Ga=\left[1+9.5\left(\frac{u}{u_F}-0.5\right)^{1.4}\right]k_Ga \tag{4-33}$$

$$k'_La=\left[1+2.6\left(\frac{u}{u_F}-0.5\right)^{2.2}\right]k_La \tag{4-34}$$

以上关联式是由前人根据大量的数据综合整理而得，其误差在20%以内。

还有一些针对某具体物系和操作条件的传质系数经验公式，可参见化工手册或专著，此处从略。

（2）等板高度法

采用等板高度法计算填料层高度的基本公式为

$$Z=\text{HETP}\cdot N_T \tag{4-35}$$

① 理论板数的计算　理论板数的计算方法在《化工原理》教材的精馏一章中已详尽介

绍，此处不再赘述。

② 等板高度的计算　等板高度与许多因素有关，不仅取决于填料的类型和尺寸，而且受系统物性、操作条件及设备尺寸的影响。目前尚无准确可靠的方法计算填料的 HETP 值，某些填料在一定条件下的 HETP 值可从有关填料手册中查得。

近年来研究者通过大量数据回归得到了常压蒸馏时的 HETP 关联式如下：

$$\ln(\mathrm{HETP})=h-1.292\ln\sigma_L+1.47\ln\mu_L \tag{4-36}$$

式中　HETP——等板高度，mm；

σ_L——液体表面张力，N/m；

μ_L——液体黏度，Pa·s；

h——常数，其值见表 4-8。

表 4-8　HETP 关联式中的常数值

填料类型	h	填料类型	h
DN25 金属环矩鞍填料	6.8505	DN50 金属鲍尔环	7.3781
DN40 金属环矩鞍填料	7.0382	DN25 瓷环矩鞍填料	6.8505
DN50 金属环矩鞍填料	7.2883	DN38 瓷环矩鞍填料	7.1079
DN25 金属鲍尔环	6.8505	DN50 瓷环矩鞍填料	7.4430
DN38 金属鲍尔环	7.0779		

式 (4-36) 考虑了液体黏度及表面张力的影响，其适用范围如下：

$10^{-3}\mathrm{N/m}<\sigma_L<36\times10^{-3}\mathrm{N/m}$；$0.08\times10^{-3}\mathrm{Pa\cdot s}<\mu_L<0.83\times10^{-3}\mathrm{Pa\cdot s}$

应予指出，采用上述方法计算出填料层高度后，还应留出一定的安全系数。根据设计经验，填料层的设计高度一般为：

$$Z'=(1.2\sim1.5)Z \tag{4-37}$$

式中　Z'——设计时的填料高度，m；

Z——工艺得到的填料层高度，m。

4.5.4　填料层的分段

液体沿填料层下流时，有逐渐向塔壁方向集中的趋势，形成壁流效应。壁流效应会造成填料层内气液分布不均匀，使传质效率降低。因此，设计中每隔一定的填料层高度，需要设置液体收集再分布装置，即将填料层分段。

(1) 散装填料的分段

对于散装填料，一般推荐的分段高度值见表 4-9，表中 h/D 为分段高度与塔径之比，h_{max}为允许的最大填料层高度。

表 4-9　散装填料分段高度推荐值

填料类型	h/D	h_{max}	填料类型	h/D	h_{max}
拉西环	2.5	≤4m	阶梯环	8～15	≤6m
矩鞍	5～8	≤6m	环矩鞍	8～15	≤6m
鲍尔环	5～10	≤6m			

(2) 规整填料的分段

对于规整填料，填料层分段高度可按式 (4-38) 确定：

$$h=(15\sim20)\mathrm{HETP} \tag{4-38}$$

式中 h——规整填料分段高度，m；

HETP——规整填料的等板高度，m。

也可按表 4-10 推荐的分段高度值确定。

表 4-10 规整填料分段高度推荐值

填料类型	分段高度	填料类型	分段高度
250Y 板波纹填料	6.0m	500(BX)丝网波纹填料	3.0m
500Y 板波纹填料	5.0m	700(CY)丝网波纹填料	1.5m

4.5.5 填料塔的结构设计

(1) 塔径的确定

塔径的计算公式：

$$D=\sqrt{\frac{4V_s}{\pi u}} \tag{4-39}$$

式中 V_s——气体体积流量，m^3/s；

u——适宜的空塔气速，m/s。

塔径的计算，主要分为三个步骤，即确定空塔气速，计算塔径，校核塔径。下面分别介绍。

① 空塔气速 u 的确定

a. 泛点气速法 泛点气速是填料塔操作气速的上限，填料塔的操作空塔气速 u 必须小于泛点气速 u_F，操作空塔气速与泛点气速之比称为泛点率。

对于散装填料，其泛点率的经验值为 $u/u_F=0.5\sim0.85$。

对于规整填料，其泛点率的经验值为 $u/u_F=0.6\sim0.95$。

【设计分析 12】泛点率的选择主要考虑填料塔的操作压力和物系的发泡程度。设计中，对于加压操作的塔，应取较高的泛点率；对于减压操作的塔，应取较低的泛点率；对于易起泡沫的物系，泛点率应取低限值；而无泡沫的物系，可取较高的泛点率。

泛点气速可用经验方程式计算，也可用关联图求取。

ⅰ. 贝恩 (Bain)-霍根 (Hougen) 关联式 填料的泛点气速可由贝恩-霍根关联式计算：

$$\lg\frac{u_F^2}{g}\times\frac{a}{\varepsilon^3}\times\frac{\rho_G}{\rho_L}\mu_L^{0.2}=A-K\left(\frac{L}{V}\right)^{1/4}\left(\frac{\rho_G}{\rho_L}\right)^{1/8} \tag{4-40}$$

式中 u_F——泛点气速，m/s；

g——重力加速度，$9.81m/s^2$；

a——填料总比表面积，m^2/m^3；

ε——填料层空隙率，m^3/m^3；

ρ_G，ρ_L——气相、液相密度，kg/m^3；

μ_L——液体黏度，mPa·s；

L，V——液相、气相的质量流量，kg/h；

A，K——关联常数。

常用 A 和 K 与填料的形状及材料有关，不同类型的 A、K 值列于表 4-11 中，由式(4-40)计算泛点气速，误差在 15%以内。

表 4-11　不同类型的 A、K 值

散装填料类型	A	K	规整填料类型	A	K
塑料鲍尔环	0.0942	1.75	金属丝网波纹填料	0.30	1.75
金属鲍尔环	0.1	1.75	塑料丝网波纹填料	0.4201	1.75
塑料阶梯环	0.204	1.75	金属网孔波纹填料	0.155	1.47
金属阶梯环	0.106	1.75	金属孔板波纹填料	0.291	1.75
瓷矩鞍	0.176	1.75	塑料孔板波纹填料	0.291	1.563
金属环矩鞍	0.06225	1.75			

ⅱ. 埃克特（Eckert）通用关联图　散装填料的泛点气速可用埃克特关联图计算，如图 4-11所示。计算时，先由气液相负荷及有关物性数据求出横坐标$\frac{w_L}{w_G}\left(\frac{\rho_V}{\rho_L}\right)^{0.5}$，然后作垂直线与相应的泛点线相交，再通过交点作水平线与纵坐标相交，求出$\frac{u^2\Phi\varphi}{g}\left(\frac{\rho_V}{\rho_L}\right)\mu_L^{0.2}$，此时所对应的 u 即为泛点气速 u_F。

应予指出，用埃克特通用关联图计算泛点气速时，所需的填料因子为液泛时的湿填料因

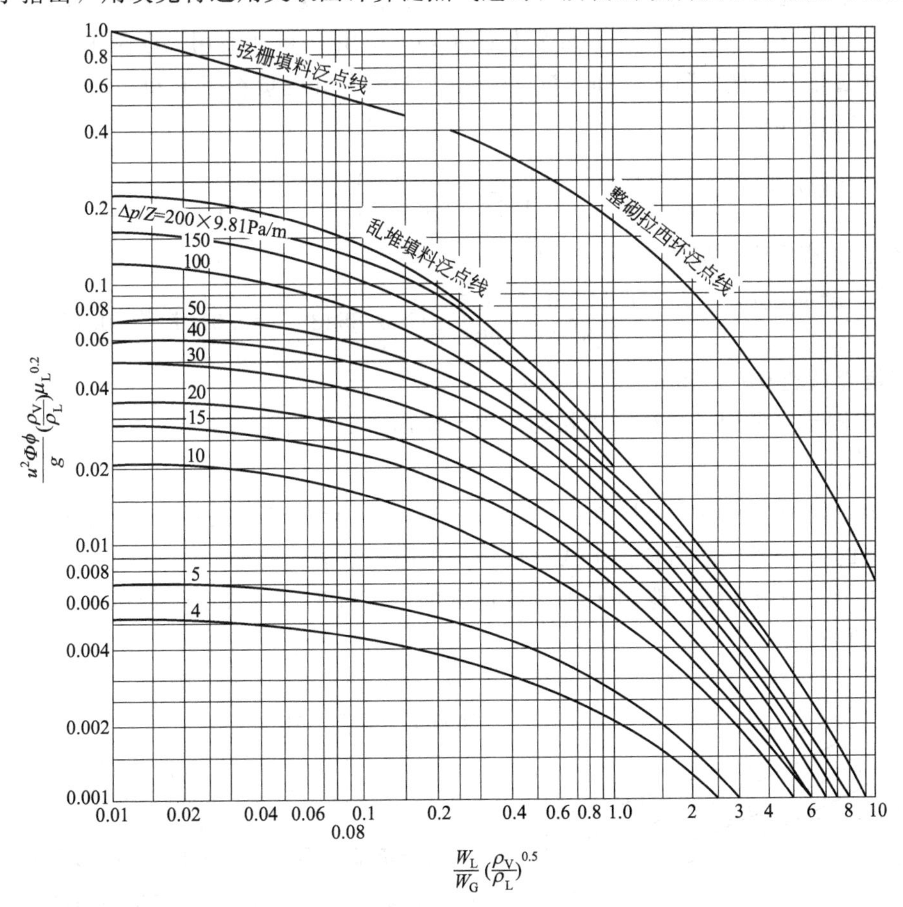

图 4-11　埃克特通用关联图

u—空塔气速，m/s；g—重力加速度，9.81m/s^2；Φ—填料因子，m^{-1}；φ—液体密度校正系数，$\varphi=\rho_水/\rho_L$；ρ_V，ρ_L—气相、液相密度，kg/m^3；μ_L—液体黏度，mPa·s；w_L，w_G—液体、气体的质量流量，kg/s

子，称为泛点填料因子，以 Φ_F 表示。Φ_F 与液体喷淋密度有关，为了工程计算的方便，常采用与液体喷淋密度无关的泛点填料因子平均值。表 4-12 列出了部分散装填料的泛点填料因子平均值，供参考。

表 4-12 散装填料泛点填料因子平均值

填料类型	填料因子/m^{-1}				
	DN16	DN25	DN38	DN50	DN76
金属鲍尔环	410	—	117	160	—
金属环矩鞍	—	170	150	135	120
金属阶梯环	—	—	160	140	—
塑料鲍尔环	550	280	184	140	92
塑料阶梯环	—	260	170	127	—
瓷矩鞍	1100	550	200	226	—
瓷拉西环	1300	832	600	410	—

【案例分析 8】 吸收塔塔底混合气质量流量 w_G 为 1278kg/h，吸收液质量流量 w_L 为 5050kg/h，进塔混合气密度 ρ_V 为 1.15kg/m³，吸收液密度 ρ_L 为 996.7kg/m³，吸收液黏度 μ_L 为 0.8543mPa·s，选用 Dg50mm 塑料鲍尔环，试用 Eckert 通用关联图求其泛点气速。

解：查《化工原理》附录可知，Dg50mm 塑料鲍尔环的填料因子 $\Phi=120m^{-1}$，比表面积 $A=106.4m^2/m^3$。

关联图的横坐标值：$\dfrac{w_L}{w_G}\left(\dfrac{\rho_V}{\rho_L}\right)^{0.5}=\dfrac{5050}{1278}\times\left(\dfrac{1.15}{996.7}\right)^{0.5}=0.134$

由图 4-11 查得纵坐标值为 0.12，即

$$\frac{u^2\Phi\varphi}{g}\left(\frac{\rho_V}{\rho_L}\right)\mu_L^{0.2}=\frac{u^2\times120}{9.81}\times\left(\frac{1.15}{996.7}\right)\times0.8543^{0.2}=0.0137u^2=0.12$$

所以泛点气速 $u=2.96m/s$。

b. 动能因子（F 因子）法　气相动能因子简称因子，其定义为：

$$F=u\sqrt{\rho_V} \tag{4-41}$$

气相动能因子法多用于规整填料空塔气速的确定。计算时，先从相关手册或图表中查得操作条件下的 F 因子，然后依据上式即可计算出操作空塔气速 u。

应予指出，采用气相动能因子法计算适宜的空塔气速，一般用于低压操作（压力低于 0.2MPa）的场合。

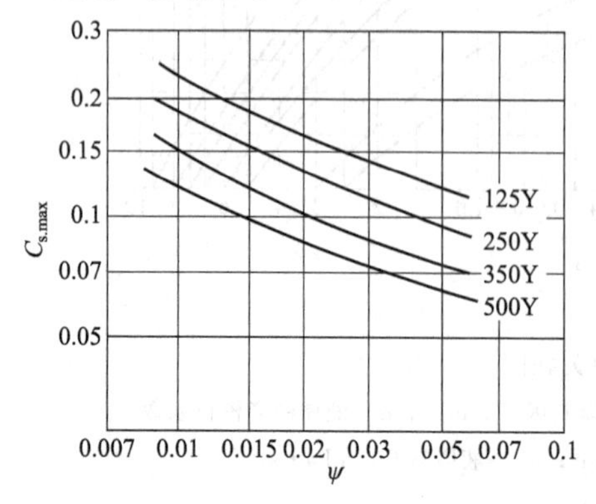

图 4-12　波纹填料的最大负荷因子

c. 气相负荷因子（C_s 因子）法　气相负荷因子简称 C_s 因子，其定义为：

$$C_s=u\sqrt{\frac{\rho_V}{\rho_L-\rho_V}} \tag{4-42}$$

气相负荷因子法多用于规整填料空塔气速的确定。计算时，先求出最大气相负荷因子 $C_{s.max}$，然后依据以下关系：

$$C_s=0.8C_{s.max} \tag{4-43}$$

计算出 C_s，再依据上式求出操作空塔气速 u。

常用规整填料的 $C_{s.max}$ 的计算见有关填料手

册，也可从图 4-12 所示的 $C_{s.max}$ 曲线图上查得。图中的横坐标 ψ 称为流动参数，其定义为

$$\psi=\frac{\omega_L}{\omega_V}\left(\frac{\rho_V}{\rho_L}\right)^{0.5} \tag{4-44}$$

图 4-12 所示曲线适用于板波纹填料，若以 250Y 型板波纹填料为基准，对于其他类型板波纹填料，需要乘以修正系数 C，其值见表 4-13。

表 4-13 其他类型的波纹填料的最大负荷修正系数

填料类别	型号	修正系数	填料类别	型号	修正系数
板波纹填料	250Y	1.0	丝网波纹填料	CY	0.65
丝网波纹填料	BX	1.0	陶瓷波纹填料	BX	0.8

② 塔径的计算与圆整　根据上述方法得出空塔气速 u 后，即可由式（4-39）计算出塔径 D。应予指出，由式（4-39）计算出塔径 D 后，还应按塔径系列标准进行圆整。常用标准塔径为 400mm、500mm、600mm、700mm、800mm、1000mm、1200mm、1400mm、1600mm、2000mm、2200mm 等。圆整后，再核算操作空塔气速 u 与泛点率。

③ 液体喷淋密度的验算　填料塔的液体喷淋密度是指单位时间、单位塔截面上液体的喷淋量，其计算式为

$$U=\frac{L_h}{0.785D^2} \tag{4-45}$$

式中 U——液体喷淋密度，$m^3/(m^2\cdot h)$；

L_h——液体喷淋量，m^3/h；

D——填料塔直径，m。

为使填料能获得良好的润湿，塔内液体喷淋量应不低于某一极限值，此极限值称为最小喷淋密度，以 U_{min} 表示。

对于散装填料，其最小喷淋密度通常采用式（4-46）计算：

$$U_{min}=(L_w)_{min}a_t \tag{4-46}$$

式中 U_{min}——最小喷淋密度，$m^3/(m^2\cdot h)$；

$(L_w)_{min}$——最小润湿速率，$m^3/(m\cdot h)$；

a_t——填料的总比表面积，m^2/m^3。

最小润湿速率是指在塔的截面上，单位长度的填料周边的最小液体体积流量。其值可由经验公式计算（见有关填料手册），也可采用一些经验值。

【设计分析 13】 对于直径不超过 75mm 的散装填料，可取最小润湿速率 $(L_w)_{min}=0.08m^3/(m\cdot h)$，对于直径大于 75mm 的散装填料，取 $(L_w)_{min}=0.12m^3/(m\cdot h)$。对于规整填料，其最小喷淋密度可从有关填料手册中查得，设计中通常取 $U_{min}=0.2$。

实际操作时采用的液体喷淋密度应大于最小喷淋密度。若液体喷淋密度小于最小喷淋密度，则需进行调整，重新计算塔径。

（2）塔高

填料塔的高度主要取决于填料层的高度，为了保证工程上的可靠性，计算出的填料层高度还应加上 20%左右的裕度。塔的总高由填料层高度加上各附属部件的高度以及塔顶、塔底的空间高度。

塔顶空间高度是指塔顶第一层塔盘至塔顶封头切线的距离，这一高度应保证塔顶出口气

体中夹带的液体量符合要求，一般取 1.2～1.5m。若为了提高产品质量，必须更多地去除气体中夹带的雾沫，可在塔顶部设置除沫器。当选用丝网除沫器时，网底面塔盘的距离一般不小于塔板间距。

塔底空间高度是指塔底最末一层塔盘到塔底封头切线处的距离，应保证塔中料液维持一定的高度，以达到对塔底进口气体进行液封，防止气体外泄。当进料系统有 15min 的缓冲容量时，釜液的停留时间可取 3～5min。对于易结焦的物料，其塔底停留时间可缩短为 1～1.5min。由此，可由釜液流量计算底部空间的体积，再根据塔径求出底部空间的高度。

(3) 填料层压降的计算

填料层压降通常用单位高度填料层的压降 $\Delta p/Z$ 表示。设计时，根据有关参数，由通用关联图（或压降曲线）先求得每米填料层的压降值，然后再乘以填料层高度，即得出填料层的压力降。

① 散装填料的压降计算

a. 由埃克特通用关联图计算　散装填料的压降值可由埃克特通用关联图计算。计算时，先根据气液负荷及有关物性数据，求出横坐标$\frac{w_L}{w_G}\left(\frac{\rho_V}{\rho_L}\right)^{0.5}$值，再根据操作空塔气速及有关物性数据，求出纵坐标值$\frac{u^2\Phi\varphi}{g}\left(\frac{\rho_V}{\rho_L}\right)\mu_L{}^{0.2}$。通过作图得出交点，读出过交点的等压线数值，即得出每米填料层的压降。

应予指出，用埃克特通用关联图计算压降时，所需的填料因子为操作状态下的湿填料因子，称为压降填料因子，以 Φ_p 表示。压降填料因子 Φ_p 与液体喷淋密度有关，为了工程计算的方便，常采用与液体喷淋密度无关的压降填料因子平均值。表 4-14 列出了部分散装填料的压降填料因子平均值，可供设计中参考。

表 4-14　散装填料压降填料因子平均值

填料类型	填料因子/m^{-1}				
	*DN*16	*DN*25	*DN*38	*DN*50	*DN*76
金属鲍尔环	306	—	114	98	—
金属环矩鞍	—	138	93.4	71	36
金属阶梯环	—	—	118	82	—
塑料鲍尔环	343	232	114	125	62
塑料阶梯环	—	176	116	89	—
瓷矩鞍	700	215	140	160	—
瓷拉西环	1050	576	450	288	—

b. 由填料压降曲线查得　散装填料压降曲线的横坐标通常以空塔气速 u 表示，纵坐标以单位高度填料层压降 $\Delta p/Z$ 表示，常见散装填料的 u-$\Delta p/Z$ 曲线可从有关填料手册中查得。

② 规整填料的压降关联式计算

a. 由填料的压降关联式计算　规整填料的压降通常关联成以下形式

$$\frac{\Delta p}{Z}=\alpha\left(u\sqrt{\rho_V}\right)^{\beta} \tag{4-47}$$

式中　$\Delta p/Z$——每米填料层高度的压力降，Pa/m；

u——空塔气速，m/s；

ρ_V——气体密度，kg/m^3；

α，β——关联式常数，可从有关填料手册中查得。

b. 由填料压降曲线查得 规整填料压降曲线的横坐标通常以 F 因子表示，纵坐标以单位高度填料层压降 $\Delta p/Z$ 表示，常见规整填料的 F-$\Delta p/Z$ 曲线可从有关填料手册中查得。

4.6 填料塔的辅助构件

4.6.1 塔内件的类型

填料塔的内件主要有填料支承装置、液体分布装置、液体收集再分布装置等。合理地选择和设计塔内件，对保证填料塔的正常操作及优良的传质性能十分重要。

(1) 填料支撑装置

填料支撑装置的作用是支撑塔内的填料。常用的填料支撑装置有如图4-13所示的栅板型、孔管型、驼峰型等。对于散装填料，通常选用孔管型、驼峰型支撑装置；对于规整填料，通常选用栅板型支撑装置。设计中，为防止在填料支撑装置处压降过大甚至发生液泛，要求填料支撑装置的自由截面积应大于75%。

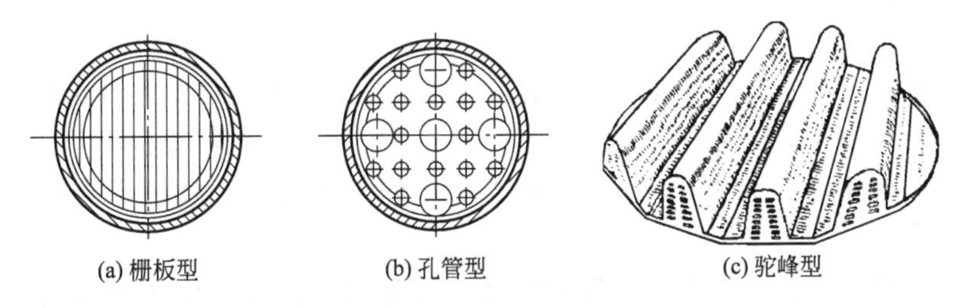

图4-13 填料支撑板结构

(2) 填料压紧装置

为防止在上升气流的作用下填料床层发生松动或跳动，需在填料层上方设置填料压紧装置。填料压紧装置有压紧栅板、压紧网板、金属压紧器等类型，如图4-14所示。对于散装填料，可选用压紧网板，也可选用压紧栅板，在其下方，根据填料的规格敷设一层金属网，并将其与压紧栅板固定；对于规整填料，通常选用压紧栅板。设计中，为防止在填料压紧装置处压降过大甚至发生液泛，要求填料压紧装置的自由截面积应大于75%。

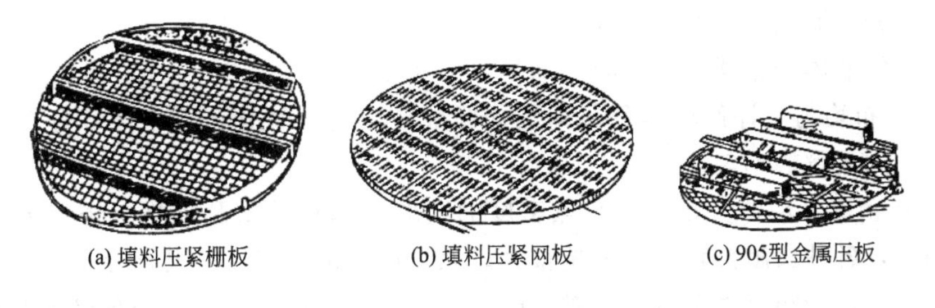

图4-14 填料压紧装置

为了便于安装和检修，填料压紧装置不能与塔壁采用连续固定方式，对于小塔可用螺钉固定于塔壁，而大塔则用支耳固定。

(3) 液体分布装置

液体分布装置的种类多样，有喷头式、盘式、管式、槽式及槽盘式等。工业应用以管式、槽式及槽盘式为主。

管式分布器有不同结构形式的开孔管制成。其突出的特点是结构简单，供气体流过的自由截面大，阻力小。但小孔易堵塞，操作弹性一般较小。管式液体分布器多用于中等以下液体负荷的填料塔中。在减压精馏及丝网波纹填料塔中，由于液体负荷较小，设计中通常用管式液体分布器。

槽式液体分布器是由分流槽（又称主槽或一级槽）、分布槽（又称副槽或二级槽）构成的。一级槽通过槽底开孔将液体初分成若干流股，分别加入其下方的液体分布槽。分布槽的槽底（或槽壁）上设有孔道（或导管），将液体均匀分布于填料层上。槽式液体分布器具有较大的操作弹性和极好的抗污堵性，特别适用于大气液负荷及含有固体悬浮物、黏度大的液体的分离场合，应用范围非常广泛。

槽盘式分布器是近年来开发的新型液体分布器，它兼有集液、分液及分气三种作用，结构紧凑，气液分布均匀，阻力较小，操作弹性高达 10：1，适用于各种液体喷淋量。近年来应用非常广泛，在设计中建议优先选用。

(4) 液体收集及再分布装置

为减小壁流现象，当填料层较高时需进行分段，故需设置液体收集及再分布装置。

最简单的液体再分布装置为截锥式再分布器。截锥式再分布器结构简单，安装方便，但它只起到将壁流向中心汇集的作用，无液体再分布的功能，一般用于直径小于 0.6m 的塔中。

在通常情况下，一般将液体收集器及液体分布器同时使用，构成液体收集及再分布装置。液体收集器的作用是将上层填料流下的液体收集，然后送至液体分布器进行液体再分布。常用的液体收集器为斜板式液体收集器。

槽盘式液体分布器兼有集液和分液的功能，故槽盘式液体分布器是优良的液体收集及再分布装置。

4.6.2 塔内件的设计

填料塔操作性能的好坏、传质效率的高低在很大程度上与塔内件的设计有关。在塔内件设计中，最关键的是液体分布器的设计，现对液体分布器的设计进行简要介绍。

(1) 液体分布器设计的基本要求

性能优良的液体分布器设计时必须满足以下几点。

① 液体分布均匀　评价液体分布均匀的标准是：足够的分布点密度；分布点的几何均匀性；降液点间流量的均匀性。

a. 分布点密度　液体分布器分布点密度的选取与填料类型及规格、塔径大小、操作条件等密切相关，各种文献推荐值也相差很大。大致规律是：塔径越大，分布点密度越小；液体喷淋密度越小，分布点密度越大。对于散装填料，填料尺寸越大，分布点密度越小；对于规整填料，比表面积越大，分布点密度越大。表 4-15、表 4-16 分别列出了散装填料塔和规整填料塔的分布密度推荐值，可供设计时参考。

表 4-15　Eckert 的散装填料塔分布点密度推荐值

塔径/mm	分布点密度/(点/m^2截面积)
$D=400$	330
$D=750$	170
$D\geqslant 1200$	42

表 4-16　苏尔寿公司的规整填料塔分布点密度推荐值

填料类型	分布点密度/(点/m^2塔截面)
250Y 孔板波纹填料	≥100
500(BX)丝波纹填料	≥200
750(CY)丝波纹填料	≥300

b. 分布点的几何均匀性　分布点在塔截面上的几何均匀分布是较分布点密度更重要的问题。设计中，一般需通过反复计算和绘图排列，进行比较，选择较佳方案。分布点的排列可采用正方形、正三角形等不同方式。

c. 降液点间流量的均匀性　为保证各分布点的流量均匀，需要分布器总体的合理设计，精细的制作和正确的安装。高性能的液体分布器，要求各分布点与平均流量的偏差小于 6%。

② 操作弹性大　液体分布器的操作弹性是指液体的最大负荷与最小负荷之比。设计中，一般要求液体分布器的操作弹性为 2～4，对于液体负荷变化很大的工艺过程，有时要求操作弹性达到 10 以上，此时分布器必须特殊设计。

③ 自由截面积大　液体分布器的自由截面积是指气体通道占塔截面积的比值。根据设计经验，性能优良的液体分布器，其自由截面积为 50%～70%。设计中，自由截面积最小应在 35%以上。

④ 其他　液体分布器应结构紧凑、占用空间小、制造容易、调整和维修方便。

(2) 液体分布器布液能力的计算

液体分布器布液能力的计算是液体分布器设计的重要内容。设计时，按其布液作用原理不同和具体结构特性，选用不同的公式计算。

① 重力型液体分布器布液能力计算　重力型液体分布器有多孔型和溢流型两种形式，工业上以多孔型应用为主，其布液工作的动力为开孔上方的液位高度。多孔型分布器布液能力的计算公式为：

$$L_s=\frac{\pi}{4}d_0^2 n\varphi\sqrt{2g\Delta H} \tag{4-48}$$

式中　L_s——液体流量，m^3/s；

n——开孔数目（分布点数目）；

φ——孔流系数，通常取 $\varphi=0.55\sim0.60$；

d_0——孔径，m；

ΔH——开孔上方的液位高度，m。

② 压力型液体分布器布液能力计算　压力型液体分布器布液工作的动力为压力差（或压降），其布液能力的计算公式为：

$$L_s=\frac{\pi}{4}d_0^2 n\varphi\sqrt{2g\left(\frac{\Delta p}{\rho_L g}\right)} \tag{4-49}$$

式中　φ——孔流系数，通常取 $\varphi=0.60\sim0.65$；

Δp——分布器的工作压力差（或压降），Pa。

设计中，液体流量 L_s为已知，给定开孔上方的液位高度 ΔH（或已知分布器的工作压力差 Δp），依据分布器布液能力计算公式，可设定开孔数目 n，计算孔径 d_0；也可设定孔

径 d_0，计算开孔数目 n。

4.7 填料塔的辅助装置

塔的辅助装置是指同塔有关的附属装置，如裙座、人孔、手孔、视镜、吊柱、吊耳、塔箍以及操作平台、梯子等。

4.7.1 裙座

裙座的结构形式有圆筒形和圆锥形两种，如图 4-15 所示。圆筒形裙座制造方便，经济上更合理；圆锥形裙座可提高设备的稳定性，降低基础环支撑面上的应力，因此常在细高的塔中应用。圆锥形裙座的半锥顶角一般不大于 10°。

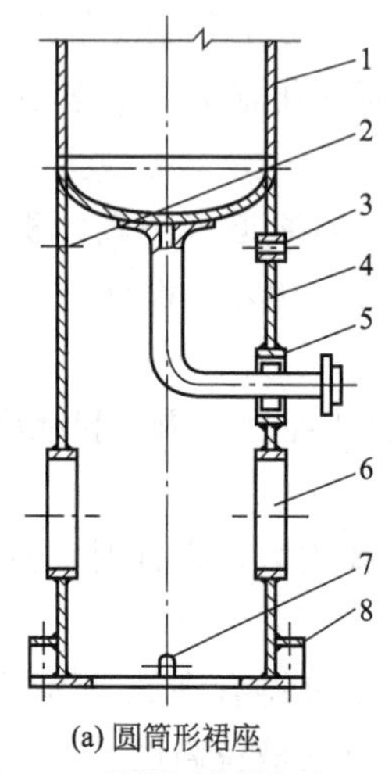

(a) 圆筒形裙座

1—塔体；2—无保温时的排气孔；3—有保温时的排气孔；4—裙座体；5—引出管通道；6—人孔；7—排液孔；8—螺栓座

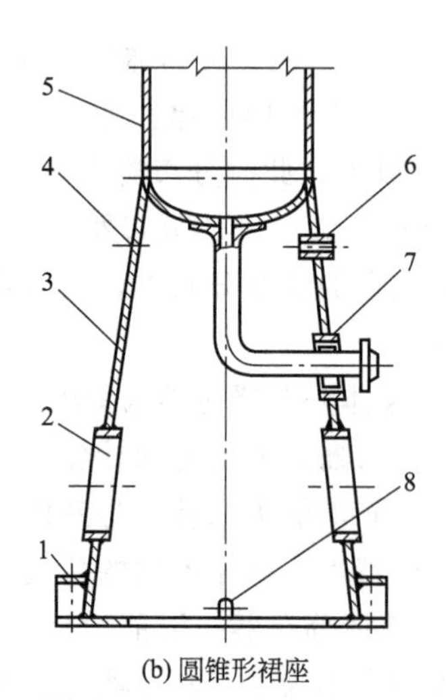

(b) 圆锥形裙座

1—螺栓座；2—人孔；3—裙座体；4—无保温时的排气孔；5—塔体；6—有保温时的排气孔；7—引出管通道；8—排液孔

图 4-15 裙式支座

4.7.2 人孔与手孔

压力容器开设手孔和人孔是为了检查设备的内部空间以及安装和拆卸设备的内部构件。

手孔直径一般为 150～250mm，标准手孔公称直径有 $DN150$ 和 $DN250$ 两种。手孔的机构一般是在容器上接一短管，并在其上盖一盲板。图 4-16 所示为常压手孔。

当设备的直径超过 900mm 时，不仅需要开手孔，还应开设人孔。人孔的形状有圆形和椭圆形两种。圆形人孔的直径一般为 400～600mm，当容器压力不高或有特殊需要时，直径可以大一些。椭圆形人孔的最小尺寸为 400mm×300mm。

人孔主要由筒节、法兰、盖板和手柄组成。一般人孔有两个手柄，手孔有一个手柄。容器在使用过程中，当人孔需要经常打开时，可选择快开式结构的人孔。图 4-17 所示是一种回转盖快开人孔的结构图。手孔和人孔已有标准，设计时可根据设备的公称压力、工作温度以及所用材料等按标准直接选用。

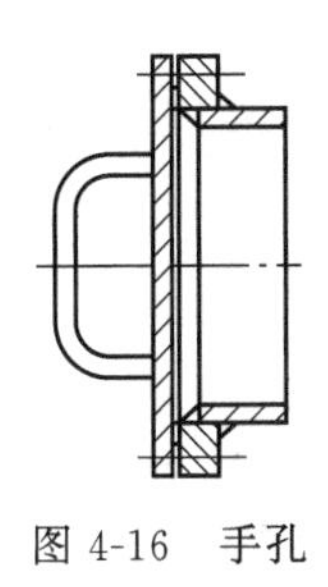

图 4-16　手孔

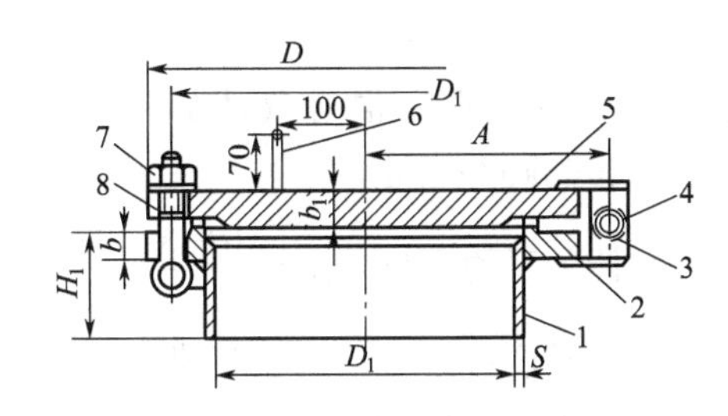

图 4-17　回转盖快开人孔

1—人孔接管；2—法兰；3—回转盖连接板；4—销钉；
5—人孔盘；6—手柄；7—可回转的连接螺栓；8—密封垫片

吊柱、吊耳、塔箍及操作平台、梯子等均系机械装置，其设计涉及强度计算、加工制造和安装检修等方面的知识，主要由机械设计人员来完成，这里不做叙述。这些部件都已建立标准，应用时可查取有关标准。

4.8　填料塔设计示例

【设计任务】

试设计一座填料塔吸收装置，用于脱除混于空气中的氨气。混合气体的处理量为 $4.5\times10^4 m^3/h$，其中含氨为 5.4%（体积分数），要求塔顶排放气体中含氨低于 0.02%（体积分数）。

【设计条件】

① 操作压力　常压。

② 操作温度　20℃。

③ 工作日　　每年 300d，每天 24h 连续工作。

【设计计算】

(1) 设计方案的确定

因氨在水中的溶解度大，且水的理化性质稳定，挥发性小，黏度小，对溶质的选择性好，又廉价易得，符合吸收过程对吸收剂的选择要求，故本方案选择水作为吸收剂。因氨气不作为产品，故采用纯溶剂。为提高传质效率，选用逆流吸收流程。

(2) 填料的选择

对于水吸收氨的过程，操作温度及操作压力较低，工业上通常选用散装填料。本次选用塑料阶梯环填料。

(3) 基础物性数据

① 液相物性数据　对低浓度吸收过程，溶液的物性数据可近似取纯水的物性数据。由《化工工艺设计手册》查得 20℃水的有关物性数据如下：

密度：$\rho_L=998.2kg/m^3$

黏度：$\mu_L=0.001Pa\cdot s=3.6kg/(m\cdot h)$

表面张力：$\sigma_z=72.6dyn/cm=940896kg/h^2$

20℃时　NH_3：$H=0.725kmol/(m^3\cdot kPa)$

20℃时　NH_3：$D_L=7.34\times10^{-6}m^2/h$

20℃时　NH_3：$D_V=0.225m^2/h$

② 气相物性数据　混合气体的平均摩尔质量为：$M=5.4\%\times17.03+(1-5.4\%)\times28.95=28.3063kg/kmol$

混合气体的平均密度：$\rho=\frac{101.3\times28.3063}{8.314\times293.15}=1.177kg/m^3$

混合气体黏度可近似取为空气黏度。查手册得 20℃时，空气的黏度：

$$\mu_V=1.73\times10^{-5}Pa\cdot s=6.228\times10^{-2}kg/(m\cdot h)$$

(4) 物料衡算

进塔气相摩尔比为：$Y_1=\frac{y_1}{1-y_1}=\frac{5.4\%}{1-5.4\%}=0.05708$

出塔气相摩尔比为：$Y_2=\frac{y_2}{1-y_2}=\frac{0.02\%}{1-0.02\%}=0.0002$

进塔惰性气体流量：$V_2=\frac{V_1T_2}{T_1}=1770.72kmol/h$

该吸收过程为低浓度吸收，平衡关系为直线，且进塔液相组成 $X_2=0$，由式 (4-8) 得，最小液气比：

$$\left(\frac{L}{V}\right)_{min}=\frac{Y_1-Y_2}{\frac{Y_1}{m}}=0.7506$$

根据生产实践经验，一般取吸收剂用量为最小用量的 1.1～2.0 倍是较合适的，由式 (4-9) 得操作液气比为：

$$\left(\frac{L}{V}\right)=1.6\left(\frac{L}{V}\right)_{min}=1.201$$

吸收剂的用量为：

$$L=V\times1.20096=1770.72\times1.20096=2126.57kmol/h$$

$$W_L=L\times18=38278.22kg/h;\ W_V=52969.5kg/h;\ X_1=0.0509$$

(5) 工艺尺寸的计算

① 塔径的计算

a. 空塔气速的确定——泛点气速法　对于散装填料，其泛点率的经验值 $u/u_F=0.5\sim0.85$

贝恩 (Bain)-霍根 (Hougen) 关联式：

$$\lg\frac{u_F^2}{g}\times\frac{a}{\varepsilon^3}\times\frac{\rho_V}{\rho_L}\mu_L^{0.2}=A-K\left(\frac{L}{V}\right)^{1/4}\left(\frac{\rho_V}{\rho_L}\right)^{1/8}$$

$$=0.204-1.75\times\left(\frac{38278.22}{52969.5}\right)^{1/4}\times\left(\frac{1.1771}{998.2}\right)^{1/8}$$

$$u_F=4.33m/s$$

取 $u/u_F=0.8$，$u=3.464m/s$

b. 计算塔径 $D=\sqrt{\frac{4V_s}{\pi u}}=2.14m$

圆整塔径后取 $D=2.2m$

ⅰ. 泛点速率校核：

$$u=\frac{45000}{0.785\times2.2^2\times3600}=3.29\text{m/s}$$

$u/u_F=3.29/4.33=0.76$，则 u/u_F在允许范围内。

ⅱ. 根据填料规格校核　$D/d=2200/50=44>8$，符合。

ⅲ. 液体喷淋密度的校核　对于直径不超过 75mm 的散装填料，可取最小润湿速率 $(L_w)_{min}$为 $0.08\text{m}^3/(\text{m}\cdot\text{h})$。

$$U_{min}=(L_w)_{min}a_t=9.136\text{m}^3/(\text{m}^2\cdot\text{h})$$

$$U=\frac{L_h}{0.785D^2}=10.09\text{m}^3/(\text{m}^2\cdot\text{h})>9.136\text{m}^3/(\text{m}^2\cdot\text{h})$$

经过以上校验，填料塔直径设计为 $D=2200\text{mm}$ 合理。

② 传质单元数的计算　用对数平均推动力法求传质单元数。

吸收塔的平均推动力为：

$$\Delta Y_m=\frac{\Delta Y_1-\Delta Y_2}{\ln\dfrac{\Delta Y_1}{\Delta Y_2}}=\frac{(Y_1-mx_1)-(Y_2-mx_2)}{\ln\dfrac{Y_1-mx_1}{Y_2-mx_2}}$$

$$=\frac{(0.05708-0.03833)-(0.0002-0)}{\ln\dfrac{0.05708-0.03833}{0.0002-0}}=0.004086$$

由式（4-19）得，$N_{OG}=\dfrac{Y_1-Y_2}{\Delta Y_1-\Delta Y_2}\ln\dfrac{\Delta Y_1}{\Delta Y_2}=\dfrac{Y_1-Y_2}{\Delta Y_m}=13.92$

气相总传质单元高度采用修正的恩田关联式（4-24）计算，得

$$\frac{a_w}{a_t}=1-\exp\left\{-1.45\left(\frac{\sigma_c}{\sigma}\right)^{0.75}\left(\frac{L_G}{a_t\mu_L}\right)^{0.1}\left(\frac{L_G^2a_t}{\rho_L^2g}\right)^{-0.05}\left(\frac{L_G^2}{\rho_L\sigma a_t}\right)^{0.2}\right\}$$

$$=0.356$$

液体质量通量为：$u_L=\dfrac{W_L}{\dfrac{\pi}{4}D^2}=\dfrac{38278.22}{0.784\times2.2^2}=10074.81\text{kg}/(\text{m}^2\cdot\text{h})$

气体质量通量为：$u_V=\dfrac{W_V}{\dfrac{\pi}{4}D^2}=\dfrac{52969.5}{0.784\times2.2^2}=13959.33\text{kg}/(\text{m}^2\cdot\text{h})$

由式（4-26）得气膜吸收系数：$k_G=0.1245\text{kmol}/(\text{m}^2\cdot\text{h}\cdot\text{kPa})$

由式（4-25）得液膜吸收系数：$k_L=0.5273\text{m/h}$

$$k_La=23.35/\text{h},\ k_Ga=8.44\text{kmol}/(\text{m}^3\cdot\text{h}\cdot\text{kPa})$$

因 $u/u_F=0.76$，需要用公式（4-33）和式（4-34）进行矫正：

$$k'_Ga=\left[1+9.5\left(\frac{u}{u_F}-0.5\right)^{1.4}\right]k_Ga=19.95\text{kmol}/(\text{m}^3\cdot\text{h}\cdot\text{kPa})$$

$$k'_La=\left[1+2.6\left(\frac{u}{u_F}-0.5\right)^{2.2}\right]k_La=26.23\text{kmol}/(\text{m}^3\cdot\text{h}\cdot\text{kPa})$$

$$K_Ga=\frac{1}{\dfrac{1}{k'_Ga}+\dfrac{1}{Hk'_La}}=9.71\text{kmol}/(\text{m}^3\cdot\text{h}\cdot\text{kPa})$$

由式（4-31）得
$$H_{OG}=\frac{V}{K_Y a\Omega}=0.474\text{m}$$
$$Z=H_{OG}N_{OG}=6.60\text{m}$$

采用上述方法计算出填料层高度后，还应留出一定的安全系数。由式（4-37）取 $Z'=1.2Z$

即 $Z'=1.2\times6.60=7.92\text{m}$

设计取填料层高度为：$Z=8\text{m}$

查表 4-9 对于阶梯环填料，$h/D=8\sim15$，$h_{max}\leqslant6\text{m}$

取 $h/D=8$，则 $h=8\times2.2=17.6\text{m}$

故填料层可分 2 段。

③ 填料层压降的计算　查图 4-11 Eckert（通用压降关联图）得，$\Delta p/\Delta Z=981\text{Pa/m}$

则全塔填料层压降　$\Delta p=\Delta Z\times981=8\times981=7848\text{Pa}$

（6）辅助设备的计算及选型

① 液体分布器简要设计与选型

a. 液体分布器的选型　该吸收塔液相负荷较大，且塔径为 2200mm＞1000mm。槽式液体分布器具有较大的操作弹性和极好的抗污堵性，特别适用于大气液负荷及含有固体悬浮物、黏度大的液体的分离场合，应用范围非常广泛，故选用槽式分布器。

喷淋槽外径为 20mm，数量为 6 根，中心距为 300mm。分配槽数量为 2 根，即双槽式，中心距为 850mm。

b. 分布点密度计算　按 Eckert 建议值，$D\geqslant1200\text{mm}$ 时，喷淋点密度为 42 点/m^2。

布液点数为：$n=0.785\times2.2^2\times42=160$ 点

按分布点集合均匀与流量均匀的原则，进行布点设计。

② 填料支撑设备　填料支撑装置用于支撑塔填料及其所持有的气体、液体的质量，同时起着气液流道及气体均布作用。本次设计塔径较大，宜选用梁型气体喷射式支撑板。

查《化工工艺设计手册》得，塔径 2200mm，选支撑板外径 2160mm，支撑板分块数 7，支撑圈宽度 50mm，支撑圈厚度 14mm。支撑板特性：自由截面 105%，采用不锈钢，支撑板允许载荷 107070N。

③ 填料压紧装置　本次设计的填料塔采用压紧网板，设置自由截面积为 85%，采用支耳固定。

④ 除沫器　本次设计中采用材质为金属的丝网除沫器。

通过除沫器的气速为 2.9m/s，除沫器直径为 2300mm，除沫器高度为 125mm。

⑤ 封头　查《化工工艺设计手册》得，一般工业上 2200mm 的塔径的封头规格为曲面高度 550mm，直边高度 40mm，内表面积为 5.5m^2，容积为 1.54m^3，本次设计选用壁厚为 18mm。

⑥ 离心泵及风机的选型

a. 离心泵的计算及选择

流量计算：
$$L=2126.57\text{kmol/h}=\frac{2126.57\times18}{998.2}=38.34\text{m}^3/\text{h}$$

压头计算：$H=h_0+\dfrac{\Delta p}{\rho g}+\dfrac{\Delta u^2}{2g}+h_{fx}$

取 $h_0=12\text{m}$，$\Delta u^2\approx0$，$h_{fx}\approx0$。填料层压降为 7848Pa

$$H=h_0+\frac{\Delta p}{\rho g}=13.80\text{m}$$

由流量和扬程选择 IS 80-65-125 型离心泵。

泵的有效功率计算 $N_e=HL\rho g=1.439\text{kW}$

泵的轴功率核算：$N=\frac{N_e}{\eta}=1.92\text{kW}<3.63\text{kW}$

b. 风机的计算及选型

$$p_t=\Delta p+\frac{\rho_v u^2}{2}=8.22\text{kPa}$$

风量：$Q=45000\times\frac{273}{293}=41928\text{m}^3/\text{h}$

选择电动机型号为 Y355M2-4，机号为 14 的风机。

⑦ 人孔的选择　根据 HG 20652—1998 和 HG/T 21515—2014。塔器直径大于 1600mm 小于 3000mm 的常压人孔直径应为 500mm。

⑧ 法兰的选择　选用乙型平焊法兰。

（7）塔高的计算

填料层高 8m，槽式液体分布器高于填料层 1m，塔底空间高度为 2m，塔顶空间取 1m，（装了除雾沫器，可以相对低一些），液体再分布器、压紧装置、填料支撑结构的安装空间初步设计为 1m，则塔总高为 13m 左右。

（8）设计结果一览表

序号	项目	数值	序号	项目	数值
1	混合气摩尔流率/(kg/kmol)	28.3063	10	塔径/m	2.2
2	混合气平均密度/(kg/m^3)	1.177	11	全塔填料层压降/Pa	7848
3	混合气黏度/[kg/(m·h)]	6.228×10^{-2}	12	气相浓度对数平均值	0.004086
4	液相密度/(kg/m^3)	998.2	13	传质单元数	13.92
5	液相黏度/[kg/(m·h)]	3.6	14	实际气速/(m/s)	3.464
6	液相表面张力/(kg/h^2)	940896	15	气相传质单元高度/m	0.474
7	泛点气速/(m/s)	4.33	16	填料层高度/m	8
9	泛点率	0.8			

4.9　填料塔的设计任务书示例

4.9.1　吸收 SO_2过程填料塔的设计

（1）设计任务

用清水洗涤以除去混于空气中的 SO_2。混合气入塔流量为 2000m^3/h，其中 SO_2的摩尔分数为 0.06，要求 SO_2的吸收率为 96%。因该过程液气比很大，吸收温度基本不变，可近似取为清水的温度。

（2）设计条件

① 操作压力　常压。

② 操作温度　25℃。

③ 填料类型　选用聚丙烯阶梯环填料，填料规格自选。

④ 工作日　每年300天，每天24h连续运行。

⑤ 厂址　武汉地区。

(3) 设计内容

① 确定吸收流程；

② 物料衡算，确定塔顶、塔底的气液流量和组成；

③ 选择填料，计算塔径、填料层高度、填料的分层、塔高的确定；

④ 流体力学特性的校核，包括液气速度的求取，喷淋密度的校核，填料层压降 Δp 的计算；

⑤ 附属装置的选择与确定，包括液体喷淋装置、液体再分布器、气体进出口及液体进出口装置、栅板；

⑥ 绘制生产工艺流程图；

⑦ 绘制吸收塔工艺条件图；

⑧ 对设计过程的评述和有关问题的讨论。

4.9.2 水吸收氨过程填料塔设计

(1) 设计任务

试设计一填料吸收塔，用清水吸收空气和氨混合气体中的氨，要求氨的回收率为99.5%。

(2) 设计条件

① 氨的含量　5.65%、4.5%（体积分数）；

② 混合气体流量　$3000m^3/h$、$4000m^3/h$；

③ 操作压力　常压；

④ 操作温度　25℃；

⑤ 工作日　每年300天，每天24h连续运行；

⑥ 厂址　武汉地区。

(3) 设计内容

① 确定吸收流程；

② 物料衡算，确定塔顶、塔底的气液流量和组成；

③ 选择填料，计算塔径、填料层高度、填料的分层、塔高的确定；

④ 流体力学特性的校核，包括液气速度的求取，喷淋密度的校核，填料层压降 Δp 的计算；

⑤ 附属装置的选择与确定，包括液体喷淋装置、液体再分布器、气体进出口及液体进出口装置、栅板；

⑥ 绘制生产工艺流程图；

⑦ 绘制吸收塔工艺条件图；

⑧ 对设计过程的评述和有关问题的讨论。

管壳式换热器的设计

【导入案例】

热交换是自然界的一种普遍现象，间壁式强制对流换热是其中的一种方式，该热交换方式应用广泛。管壳式换热器为间壁式强制对流换热提供了场所。

在生产生活中，管壳式换热器的作用是使热量由高温流体传递给低温流体，以满足生产或生活的需要。管壳式换热器是炼油、化工、轻工、动力等工业部门广泛使用的一种通用设备。其结构简图如图5-1所示，主要由壳体、管束、管板、折流挡板和封头等组成。一种流体在管内流动，其行程称为管程；另一种流体在管外流动，其行程称为壳程。管束的壁面即为传热面。

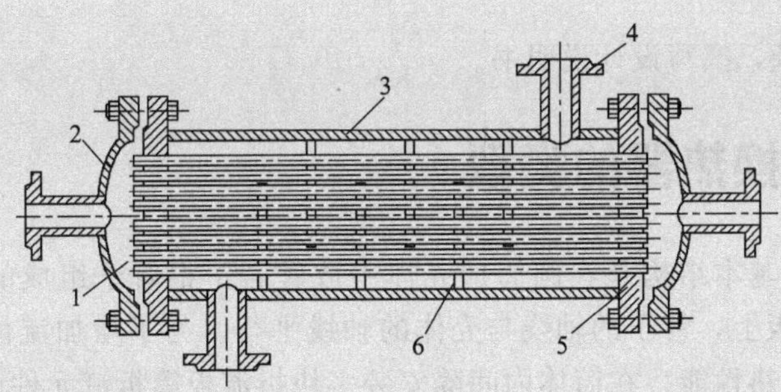

图 5-1　管壳式换热器

1—管子；2—封头；3—壳体；4—接管；5—管板；6—折流板

人们在管壳式换热器设计和加工制造方面积累了许多宝贵的经验，并已形成了相关标准以备参考。

近年来，随着传热强化技术和现代化研究手段的发展，设计研究人员开发了众多新型换热器，以满足生产生活的需要。如为了适应日益高度集成化的电子电路散热的需要，开发了各种结构形式的微尺度换热器；为了回收合成气、烟气所产生的大量余热，开发了各种结构和用途的废热锅炉；为了适应设备大型化所带来的换热器尺度增大、振动破坏等问题，纵流壳程换热器获得了飞速的发展和应用。另外，各种新结构高效换热器、高效重沸器、高效冷凝器、双壳程换热器等也大量涌现。

那么，管壳式换热器是如何设计出来的呢？主要包括：估算传热面积，初选换热器型号；计算管、壳程压降；核算总传热系数；图纸的绘制和设计说明书的编写等一系列的过程。

5.1 概述

换热设备是化工、石油、制药及其他工业部门常用的设备。换热设备可以作为加热器、冷却器、冷凝器、再沸器等。换热器的类型很多，按照其结构形式可分为管壳式、板壳式、板翅式、螺旋板式、夹套式、蛇管式、套管式等。不同结构形式的换热器适用场所不同，性能各异。需要充分了解各种结构形式换热器的特点，以便根据使用要求进行适当选型，同时需要计算完成给定生产任务所需要的传热面积，并由此确定换热器的工艺尺寸。

管壳式换热器是目前应用最广泛的一种换热器，它结构简单、适应性强、制造容易。管壳式换热器设计资料和经验数据比较完善，目前在许多国家已有系列化标准可以遵循。在工程设计中，应当尽量采用标准化系列，但在选用标准化系列产品之前，必须根据工艺要求进行必要的设计计算，以确定所需要的传热面积和设备结构，才能够有依据地选用。甚至，有些时候，标准化系列产品不能满足生产工艺的特别要求，必须自己进行设备的结构设计。因此，除了要求学生进行基本的工艺设计计算以外，还应当要求学生掌握设备的结构原理，达到学以致用的目的。

换热器的设计步骤可分为以下几方面。

① 根据生产工艺要求，选择适当结构类型的换热器。

② 确定设计方案。

③ 进行工艺计算。

④ 结构设计。

⑤ 强度校核。

⑥ 绘制设备图纸，撰写设计说明书。

5.2 管壳式换热器的类型

管壳式换热器的基本结构是在圆筒形壳体中放置若干根管子组成的管束，管子的两端（或一端）固定在管板上，管子的轴线与壳体的轴线平行。为了增加流体在管外空间的流速并支撑管子，改善传热性能，在筒体内间隔安装多块折流板等折流元件。换热器的壳体上和两侧的端盖上（偶数管程在一侧）装有流体的进出口接管，必要时装设检查孔、测量仪表、排液及排气用的接口管等。

管壳式换热器的种类很多，其结构类型主要依据管程与壳程流体的温度差来确定。处于管程与壳程进行冷热交换的两种流体，势必引起管程与壳程热膨胀程度的不同，若温差过大，往往造成管束弯曲甚至管子脱落，所以必须考虑热膨胀带来的负面影响。根据热补偿方式的不同，管壳式换热器可分为以下几种。

5.2.1 固定管板式换热器

该类型的换热器结构紧凑，可以承受较高的压力，造价便宜，不便于机械清洗。此种换热器管束连接在管板上，管板与壳体焊接。为了强化传热效果，往往在壳侧间隔设置若干垂直于管束的折流挡板，迫使壳侧流体反复冲刷管束，提高换热效率。当管束与壳体壁面温差较大时，壳体和管束中将产生较大的热应力，以致管束弯曲或从管板脱落，所以该结构类型的换热器适用于管壳两侧温差不大且物料清洁的场所。为了减少管壳两侧由于温差引起的热应力，通常在该类型换热器壳体中设置温差补偿元件（如膨胀节等），以便依靠膨胀节的弹性变形来减少温差带来的热应力。固定管板式换热器整体结构如图 5-2 所示。

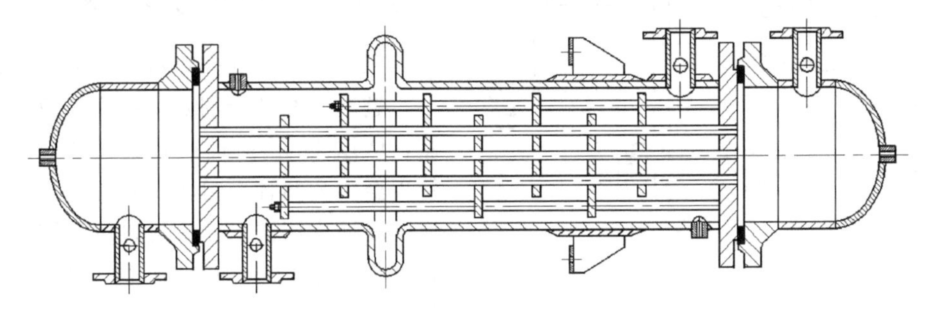

图 5-2　固定管板式换热器

5.2.2　浮头式换热器

该结构类型的换热器其中一块管板不与外壳连接，以便管子受热或冷却时可以沿管长方向浮动，以消除由温差引起的热应力，该端称为浮头。

浮头由浮头管板、钩圈和浮头端盖组成，是可拆连接，管束可从壳体内抽出，便于清洗。管束与壳体的热变形互不约束，因而不会产生热应力。

浮头式换热器的特点是管间和管内清洗方便，不会产生热应力；但其结构复杂，造价比固定管板式换热器高，设备笨重，材料消耗量大，且浮头端小盖在操作中无法检查，制造时对密封要求较高。适用于壳体和管束之间壁温差较大或壳程介质易结垢的场合。浮头式换热器整体结构如图 5-3 所示。

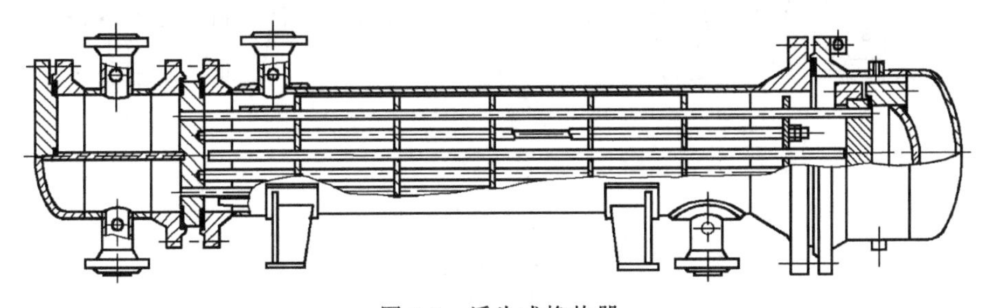

图 5-3　浮头式换热器

5.2.3　填料函式换热器

该类型换热器结构特点与浮头式换热器相类似，管束一端可以自由伸缩，不会因为温差产生热应力，浮头部分露在壳体以外，在浮头与壳体的滑动接触面处采用填料函式密封结构。

其结构比浮头式简单，造价比浮头式低，加工制造方便，节省材料，且管束可以从壳体内抽出，管内、管间都能进行清洗，维修方便。但壳体介质往往密封不严，所以壳侧不易处理有毒、易燃、易爆和易挥发的流体，另外使用温度也受填料的物性限制。应当根据管程及壳程的操作温度及操作压力来选择填料，往往采用聚四氟乙烯浸石棉填料、油浸石棉填料、柔性石墨填料和橡胶石棉填料等。

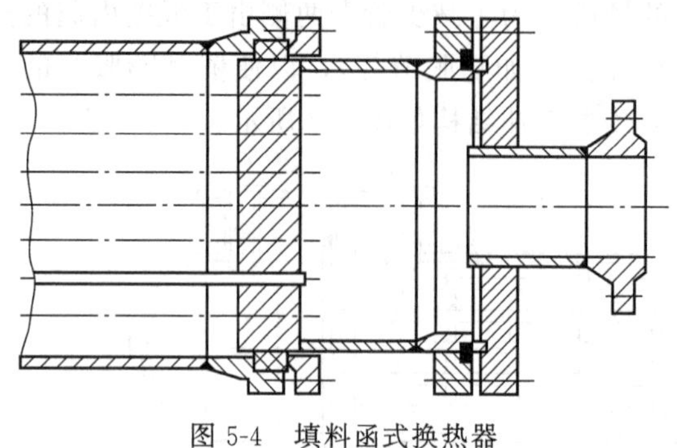
图 5-4 填料函式换热器

填料函式换热器的典型结构如图 5-4 所示。

5.2.4 U 形管式换热器

该结构类型的换热器每根换热管都呈 U 形，进出口两端分别安装在同一块管板的两侧，所以 U 形管式换热器只有一块管板。管程至少为两程，封头由隔板分成两室。管束可以抽出清洗，管束可以自由膨胀，且其膨胀与壳体无关。在结构上，U 形管式换热器比浮头式简单，承压能力强，但管束内壁不易清洗，适用于走清洁而不易结垢的高温、高压、腐蚀性大的物料。由于受弯管曲率半径的限制，其换热管排布较少，管板的利用率较低，壳程流体易形成短路，对传热不利。当管子泄漏损坏时，只有管束外围处的 U 形管才便于更换，内层换热管不易更换。

U 形管式换热的整体结构如图 5-5 所示。

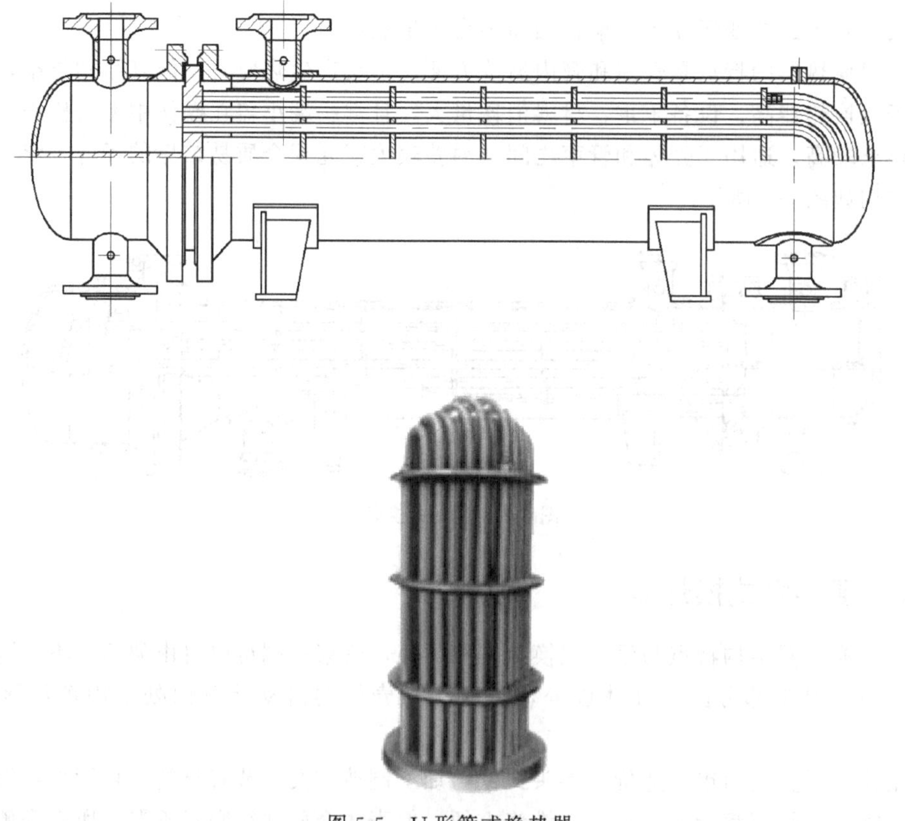
图 5-5 U 形管式换热器

5.2.5 双管板式换热器

双管板结构有利于防止一侧流体与另一侧流体混合。双管板换热器有两种类型，常规双管板和整体式双管板，如图 5-6 所示为常规双管板结构。常规的双管板，管板之间留有一定的间隙，或与大气直接相通，或加焊一块带有排气、排液口薄壁罩，或焊接一个带有排气、排液口的膨胀节。两个管板的材质要分别与壳程、管程的流体相容。

常规双管板换热器的结构已明显复杂于单管板换热器。在设计时，两管板间的距离选取要适当，以避免产生过大的弯曲应力和热应力。

整体型双管板一块厚度较大的单管板按管子的布局钻孔后开槽而成，整体型双管板结构钻孔时不会出现错孔的现象，安装管束比较方便，强度较好，但加工成本较高，且在防止管、壳程流体串流方面不及常规双管板。

对于该类型的换热器，其处于双管板之间的管束段不参与换热，浪费了管束的换热面积，加工困难，制造成本较高，适用于严禁管程、壳程混合的场所。

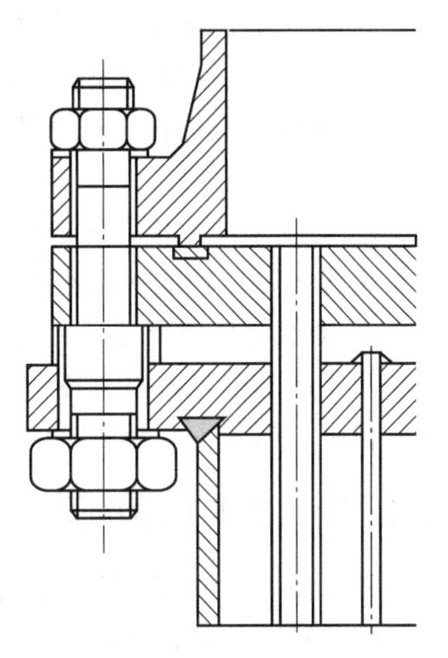

图 5-6　管板之间垫有圆环的双管板结构

5.3　设计方案的确定

确定设计方案的原则包括满足生产工艺要求的温度指标、操作安全可靠、结构形式尽可能简单、便于制造和维修、尽可能使操作费用与制造费用最小等。为此，需考虑以下几个方面的问题。

5.3.1　换热器结构类型的选择

管壳式换热器的结构种类很多，以上对其进行了简单的介绍。在选择换热器结构类型时，应当依据各类管壳式换热器的特性，结合操作过程所需注意的因素进行选型。需要考虑的操作因素包括：进行换热的冷热流体的腐蚀性、物料的清洗程度、管程及壳程的操作压力和操作温度及其他工艺条件、热负荷、检修要求等。

5.3.2　流程的选择

在管壳式换热器设计中，冷、热两种流体，哪种流体走管程，哪种流体走壳程，关系到设备使用是否合理，需要进行着重考虑。通常可考虑以下几方面作为选择流程的一般原则。

① 易结垢流体或不清洁流体应当选择易于清洗的一侧。具体来说，对于直管管束，上述物料应当选择流经管内，这样便于清洗。一般情况下，管内流速较壳侧流速要高，不利于污垢沉积。但是，对于 U 形管束，管内清洗不便，上述物料应当选择流经管外。

② 对于需要通过提高流速来增大传热膜系数的流体，通常应当选择流经管内，管内流速往往高于壳侧流速，也可以通过设计多管程来提高流速。

③ 具有较强腐蚀性的流体应当选择流经管内，这样可以避免腐蚀性流体腐蚀壳体，制造时仅需要管束、封头以及管板采用耐腐蚀性材料，节省制造成本。

④ 压力较高的流体应当选择流经管内，管子的承压能力往往比壳体的承压能力强，壳体不需要较高的耐压能力，同时也降低了对密封措施的要求。

⑤ 为了避免热量（或冷量）过多地散失于环境，高温流体（或低温流体）应当选择流经管内。若是为了更好地散热，可以选择高温流体流经管外。

⑥ 蒸汽通常选择流经壳程，以便于冷凝液及时排出，且其对流传热膜系数与其流速关系不大。

⑦ 黏度大的流体一般选择流经壳程，因为在壳程设置有若干折流挡板，迫使流体反复绕管束流动，在较低的流速下便可达到湍流状态，有利于提高壳侧的传热膜系数。

⑧ 毒性流体应当选择流经管程，以减少污染环境的机会。

需要指出的是，以上各个方面往往不能同时满足，有时候甚至相互矛盾，可以综合考虑具体情况，抓住主要矛盾，做出适宜的选择。

5.3.3 流体流速的选择

提高流体流速可以增大流体对流传热膜系数，同时降低污垢颗粒沉积于传热壁面的可能性，降低污垢热阻，使总传热系数增大，设备所需的总传热面积减小，降低设备投资费用。提高流体流速的同时，流体阻力降增大，操作过程中所需要的泵功增加，增大了操作费用。流体流速的选择应当使操作费用与投资费用最小。适宜的流速经济核算往往较为复杂，通常可参照工业生产中所积累的经验数据来选取流速。表 5-1～表 5-3 所列的流速数据，可供设计时选用参考。

表 5-1 管壳式换热器内常用的流速范围

流体种类	流速范围/(m/s)		流体种类	流速范围/(m/s)	
	管　程	壳　程		管　程	壳　程
循环水	1.0～2.0	0.5～1.5	高黏度油	0.5～1.5	0.3～0.8
新鲜水	0.8～1.5	0.5～1.5	易结垢液体	>1	>0.5
低黏度油	0.8～1.8	0.4～1.0	气体	5～30	3～15

表 5-2 不同黏度液体在管壳式换热器中的流速

液体黏度/mPa·s	最大流速/(m/s)	液体黏度/mPa·s	最大流速/(m/s)
>1500	0.6	35～1	1.8
1000～500	0.75	<1	2.4
500～100	1.1	烃类	3.0
100～35	1.5		

表 5-3 管壳式换热器内易燃、易爆液体容许的安全流速

液体种类	最大流速/(m/s)	液体种类	最大流速/(m/s)
乙醚、二硫化碳、苯	<1	丙酮	<10
甲醇、乙醇、汽油	<2～3		

5.3.4 加热介质或冷却介质的选择

加热介质或冷却介质通常情况下是由实际情况决定的，需要设计者酌情选择。在实际选择加热介质或冷却介质时，首先要满足工艺所要求的温度指标，其次再考虑使用安全方便、价格低廉、容易获得等因素。常用的加热介质有水蒸气、烟道气以及热水等。常有的冷却介质有水、空气以及其他低温介质。在实际的工业生产中，往往需要进行整个能量系统的集成，充分利用余热（或余冷量），使需要被加热的工艺流体与需要被冷却的工艺流体进行充分换热，以最大限度地进行能量回收。表 5-4 列出了工业上常用的加热介质和冷却介质。

表 5-4　工业上常用的加热介质和冷却介质

冷却介质		加热介质	
名称	温度范围	名称	温度范围
水（河水、井水、自来水）	0～80℃	氨蒸气	＜－15℃冷冻工业
空气	＞30℃	饱和水蒸气	＜180℃
盐水	－15～0℃低温冷却	烟道气	700～1000℃

5.3.5　流体出口温度的确定

对于被加热或被冷却的物料，其进出口温度一般情况下是指定的，而加热介质或冷却介质可以由设计者根据实际情况进行选用。加热介质或冷却介质的初温，通常情况下是由来源而定，而其出口温度往往由设计者自行选定。若加热介质或冷却介质的两端温差较大，可节约加热或冷却介质的用量，降低操作费用，此时往往伴随着所需的传热面积较大，设备投资费用增加。最理想的出口温度选定原则是使设备投资费用和操作费用最小。此外，还应当考虑其他因素，比如缺水地区可适当增大进出口温度差、应当尽可能避免污垢沉积的适宜温度等。

5.3.6　流体流动方式的选择

冷、热流体的流向有逆流、顺流、错流及折流之分。通常情况下，逆流的传热温差最大，若无其他特殊要求，常常采用逆流操作。但是，为了增大传热系数或使换热器的结构更加合理，冷、热流体还可做各种多管程多壳程的复杂流动。在流量和总管数、壳体一定的情况下，管程或壳程数越多，传热系数就越大，总的传热系数也就越大，对传热过程有利。但是，采用多管程或多壳程必然导致流体阻力损失增大，亦即输送流体的动力消耗增加。因此，在决定换热器的程数时，需要综合考虑传热、流体流速和流动输送两方面的得失。

5.3.7　材质的选择

换热器材质的选择往往依据换热器的操作温度、操作压力以及流体介质的腐蚀性等因素。通常情况下，满足操作温度和操作压力仅需要考虑设备的强度或刚度。但是，考虑材质的耐腐蚀性往往成为一个较为复杂的问题，若在该方面考虑不周，常会造成设备的寿命缩短或造价较高。

一般换热器的材质选择包括碳钢和不锈钢。碳钢价格较低，强度较高，但其耐腐蚀性较差，在无腐蚀产生的介质环境中使用是合理的。普通换热器常用的无缝钢管可选用 10 或 20 碳钢。而奥氏体系不锈钢有稳定的奥氏体组织，有较好的耐腐蚀性和冷加工性能。

5.4　工艺计算

目前，管壳式换热器已有系列化标准可以遵循。在工程设计中，应当尽量采用标准化系列，但在选用标准化系列产品之前，必须根据工艺要求进行必要的设计计算，以确定所需要的传热面积和设备结构，才能够有依据地选用。甚至，有些时候，标准化系列规格产品不能满足生产工艺的特别要求，必须自己进行设备的工艺计算及结构设计。

根据化工生产的要求，应当首先确定的工艺尺寸包括：管径、管长、管数、壳体直径、管程数、壳程数、挡板形式及挡板间距等。

5.4.1 工艺计算基本步骤

通常情况下，已知冷、热流体的处理量和它们的物性，其进出口温度、压力由工艺要求确定。对于换热器的设计要求达到合理的参数选择和结构设计、传热计算及压降计算的目的。

① 依据流体介质的腐蚀性和其他特殊要求确定材质，根据材质的加工性能、操作温度、压力等因素确定管壳式换热器的结构类型。

② 确定流体的流动方式（逆流、并流或其他形式），确定冷、热流体哪个走管程哪个走壳程。

【设计分析 14】冷热流体流动通道的选择。

冷、热流体流动通道的选择通常遵循如下原则：

a. 为了便于清洗，易结垢或不洁净的液体走管程；

b. 黏度大而流量小的流体一般走壳程，但是，对于多管程结构另当别论；

c. 被冷却的流体易走壳程，方便散热；

d. 压强高的流体易走管内；

e. 腐蚀性流体易走管内；

f. 饱和蒸汽易走壳程，便于冷凝液排出。

③ 由给出的工艺条件，计算热负荷 Q。如果已经给出冷、热流体全部进出口温度参数的，需要核算热流体放出热量是否与冷流体吸收热量相等，不相等的再重新核对数据，然后再计算。没有给出全部参数的情况，根据热流体放出热量与冷流体吸收热量相等的条件，计算出未知参数。对于冷、热流体均有：

$$Q=C_p m\Delta t \tag{5-1}$$

式中 C_p——定性温度为进出口平均温度的比热容，J/(kg·℃)；

m——流体质量流量，kg/s；

Δt——流体在传热过程中的温差，℃。

或考虑换热器对外界环境的散热损失 Q_c，则热流体放出的热量会大于冷流体所吸收的热量。一般情况下，工程上常用热损失系数 η_c 估算 Q_c，即：

$$Q_c=\eta_c Q \tag{5-2}$$

通常 η_c 取 0.02～0.03。

不管是否考虑热损失，在管壳式换热器的设计计算中，一般取管内流体放出或吸收的热量为热负荷 Q。

④ 根据生产经验或文献报道，估算总传热系数 K。依据估算的 K 值及平均传热温差可初步算出传热面积。平均传热温差、温差校正系数的计算详见下文。

⑤ 根据初步算出的传热面积的值和换热器系列标准，初选换热器型号及确定换热器的管子直径、长度及排列等主要结构参数。

⑥ 根据所选换热器形式，适当选定设计挡板结构或折流栅结构、挡板间距等，计算管、

壳程传热系数及压降，要求管、壳程压降在允许的压降范围之内，否则应重新设计或选取换热器结构。

【**设计分析 15**】如果压降不符合要求，可调整流速，再确定管程和折流挡板间距，或选择其他型号的换热器，重新计算压降直至满足要求为止。

⑦ 计算总传热系数 K、校核传热面积。根据流体的性质选择适当的垢层热阻 R，根据相关公式，计算换热器总传热系数 K。考虑到传热计算的准确程度及其他未可预料的因素，应使选用换热器的传热面积留有一定的裕度，可根据实际计算情况决定。如果未知因素较多，可由基本传热公式、$K_{计}$和热负荷 Q 计算出 $A_{计}$，与设计或选定的换热器所具有的传热面积 A 相比，原则上只要 $A/A_{计}>1$ 即可，可根据实际计算情况决定，通常取 $A/A_{计}=1.15\sim1.25$。否则需根据计算结果，重新估计 $K_{估}$，重复以上过程进行计算，最终达到设计要求。

5.4.2　传热基本方程

在正常状态下，传热系数 K 随温差变化不大时：

$$Q=KA\Delta t_{m} \tag{5-3}$$

式中　Q——换热器热负荷，W；

K——传热系数，W/(m^2 · ℃)；

A——传热面积，m^2；

Δt_{m}——平均传热温差，℃。

5.4.3　平均传热温差

(1) 并流或逆流

对于并流或逆流（如图 5-7 所示）的情况，Δt_{m}的计算式为：

$$\Delta t_{m}=\frac{\Delta t_2-\Delta t_1}{\ln\dfrac{\Delta t_2}{\Delta t_1}} \tag{5-4}$$

式中，Δt_1、Δt_2分别为换热器两个末端冷、热流体温度差。如图 5-7 所示情况的计算，图中 T、t 分别表示热流体、冷流体的温度，图 (a) 中 $\Delta t_1=(T_2-t_1)$，$\Delta t_2=(T_1-t_2)$；图 (b) 中 $\Delta t_1=(T_1-t_1)$，$\Delta t_2=(T_2-t_2)$。计算中，可取两端温度差中较大的一个作为 Δt_1。

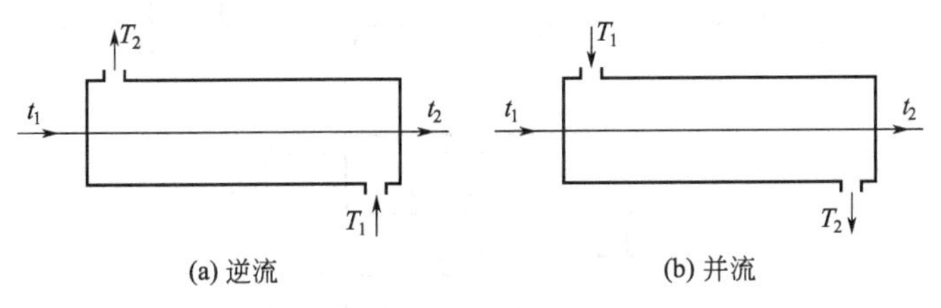

图 5-7　两种典型的流动方式

当 $\Delta t_1/\Delta t_2<2$ 时，对数平均温差可用算术平均温差代替。

【**设计分析 16**】并流时，冷流体被加热的温度只能低于热流体的最终温度，同样热流体被冷却时也只能高于冷流体的最终温度。在冷、热流体进出口温度相同的条件下，并流操作两端推动力相差较大，其对数平均值小于逆流操作。因而在工业设计中，在满足工艺条件的情况下，通常选用逆流。

（2）杂流和错流

杂流和错流的有效平均温度差，可由纯逆流对数平均温度差乘上一个温度差的修正系数 ψ 求得。即

$$\Delta t_{m} = \psi \Delta t_{m逆} \tag{5-5}$$

关于修正系数 ψ 的求取，可以用查图的方法，见图 5-8。

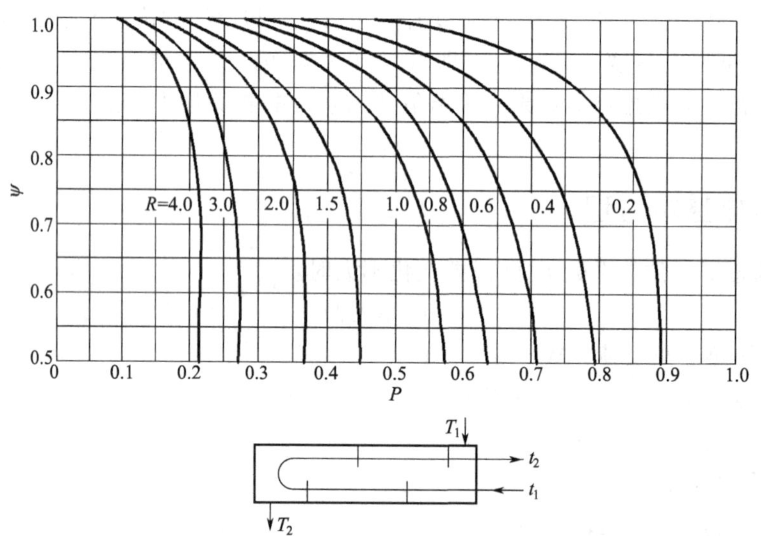

$P=\frac{t_2-t_1}{T_1-t_1}$；$R=\frac{T_1-T_2}{t_2-t_1}$（$t_1$、$t_2$为冷流体入、出口温度；$T_1$、$T_2$分别为热流体入、出口温度）

(a) 壳侧1程，管侧为2、4、6、8…程的ψ值

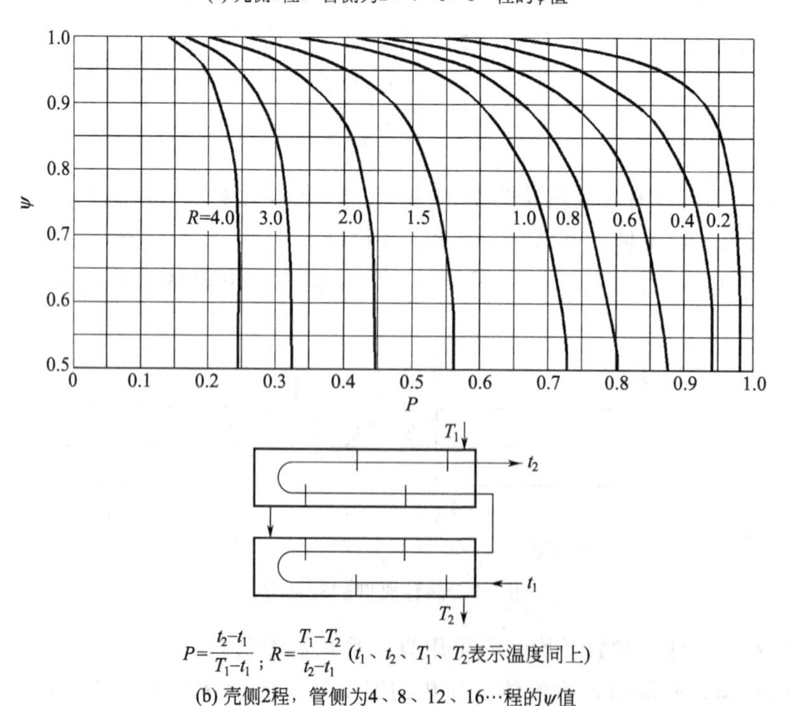

$P=\frac{t_2-t_1}{T_1-t_1}$；$R=\frac{T_1-T_2}{t_2-t_1}$（$t_1$、$t_2$、$T_1$、$T_2$表示温度同上）

(b) 壳侧2程，管侧为4、8、12、16…程的ψ值

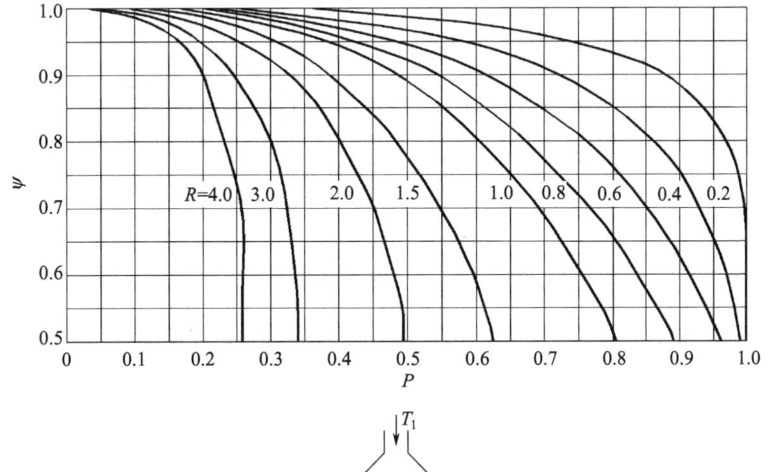

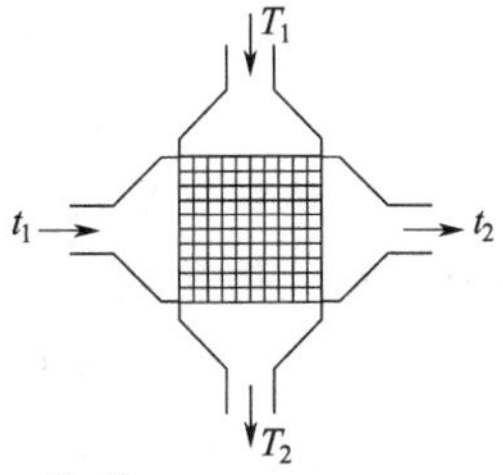

$P=\frac{t_2-t_1}{T_1-t_1}$；$R=\frac{T_1-T_2}{t_2-t_1}$ (t_1、t_2、T_1、T_2表示温度同上)

(c) 1次交叉流，两种流体各自都不混合时的ψ值

图 5-8　几种流动形式的 Δt_m 修正系数 ψ 值

在简单杂流的情况下，可用式（5-6）来计算 Δt_m 值，避免查图内插值的麻烦。

$$\Delta t_m=\frac{\sqrt{\Delta T^2+\Delta t^2}}{\ln\frac{\Delta t_1+\Delta t_2+\sqrt{\Delta T^2+\Delta t^2}}{\Delta t_1+\Delta t_2-\sqrt{\Delta T^2+\Delta t^2}}} \tag{5-6}$$

式中　Δt_1，Δt_2——端末温度差,℃，具有同样最初及最终温度的逆流情况计算；

ΔT——热流体温度差,℃；

Δt——冷热体温度差,℃。

对于如图 5-9 所示的多次杂流，即换热器管隙间有 n 程而管程数为偶数，可用式（5-7）求解：

$$\Delta t_m=\frac{\sqrt{\Delta T^2+\Delta t^2}}{n\ln\frac{\theta+\sqrt{\Delta T^2+\Delta t^2}}{\theta-\sqrt{\Delta T^2+\Delta t^2}}} \tag{5-7}$$

式中，$\theta=(\Delta t_1-\Delta t_2)\frac{\sqrt[n]{\Delta t_1}+\sqrt[n]{\Delta t_2}}{\sqrt[n]{\Delta t_1}-\sqrt[n]{\Delta t_2}}$，$\Delta t_1$为最初温度差，$\Delta t_2$为最终温度差。

5.4.4　传热系数 K

在管壳式换热器中，传热面是传热管的表面，圆管的内外侧的表面积不相等，所以对内侧、对外侧而言的传热系数在数值上是不相同的；传热面两侧的总传热量相同而面积不等，因此，管壁内、外面的热通量也不相等。

若设热流体的温度为 t_{f1}，冷流体的温度为 t_{f2}；管壁内侧、外侧流体与固体壁面之间的

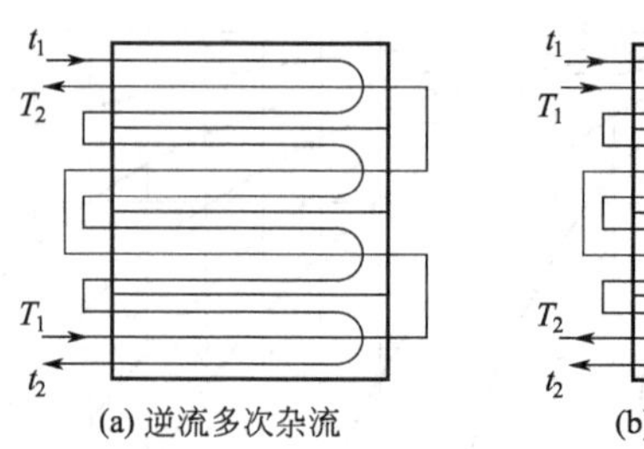

(a) 逆流多次杂流

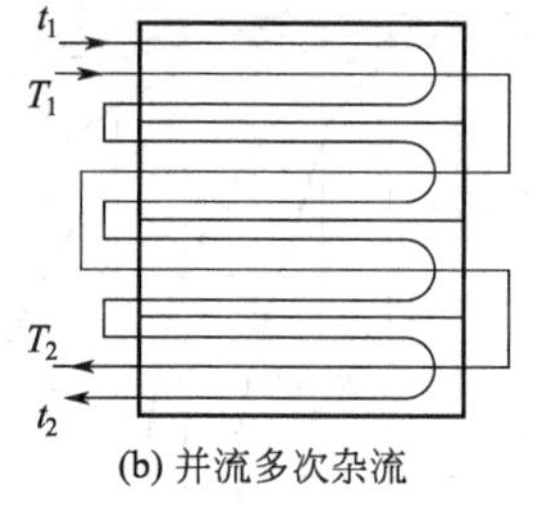

(b) 并流多次杂流

图 5-9 多次杂流

传热系数分别为 α_1 和 α_2；平壁的侧表面积为 A，壁厚为 δ，平壁材料的热导率为 λ，则有：

内表面

$$q_1=K_1(t_{f1}-t_{f2}) \tag{5-8}$$

外表面

$$q_2=K_2(t_{f1}-t_{f2}) \tag{5-9}$$

式中 q_1，q_2——热通量，单位面积的传热量，W/m²；

K_1，K_2——以内、外表面积为基准的传热系数，W/(m²·℃)。

由此可知，传热系数影响传热通量不同，传热面积也不相同，但最终内外侧的总传热量是相同的，所以计算过程中传热面积与传热系数要一一对应。

设圆管的内、外直径分别用 d_1、d_2 表示，d_1、d_2 的对数平均值用 d_m（在 $d_2/d_1\leqslant 2$ 时可用算术均值来代替）表示，则：

$$K_1=\frac{1}{\frac{1}{\alpha_1}+\frac{\delta d_1}{\lambda d_m}+\frac{1}{\alpha_2}\times\frac{d_1}{d_2}}=\frac{1}{\frac{1}{\alpha_1}+\frac{d_1}{2\lambda}\ln\frac{d_2}{d_1}+\frac{1}{\alpha_2}\times\frac{d_1}{d_2}} \tag{5-10}$$

$$K_2=\frac{1}{\frac{1}{\alpha_1}\times\frac{d_2}{d_1}+\frac{\delta d_2}{\lambda d_m}+\frac{1}{\alpha_2}}=\frac{1}{\frac{1}{\alpha_1}\times\frac{d_2}{d_1}+\frac{d_2}{2\lambda}\ln\frac{d_2}{d_1}+\frac{1}{\alpha_2}} \tag{5-11}$$

【设计分析 17】传热相关计算中，无论用内表面还是外表面作为传热面积，计算传热量的结果都是相同的。但使用公式时一定要注意传热系数 K 与传热面积的一一对应关系。在工程上，通常习惯用外表面作为计算的传热面积，因此以外表面为基准时，传热系数也要选用对应外表面积为基准的传热系数。

按照换热器工艺计算的基本步骤，可先根据生产经验或文献报道，估算总传热系数 K。依据估算的 K 值及平均传热温差初步算出传热面积。表 5-5 给出了管壳式换热器传热系数的经验值。

表 5-5 管壳式换热器传热系数经验值

热流体	冷流体	传热系数 K /[W/(m²·K)]	热流体	冷流体	传热系数 K /[W/(m²·K)]
水	水	850～1700	低沸点烃类蒸气冷凝(常压)	水	455～1140
轻油	水	340～910	低沸点烃类蒸气冷凝(常压)	水	60～170
重油	水	60～280	水蒸气冷凝	水沸腾	2000～4250
气体	水	17～280	水蒸气冷凝	轻油沸腾	455～1020
水蒸气冷凝	水	1420～4250	水蒸气冷凝	重油沸腾	140～425
水蒸气冷凝	气体	30～300			

在工程计算传热系数 K 值时，污垢热阻一般不可忽视。由于污垢层的厚度及其热导率

不易估计，通常是根据经验估计污垢热阻，作为计算的依据。表 5-6 给出了常见流体的污垢热阻以供参考。

表 5-6　常见流体的污垢热阻值

流　　体	污垢热阻 /($m^2 \cdot K/kW$)	流　　体	污垢热阻 /($m^2 \cdot K/kW$)
水($u<1m/s$,$t<50℃$)		劣质(不含油)	0.09
蒸馏水	0.09	往复机排出	0.176
海水	0.09	液体	
清净的河水	0.21	处理过的盐水	0.264
未处理的凉水塔用水	0.58	有机物	0.176
已处理的凉水塔用水	0.26	燃料油	1.06
已处理的锅炉用水	0.26	焦油	1.76
硬水、井水	0.58	气体	
水蒸气		空气	0.26～0.53
优质(不含油)	0.052	溶剂蒸气	0.14

如果考虑污垢的影响，管壁内、外两侧（平板两侧）的污垢热阻分别用 R_1、R_2来表示，则传热系数的表达式变为：

平板

$$K=\frac{1}{\frac{1}{\alpha_1}+R_1+\frac{\delta}{\lambda}+R_2+\frac{1}{\alpha_2}} \tag{5-12}$$

圆管（以外表面为基准）

$$K=\frac{1}{\frac{1}{\alpha_1}\times\frac{d_2}{d_1}+R_1\times\frac{d_2}{d_1}+\frac{\delta d_2}{\lambda d_m}+R_2+\frac{1}{\alpha_2}}=\frac{1}{\frac{1}{\alpha_1}\times\frac{d_2}{d_1}+R_1\times\frac{d_2}{d_1}+\frac{d_2}{2\lambda}\ln\frac{d_2}{d_1}+R_2+\frac{1}{\alpha_2}} \tag{5-13}$$

5.4.5　传热膜系数的计算

不同流动状态下对流传热的关联式不同，现将设计管壳式换热器常用的计算传热膜系数的关联式简要介绍如下。

（1）无相变圆形直管内的对流传热系数

① 对于低黏度的（不大于水黏度的 2 倍）流体，当 $Re>10000$、$0.7<Pr<120$，此时可采用式（5-14）计算：

$$Nu=0.023Re^{0.8}Pr^{n} \tag{5-14}$$

式中，特征尺寸规定为管内径 d。流体的物理性质采用流体在进出口算术平均温度下的数值。当流体被加热时 $n=0.4$，当流体被冷却时 $n=0.3$。实验表明，对于气体同样适用。

② 对于高黏度液体（$\mu>2\mu_{水}$），由于黏度 μ 的绝对值较大，固体表面与主体温度差带来的影响更为显著，当 $Re>104$，$0.7<Pr<16700$，$l/d\geqslant60$ 时，可按式（5-15）计算（用于烃类化合物、有机液体、水溶液等，但不适用于液态金属）：

$$Nu=0.027Re^{0.8}Pr^{1/3}\left(\frac{\mu}{\mu_w}\right)^{0.14} \tag{5-15}$$

式中，注角符号 w 是指壁面温度下的参数，其余参数定性温度取为流体平均温度。

在工程上，对于壁温较难测定的情况，可以用以下数值来简化壁温的计算：

液体被加热时 $\left(\frac{\mu}{\mu_w}\right)^{0.14}=1.05$

液体被冷却时 $\left(\frac{\mu}{\mu_w}\right)^{0.14}=0.95$

而对于气体，不论其被加热或冷却，一般取：$\left(\frac{\mu}{\mu_w}\right)^{0.14}=1$

按以上的数值进行计算，其误差范围为＋15%～－10%。

(2) 无相变管外强制对流传热系数

在管壳式换热器内遇到的大多是流体横向流过管束的传热。由于传热管与管间的相互影响，流动与传热比流体垂直流过单管外时的对流换热复杂。管束的排列方式分为直排和错排两种（见图 5-10）。由于流体在错排管间通过时，受到阻拦，在通道中弯曲流动，使湍动增强，使传热系数比直排时的要大。

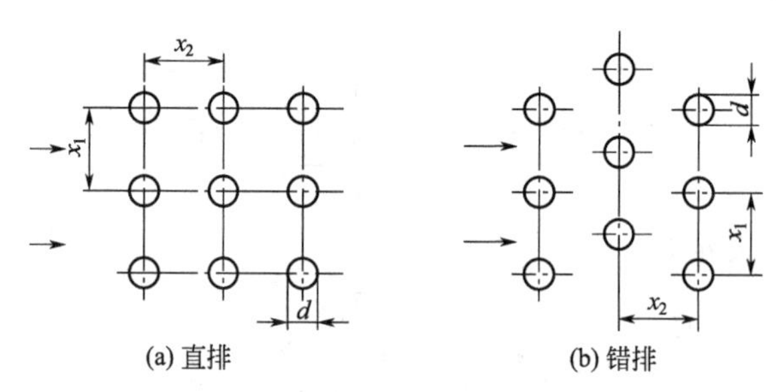

图 5-10 管束的排列

流体在管束外横向流过时的对流传热系数可用式（5-16）计算：

$$Nu=c\varepsilon Re^{n}Pr^{0.4} \tag{5-16}$$

式中，c、ε 和 n 的值见表 5-7。

式（5-16）适用于 $Re=5\times10^3\sim7\times10^4$，$x_1/d=1.2\sim5$，$x_2/d=1.2\sim5$ 的范围。公式中的定性温度为流体进、出口的平均温度，特征尺寸为管子外径，流速取垂直于流动方向最窄通道处的流速。

表 5-7 流体垂直于管束时的 c、ε 和 n 值

排数	直排		错排		c
	n	ε	n	ε	
1	0.6	0.171	0.6	0.171	$x_1/d=1.2\sim3$ 时
2	0.65	0.157	0.6	0.228	$c=1+0.1\,x_1/d$
3	0.65	0.157	0.6	0.290	$x_1/d>3$ 时
3 以上	0.65	0.157	0.6	0.290	$c=1.3$

由于各排的传热系数不相等，可以按式（5-17）计算整个传热面积的平均传热系数：

$$\alpha=\frac{\alpha_1A_1+\alpha_2A_2+\alpha_3A_3+\cdots}{A_1+A_2+A_3+\cdots}=\frac{\sum\alpha_iA_i}{\sum A_i} \tag{5-17}$$

式中　α_i——第 i 排的传热系数；

A_i——第 i 排的传热面积。

(3) 蒸汽在管外冷凝传热

蒸汽在传热壁面外冷凝时，冷凝液在壁面上或者形成一层凝液薄膜逐渐增厚而下落，这种冷凝情况称为膜状冷凝；或者形成很多珠状液滴，逐渐凝聚成较大的液滴而下落，这种情况称为滴状冷凝。通常凝液与传热表面间润湿性好，则形成膜状冷凝；如果传热表面有油污，润湿性不好则产生滴状冷凝。

由于滴状冷凝时，传热面大部分未被冷凝液覆盖，故传热阻力较小，因此滴状冷凝的传热系数一般比膜状冷凝要大十几倍。但滴状冷凝往往是暂时或局部生成，当壁面油层被蒸汽冲刷干净后还是形成膜状冷凝。受工艺等条件限制，滴状冷凝只能在某些特殊情况下应用。经常操作的冷凝器实际上均为膜状冷凝，故在冷凝器设计时，均按膜状冷凝处理。

对于垂直平面或垂直管上的膜状冷凝，1916 年 W. Nuseelt 首先推导出平壁上膜状冷凝的计算式。在推导中假定生成的凝液沿壁面成层流流动，热量只能以传导的方式通过凝液膜面传至壁面，而无对流传热的作用；其次假定蒸汽对凝液速度小，汽液方面无剪应力，蒸汽对凝液的流动无影响；并且假定壁温恒定，并和蒸汽保持一定的温差。这样推导出计算垂直面或垂直管上的冷凝传热系数为：

$$\alpha=0.943\left(\frac{gr\rho^2\lambda^3}{L\mu\Delta t}\right)^{1/4} \tag{5-18}$$

由于凝液流动状态与单位周边上的冷凝量有关，不可能完全保持层流流动；且蒸汽的流动对液膜也有冲刷的作用，故实际的冷凝传热系数一般比理论值要大 20%左右，在实际中垂直管和垂直板在层流状态下的冷凝均按式 (5-20) 来进行计算。

当 $Re<2100$ 时膜内流体做层流流动，$Re>2100$ 时为湍流流动。

水平单管（横管）外壁面的层流膜状冷凝传热的计算公式为

$$\alpha=0.725\left(\frac{gr\rho^2\lambda^3}{d\mu\Delta t}\right)^{1/4} \tag{5-19}$$

冷凝液沿壁面做层流流动的垂直管和垂直板的计算公式为

$$\alpha=1.13\left(\frac{gr\rho^2\lambda^3}{L\mu\Delta t}\right)^{1/4} \tag{5-20}$$

式中　r——汽化潜热，J/kg；

Δt——液膜两侧的温差 (t_s-t_w)，℃；

t_s——饱和蒸汽温度，℃；

t_w——壁温，℃；

μ——凝液的黏度，Pa·s；

ρ——凝液的密度，kg/m^3；

g——重力加速度，$g=9.8m/s^2$；

d——管外径，m；

L——管长或壁长，m；

λ——液膜的热导率，W/(m·℃)。

除汽化潜热取冷凝温度 t_s 下的数值外，式中的其他有关物性参数均取膜温（t_s 和 t_w 的算术平均值）下的数值。

5.4.6 传热面积 A 的计算

根据传热基本方程式

$$A=\frac{Q}{K\Delta t_m} \tag{5-21}$$

式中，当 Q、K、Δt_m 计算出后，传热面积 A 也可求出。但是通过计算求得的传热面积往往要考虑冗余度，一般取冗余度为 5%～10%。

5.4.7 换热器内流体流动阻力损失计算

管壳式换热器的设计必须满足工艺上提出的阻力损失要求。常用的管壳式换热器允许的阻力损失范围见表 5-8。

表 5-8 常用管壳式换热器允许的阻力损失范围

换热器的操作压强/Pa	允许的阻力损失/Pa	换热器的操作压强/Pa	允许的阻力损失/Pa
$p<10^5$	$\Delta p=0.1p$	$p>10^5$	$\Delta p<5\times10^4$
$p=0\sim10^5$	$\Delta p=0.5p$		

通常情况下，液体流经换热器的阻力损失为 $10^4\sim10^5$ Pa，气体为 $10^3\sim10^4$ Pa。

（1）管程阻力损失

换热器管程内的总阻力损失可分为各程直管阻力损失 Δp_{f1}、回弯阻力损失 Δp_{f2} 及管箱进出口阻力损失 Δp_{f3} 三部分。因此，管程总阻力损失（以单位质量流体的能量损失表示，J/kg）

$$\Delta p_t=(\Delta p_{f1}+\Delta p_{f2})f_t N_p N_s+\Delta p_{f3} N_s \tag{5-22}$$

式中 Δp_t——管程总阻力损失，Pa；

Δp_{f1}——直管阻力损失，$\Delta p_{f1}=\lambda\times\frac{l}{d_i}\times\frac{\rho u_i^2}{2}$，Pa；

Δp_{f2}——回弯阻力损失，$\Delta p_{f2}=3\frac{\rho u_i^2}{2}$，Pa；

Δp_{f3}——管箱进出口阻力损失，$\Delta p_{f3}=1.5\left(\frac{\rho u_i^2}{2}\right)$，Pa；

λ——摩擦系数，无量纲；

l——换热管长度，m；

ρ——管内流体密度，kg/m^3；

d_i——换热管内直径，m；

u_i——换热管内流体流速，m/s；

f_t——管程结构校正系数，无量纲，对 ϕ25mm×2.5mm 的管子，取 1.4；对 ϕ19mm×2mm，取 1.5；

N_p——管程数；

N_s——串联的壳程数。

当压降较大（液体 $\Delta p>20\times10^4$ Pa，低压气体 $\Delta p>2\times10^3$ Pa）时，管箱进出口阻力损失 Δp_{f3} 相对较小，可以忽略不计，式（5-22）也可写成下面的形式：

$$\Delta p_{t}=\left(\lambda\frac{l}{d}+3\right)f_{t}N_{p}\frac{\rho u_{i}^{2}}{2}N_{s} \tag{5-23}$$

（2）壳程阻力损失

用来计算壳程阻力损失的公式很多，不同的计算公式，计算结果往往很不一致。下面介绍目前比较通用的埃索计算法，该方法把壳程阻力损失 Δp_{s} 看成是由管束阻力损失 $\Delta p'_{f1}$ 和缺口阻力损失 $\Delta p'_{f2}$ 构成的。考虑到污垢的影响，再乘以校正系数 f_{s}，即

$$\Delta p'_{s}=(\Delta p'_{f1}+\Delta p'_{f2})f_{s}N_{s} \tag{5-24}$$

对于液体可取 $f_{s}=1.15$，对气体或可凝性蒸气取 $f_{s}=1.0$。

管束和缺口阻力损失分别由下面两式计算

$$\Delta p'_{f1}=Ff_{o}N_{TC}(N_{b}+1)\frac{\rho u_{o}^{2}}{2} \tag{5-25}$$

$$\Delta p'_{f2}=N_{b}\left(3.5-\frac{2B}{D}\right)\frac{\rho u_{o}^{2}}{2} \tag{5-26}$$

$$A_{o}=B(D-N_{TC}d_{o}) \tag{5-27}$$

式中　N_{b}——折流板数目；

N_{s}——串联的壳程数目；

N_{TC}——管束中心线或最接近中心线的管排上的管子数；在缺少数据时可按下式计算，对于正三角形排列 $N_{TC}=1.1(N_{T})^{0.5}$，对于正方形排列 $N_{TC}=1.19(N_{T})^{0.5}$，N_{T} 为管子总数；

B——折流板间距，m；

D——壳体内径，m；

u_{o}——按壳程流动面积 A_{o} 计算所得的壳程流速，m/s；

A_{o}——换热器中心管排或最接近中心线的管排处的最小错流截面积，$A_{o}=B(D-N_{TC}d_{o})$；

d_{o}——换热管外径，m；

F——管子排列形式对压降的校正系数，对正三角形排列 $F=0.5$，对正方形排列 $F=0.3$，对正方形斜转 45°，$F=0.4$；

f_{o}——壳程流体摩擦系数，可参阅相关手册，当 $Re_{o}>500$ 时亦可由式（5-28）求出：

$$f_{o}=5.0Re_{o}^{-0.228},\ Re_{o}=\frac{\rho u_{o}d_{e}}{\mu} \tag{5-28}$$

5.5　结构设计

5.5.1　换热管

换热器管束壁面构成换热器传热面积，管子的尺寸及形状对传热效率影响很大。换热管束的结构形式众多，换热器中管子一般都采用光滑管，因为它具有结构简单、制造容易，单位长度成本低等优点。但光滑管的强化传热性能不足，有时为了增强传热效果，采用异形管。当流体介质具有腐蚀性时，管子选材时应当考虑采用耐腐蚀性材质。管子还应当能够承

受一定的温差与应力。

换热管的长度通常采用系列标准，常见的换热管长度包括：1.0m、1.5m、2.0m、2.5m、3.0m、4.5m、6.0m、7.5m、9.0m、12.0m。对于一定的换热面积，较细长的换热管是比较经济的，所以工程上的换热器大致是细长形的结构。但换热管过长，将不利于换热器的安装与维护。常用换热管的规格见表 5-9 及 GB 151 等相关资料。

表 5-9 常用换热管的规格

材料	换热管标准	管子规格/mm		高精度,较高精度		普通精度	
		外径	厚度	外径偏差/mm	壁厚偏差/mm	外径偏差/mm	厚度偏差/mm
碳钢 低合金钢	GB/T 8163 GB 9948	≥14～30	2～2.5	±0.20	+12% −10%	±0.40	+15% −10%
		>30～50	2.5～3.0	±0.30		±0.45	
		57	3.5	±0.8%	±10%	±1.0%	+12% −10%
不锈钢	GB 13296 GB 9948 GB/T 14976	≥14～30	>1.0～2.0	±0.20	+12% −10%	—	—
		>30～50	>2.0～3.0	±0.30		—	—
		57		±0.8%		—	—
铝 铝合金	GB/T 6893	≤34	2.0～3.5	±0.20	δ≤2.0±0.20 δ=2.5±0.25 δ=3.0±0.30 δ=3.5±0.35	—	—
		36～50		±0.30			
		>50～55		±0.35			
钢	GB/T 1527	10	1.0～3.0	−0.12	δ≤1.0±0.10 δ=2.0±0.20 δ=2.5±0.25 δ=3.0±0.25	—	—
		11～18		−0.16			
		19～30		−0.24			
钢合金	GB/T 8890	10～12	1.0～3.0	−0.14	±10%	—	—
		>12～18		−0.20			
		>18～25		−0.24			
		>25～35		−0.30			
钛 钛合金	GB/T 3625	10～30	0.5～2.5	±0.13	δ=0.5±0.05 δ=1.0±0.12 δ>1.0±0.1	—	—
		>30～40		±0.15			
		>40～50		±0.18			

采用较小管径的管子，可使设备结构紧凑，能承受较大的压力，单位传热面积消耗的材质减少，且可获得较大的传热系数，缺点是管程压降大，不易清洗。大管径的管子适用于黏性大或较污浊的流体。

管子材料应根据操作温度、压力、介质的腐蚀性等因素选定，通常采用碳钢、不锈钢，对于有特殊要求的场所有时也采用铝、铜、黄铜及其合金、铜-镍合金、石墨、玻璃等及其他特殊材料。换热管除采用单一材料制造外，为满足生产要求，也常采用复合材料换热管。

为了增强传热效果，最大限度地提高管程的传热系数，将换热管的内外表面轧制成各种不同的表面形状，或在管内插入扰流元件，使管内、管外流体同时产生湍流，提高换热管的性能，现已开发出多种高效换热管。根据换热管形状和强化传热机理，可划分为表面粗糙管、翅片管、自支撑管、内插件管等类型，详细内容可参见相关资料。

5.5.2　折流板

管壳式换热器壳程支撑部件最传统的结构形式为折流板。折流板的设置，可提高壳程内流体的流速和湍动程度，以提高传热系数。折流板还具有支撑换热管的作用，并迫使壳程内流体周期性地改变流向，迫使壳程内流体垂直冲刷管束，改善传热，进而增大壳程流体的传热系数。所付出的代价是，折流板的设置增大了壳程流体的流动阻力。

弓形折流板是最常见的折流板形式，它是在整圆形板上切除一段圆缺区域。折流板迫使流体经由圆缺处流过，迫使流体依次翻越折流板，几乎呈垂直角度冲刷管束，减薄了边界层，有利于传热。弓形折流板有单弓形、双弓形和三弓形三种，见图5-11。

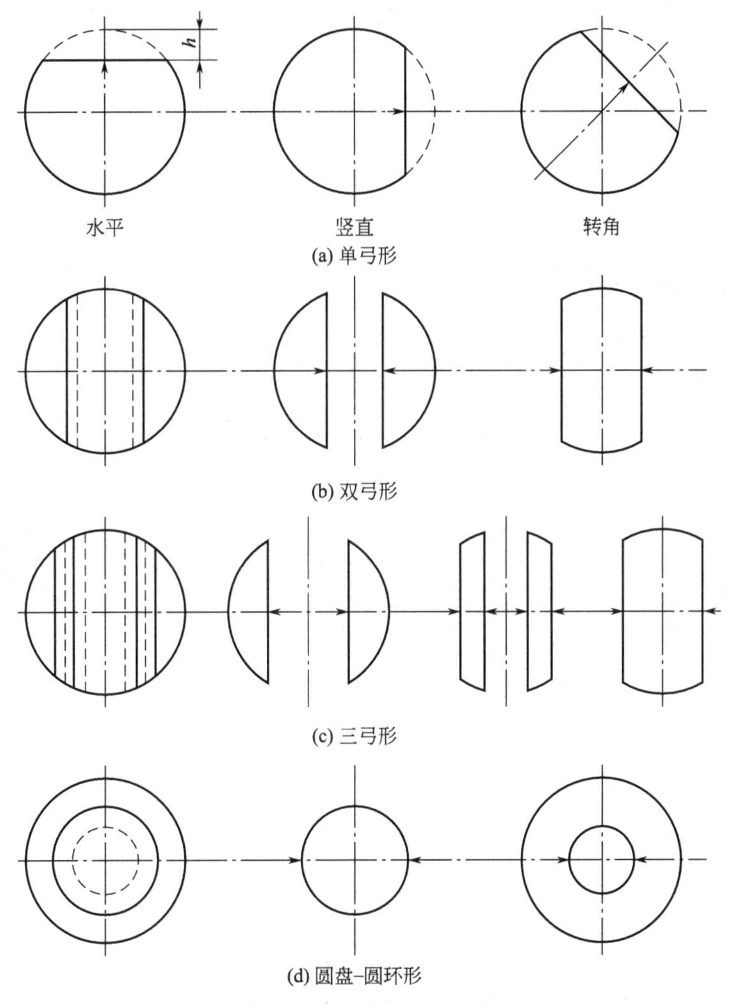

图5-11　折流板结构形式

对于较大直径的换热器，折流板间距往往较大，壳程内流体绕过折流板以后，在接近壳壁处往往较少部分的流体会停滞，形成所谓的传热死区，严重降低了传热效果。采用多弓形折流板，可改善传热死区的负面影响。

除了传统的弓形折流板以外，常用的折流板结构形式还包括圆盘-圆环形，见图5-11（d）。

确定弓形折流板缺口高度时，应使流体流过折流板缺口时的流速接近流体流过管束时的流速。折流板缺口高度可用切去缺口的弦高占壳体内径的比例表示，通常情况下，缺口弦高可取 0.20～0.45 倍的壳体内径。

对于一些特殊的换热器，比如冷凝器，一般不需要设置折流板，但是为了防止管束的振动，当管束的无支撑跨距大于标准中的规定值时，应当设置若干支撑板，其尺寸规格可按折流板的标准要求处理。

折流板的安装固定是通过拉杆与定距管来实现的。拉杆是一根两端均有螺纹的细长直杆，一端拧入管板，折流板穿在拉杆上，折流板之间用穿在拉杆上的定距管分割开来，最后一块折流板可用螺母拧在拉杆上进行固定。各种规格的换热器所用拉杆数量及拉杆直径如表 5-10 所示。

表 5-10　拉杆数量及拉杆直径

壳体直径/mm	拉杆直径/mm	最少拉杆数量
200～250	10	4
325,440,500,600	12	4
800,1000	12	6
1200	12	8
＞1250	12	10

5.5.3 换热管排列形式

管子在管板上的排列方式常见的形式包括正三角形排列（排列角为 30°）、转角正三角形排列（排列角为 60°）、正方形排列（排列角为 90°）、转角正方形排列（排列角为 45°），其排列结构如图 5-12 所示。换热管的排列方式应使换热管在壳体横截面上均匀分布，同时还应当考虑加工制造、管箱结构等问题。

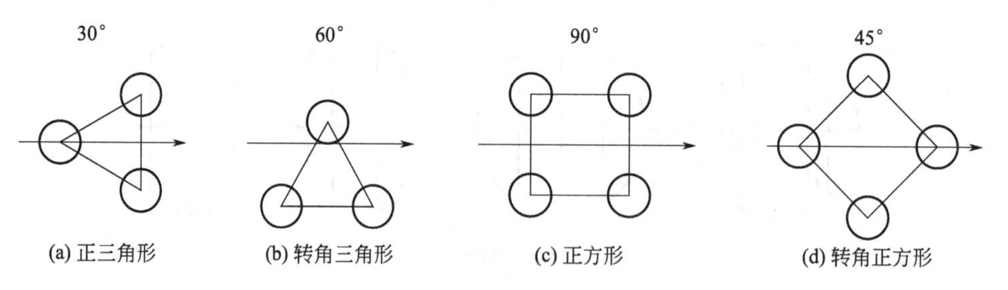

图 5-12　换热管常见排列方式

注：流向箭头垂直于折流板切边

正三角形排列方式最为普遍，因为在同一管板上可以排列较多的管子，管外传热系数较高，但不便于管外清洗，适用于壳体清洁流体。

正方形排列方式较三角形排列方式布置的管子少，传热系数也相对较低，但是便于机械清洗。为了提高管外传热系数，常常采用转角正方形排列。

对于多管程换热器可采用组合排列法，每程内均采用正三角形排列，而在各程之间常常采用正方形排列，以便于安排分程隔板。

5.5.4 换热管中心距

管板上两换热管中心距离称为管心距。管心距取决于管板的强度、清洗要求以及管束固定方法等因素。换热器系列标准上规定管心距一般大于 1.25 倍的换热管外径。常用的管心距见表 5-11。当采用正方形布管时，相邻两管间的净空距离通常要求大于 6mm。对于外径为 10mm、12mm 和 14mm 的换热管，其管心距应当分别大于 17mm、19mm 和 21mm。

表 5-11　换热管中心　　单位：mm

换热管外径 d	换热管中心距 S	分程隔板槽两侧相邻管中心距 S_0	换热管外径 d	换热管中心距 S	分程隔板槽两侧相邻管中心距 S_0
10	13～14	28	0	8	0
2	6	0	2	0	2
4	9	2	5	4	6
6	2	5	8	8	0
9	5	8	5	7	8
0	6	0	0	4	6
2	8	2	5	0	8
5	2	4	7	2	0

5.5.5　管束分程

按单管程计算，管束长度 L 为：

$$L=\frac{A}{n\pi d} \tag{5-29}$$

式中　A——换热面积，m^2；

n——管子根数；

d——管径，m。

若按单管程计算管长过大的话，可采用多管程，管程数 N_p 为：

$$N_p=\frac{L}{l} \tag{5-30}$$

式中　l——每程管长，m。

考虑到材料的合理利用，每程管长可取 1.5m、2m、2.5m、3m、4m、6m 等。

增加管程数可以增大传热面积，同时增大了流体在管子中的流速，增强了传热效果。将管束分程可以在换热器管箱中配置若干隔板。管束分程可采用多种方式，从加工、安装的角度考虑，偶数管程更为方便，但程数不宜过多，否则隔板本身将会占去相当大的布管面积。表 5-12 中列出了 1～6 程的几种管束分程布置形式。

表 5-12　管束分程布置形式

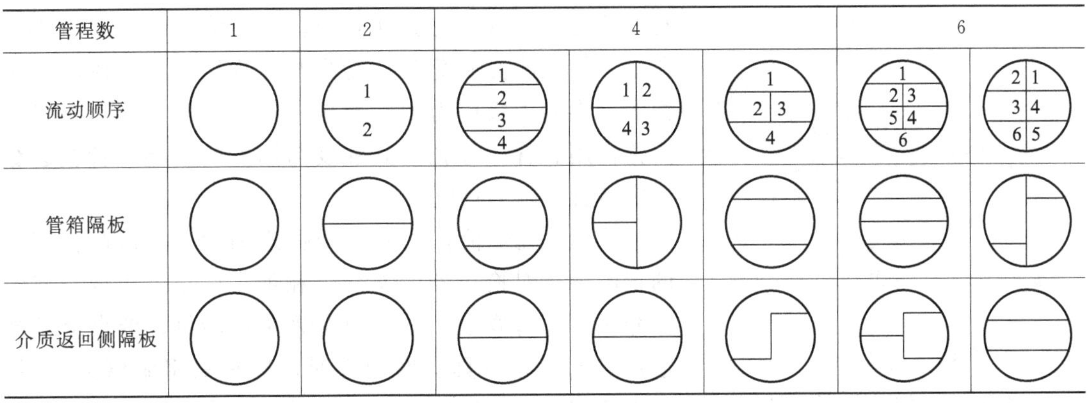

管程数	1	2	4			6	
流动顺序		1 2	1 2 3 4	1 2 4 3	1 2 3 4	1 2 3 5 4 6	2 1 3 4 6 5
管箱隔板							
介质返回侧隔板							

5.5.6 壳体直径及厚度

（1）壳体直径

壳体的内径应当等于或稍大于管板的直径。一般情况下，按式（5-31）确定壳体内径：

$$D_i = t(n_c - 1) + 2e \tag{5-31}$$

式中 D_i——壳体内径，mm；

t——管心距，mm；

n_c——横过管束中心线的管数，管子按正三角形排列时，$n_c = 1.1\sqrt{N}$；管子按正方形排列时，$n_c = 1.9\sqrt{N}$（其中 N 表示换热器的总管数）；

e——管束最外层管中心至壳体内壁的距离，一般取 $e = (1-1.5)d$。

由式（5-31）计算出的壳体内径应圆整到标准尺寸，常见的壳体直径标准系列见表 5-13。

（2）壳体厚度

壳体厚度可按式（5-32）计算：

$$\delta = \frac{pD_i}{2[\sigma]\psi - p} + C \tag{5-32}$$

式中 δ——壳体壁厚，mm；

$[\sigma]$——材料在设计温度下的许用应力，MPa；

ψ——焊缝系数，对于单面焊缝 $\psi = 0.65$；对于双面焊缝 $\psi = 0.85$；

p——设计压力，MPa；

C——腐蚀裕度，mm。

利用式（5-32）计算出的壳体壁厚，还应当考虑安全系数，以及开孔的强度补偿措施。一般均应大于表 5-13 中的最小壁厚。

表 5-13 壳体直径及最小壁厚标准尺寸 单位：mm

壳体直径	325	440	500	600	700	800	900	1000	1100	1200
最小壁厚	8	10				12			14	

5.5.7 管板

管壳式换热器管板是其最重要的零部件之一，通常采用圆形平管板，在圆形平管板上开孔布置管束，管板与壳体相连。管板结构形式如图 5-13 所示。管板所受载荷包括管程与壳程压力、壳体温差应力等。影响管板应力的因素包括诸多方面，比如管束的支撑作用、管板开孔对其强度与刚度的影响、管板边缘固定装置、附加热应力等。

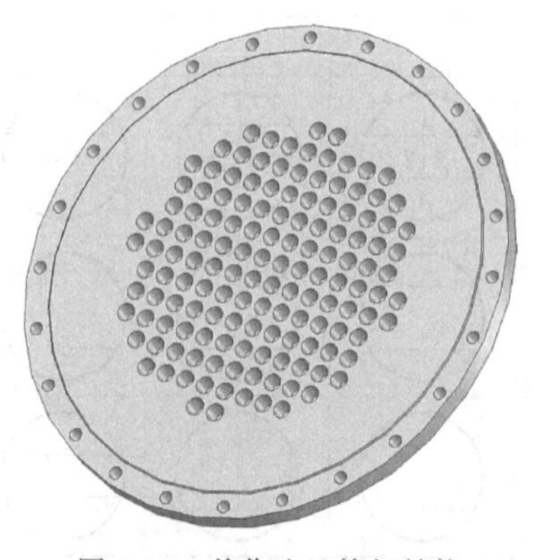

图 5-13 兼作法兰管板结构

管板是壳侧流体与管侧流体之间的一道屏障，管板的正确设计对换热器的安全性和可靠性至关重要。当流体介质不具有腐蚀性时，通常采用低碳钢、低合金钢制造；当流体介质具有腐蚀性时，通常采用耐腐蚀材料，如不锈钢。但当管板厚度较大时，整体不锈钢管板造价

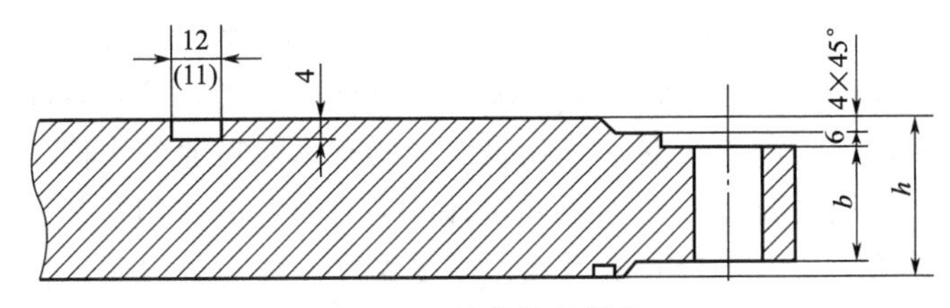

图 5-14　整体管板结构

昂贵，工程上往往采用复合钢板。图 5-14 为碳钢、低合金钢和不锈钢制整体管板。

管板尺寸与厚度已经形成系列标准，当管子与管板采用胀接时，应当考虑胀管对管板刚度的要求，管板的最小厚度可按表 5-14 规定设计，此外，还应当考虑腐蚀余量的影响。管板的公称直径及可开孔数，可参见相关标准。

表 5-14　管板最小厚度　　单位：mm

换热管	管板厚度	换热管	管板厚度
≤25		38	25
32	22	57	32

5.5.8　管箱与封头

对于壳体直径较大的管壳式换热器，通常采用管箱结构。管箱安装于换热器的两端，其作用是把来流介质均匀地分布到换热管里面去，以及汇集换热管流出的介质集中送出。对于多管程换热器，管箱还起到改变流体流向的作用。

依据清洗的需要及分程的情况，管箱结构形式大致包括封头型［见图 5-15（a）］、圆筒型［见图 5-15（b）、（c）］以及耐高压管箱等。对于多管程管箱，其内设置隔板，常见隔板的结构形式如图 5-15 所示。当管程进出口管的直径较大时，通常采用图 5-15（d）所示的隔板结构。

管壳式换热器和压力容器的端盖或成形封头通常采用平板盖、半球形封头、椭圆形封头、碟形封头以及圆锥形封头。封头或端盖的最小厚度设计应当根据最大薄膜应力等于经焊接系数校正后的许用应力，各种结构形式的端盖或成形封头壁厚的具体计算公式可参考相关资料。

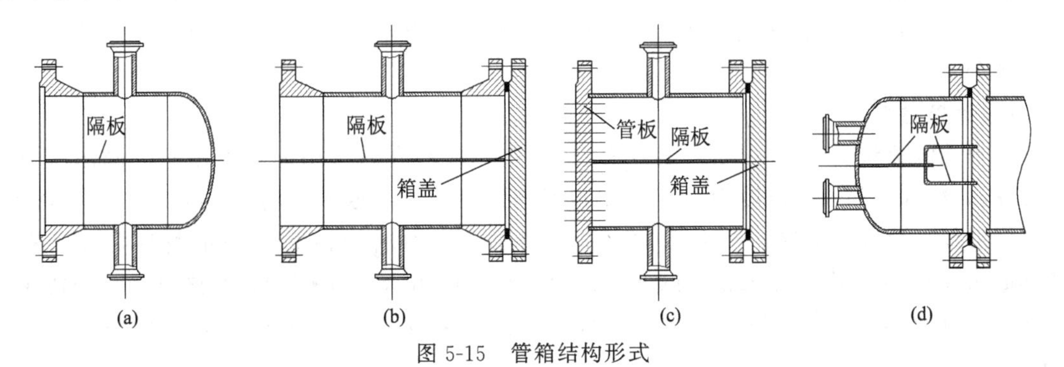

图 5-15　管箱结构形式

5.5.9　换热器主要连接

（1）管子与管板的连接

管子与管板的连接通常采用胀接或焊接方法固定。胀接通常用于压力低于 3.92MPa 和温度低于 300℃的场所，当压力和温度较高时，通常采用焊接方法固定。胀接时，要求管材硬度低于管板材质的硬度。管孔与管子的间隙通常有标准可循。管孔表面粗糙，可产生较大的摩擦力，不易拉脱，但易产生泄漏，管孔表面严禁有纵向贯通的沟槽。管孔表面光滑，不易泄漏，但易拉脱。一般的要求，表面粗糙度小于等于 12.5。焊接是目前应用较为广泛的固定方式，其加工制造简单，抗拉脱能力强，不受温度和压力的限制，但振动较大或有腐蚀性介质的场所不宜采用。

（2）壳体与管板的连接

壳体与管板的连接方式与换热器的结构形式有关。对于两端管板均固定的换热器，通常采用不可拆连接方式，直接焊接在壳体上。而对于浮头式、U 形管式换热器，管束需要抽出清洗时，需要将固定管板夹于壳体法兰与封头法兰之间，这样便于拆装。

（3）管箱与管板的连接

管箱与管板的连接形式，同样受温度、压力、流体的物性等因素的影响。对于固定式管板，管板与管箱一般是通过法兰连接成一体，固定式管板换热器的管板兼作法兰，与管箱法兰的连接形式比较简单。对于换热器内管束经常需要抽出时，宜采用可拆式连接。管板被夹持于同壳体、管箱相连的法兰对之间。

5.6 换热器的校核

对于管壳式换热器，由于受压力、温差应力等因素的影响，其受力部件众多。在实际使用中，往往由于某个部件强度不足而引起换热器破坏。为了保证设备安全运行，这些部件均需要进行应力分析和强度校核。

通常需要强度校核的换热器主要部件包括壳体、管箱、封头、法兰、管板、支座等，这些部件的强度计算方法与常规压力容器类似，详细情况可参见相关资料手册。

5.7 换热器的设计示例

【设计任务】

试设计一台管壳式换热器，将原料油从 140℃冷却至 40℃，然后进入吸收塔吸收其中的可溶组分。

【设计条件】

原料油的流量为 8000kg/h，压力为 0.3MPa。冷却介质选用循环冷却水，操作压力为 0.4MPa，冷却水的入口温度为 30℃，出口温度为 40℃。选取冷、热介质的进出口平均温度为定性温度，分别查取冷、热介质的有关物性数据。原料油在 90℃下的物性数据：密度 825kg/m^3，定压比热容 2.22kJ/(kg·℃)，热导率 0.140W/(m·℃)，黏度 0.000715Pa·s；水在 35℃下的物性数据：密度 994kg/m^3，定压比热容 4.08kJ/(kg·℃)，热导率 0.626W/(m·℃)，黏度 0.000725Pa·s。

【设计计算】

（1）设计方案

依据两流体温度变化情况，原料油进口温度 140℃，出口温度 40℃，冷流体（循环水）进口温度 30℃，出口温度 40℃。该换热器用循环冷却水冷却，冬季操作时进口温度会降低，考虑到这一因素，估计该换热器的管壁温和壳体壁温之差较大，因此初步确定选用带膨胀节的固定管板式换热器。

由于循环冷却水较易结垢，为便于水垢清洗，应使循环水走管程，原料油走壳程。选用 $\phi 25\text{mm}\times 2.5\text{mm}$ 的碳钢管，管内流速取 $u_i=0.5\text{m/s}$。

(2) 工艺计算

① 物性数据

定性温度：取流体进出口温度的平均值。

壳程油的定性温度为 $T=\dfrac{140+40}{2}=90$ (℃)

管程流体的定性温度为 $t=\dfrac{30+40}{2}=35$ (℃)

根据定性温度，分别查取壳程和管程流体的有关物性数据。

原料油在 90℃下的有关物性数据如下：

密度　$\rho_0=825\text{kg/m}^3$

定压比热容　$C_{p0}=2.22\text{kJ/(kg}\cdot\text{℃)}$

热导率　$\lambda_0=0.140\text{W/(m}\cdot\text{℃)}$

黏度　$u_0=0.000715\text{Pa}\cdot\text{s}$

循环冷却水在 35℃下的物性数据如下：

密度　$\rho_i=994\text{kg/m}^3$

定压比热容　$C_{pi}=4.08\text{kJ/(kg}\cdot\text{℃)}$

热导率　$\lambda_i=0.626\text{W/(m}\cdot\text{℃)}$

黏度　$u_i=0.000725\text{Pa}\cdot\text{s}$

② 计算总传热系数

a. 热流量

$$Q_0=q_{m0}C_{p0}\Delta T_0=8000\times 2.22\times(140-40)/3600=493.3(\text{kW})$$

b. 平均传热温差

因为完全逆流换热，根据式 (5-4) 可计算平均传热温差：

$$\Delta t'_m=\frac{\Delta t_1-\Delta t_2}{\ln\dfrac{\Delta t_1}{\Delta t_2}}=\frac{(140-40)-(40-30)}{\ln\dfrac{140-40}{40-30}}=39\text{℃}$$

c. 冷却水用量

$$q_{mi}=\frac{Q_0}{C_{pi}\Delta t_i}=\frac{493.3}{4.08\times(40-30)}\times 3600=43526\text{kg/h}$$

d. 总传热系数 K

管程传热系数

$$Re=\frac{d_i u_i \rho_i}{\mu_i}=\frac{0.02\times 0.5\times 994}{0.000725}=13710,\ C_{pi}=4.08\text{J/(kg}\cdot\text{℃)}$$

$$\alpha_i=0.023\frac{\lambda_i}{d_i}(Re)^{0.8}\left(\frac{C_{pi}u_i}{\lambda_i}\right)^{0.4}=0.023\times\frac{0.626}{0.02}\times 13710^{0.8}\times\left(\frac{4.08\times 0.725}{0.626}\right)^{0.4}$$

$$=2731\text{W/(m}^2\cdot\text{℃)}$$

壳程传热系数

假设壳程的传热系数　$\alpha_o=290W/(m^2\cdot℃)$；

污垢热阻　$R_{si}=0.000344\ (m^2\cdot℃)/W$，$R_{so}=0.000172\ (m^2\cdot℃)/W$

管壁的热导率　$\lambda=45W/(m\cdot℃)$

依据以上数据，按式（5-13），将数据代入可得

$$K=219.5W/(m\cdot℃)$$

③ 计算传热面积

$$A'=\frac{Q}{K\Delta t_m}=\frac{493.3}{219.5\times 39}=57.6m^2$$

考虑 15%的面积裕度：

$$A=1.15A'=1.15\times 57.6=66.24m^2$$

④ 工艺结构尺寸

a. 管径和管内流速　选用 $\phi 25\times 2.5$ 传热管（碳钢），取管内流速 $u_i=0.5m/s$。

b. 管程数和传热管数　依据传热管内径和流速确定单程传热管数。

$$n_s=\frac{V}{\frac{\pi}{4}d_i^2u}=\frac{43526/(994\times 3600)}{0.785\times 0.02^2\times 0.5}\approx 77(根)$$

按单程管计算，所需的传热管长度为：

$$L=\frac{A}{\pi d_0n_s}=\frac{66.24}{3.14\times 0.025\times 77}=10.9m$$

按单管程设计，传热管过长，宜采用多管程结构。现取传热管长 $L=6m$，则该换热器管程数为：

$$N_p=\frac{L}{l}=\frac{10.9}{6}\approx 2$$

传热管总根数 $N=77\times 2=154$ 根。

c. 平均传热温差校正及壳程数

平均传热温差校正系数：

$$R=\frac{140-40}{40-30}=10$$

$$P=\frac{40-30}{140-30}=0.091$$

按单壳程，四管程结构，温差校正系数应查有关图表。但 $R=10$ 的点在图 5-8 上难以读出，因而相应以 $1/R$ 代替 R，PR 代替 P，查同一图线，可得 $\varphi=0.82$。

平均传热温差：

$$\Delta t_m=\varphi\Delta t_m'=0.82\times 39℃=32℃$$

d. 传热管排列和分程方法　采用组合排列法，即每程内均按正三角形排列，隔板两侧采用正方形排列。取管心距 $a=1.25d_0$，则

$$a=1.25\times 25=31.25\approx 32mm$$

横过管束中心线的管数：

$$n_c=1.19\sqrt{154}\approx 15\ 根$$

e. 壳体内径　采用多管程结构，取管板利用率 $\eta=0.7$，则壳体内径为：

$$D=1.05a\sqrt{N/\eta}=489\text{mm}$$

圆整可取 $D=500$mm。

f. 折流板　采用弓形折流板，取弓形折流板圆缺高度为壳体内径的 25%，则切去的圆缺高度为：

$$h=0.25\times500=125\text{mm}，可取\ h=120\text{mm}$$

取折流板间距　$B=0.3D$，则 $B=0.3\times500=150$mm

折流板数　N_B=传热管长/折流板间距−1=6000/150−1=39 块

折流板圆缺面水平装配。

g. 接管　壳程流体进出口接管：取接管内油品流速 $u=1.0$m/s，则接管内径为：

$$d=\sqrt{\frac{4V}{\pi u}}=\sqrt{\frac{4\times8000/(3600\times825)}{3.14\times1.0}}=0.058\text{m}$$

取标准管径为 50mm。

管程流体进出口接管：取接管内循环水流速 $u=1.5$m/s，则接管内径为：

$$d=\sqrt{\frac{4\times43526/(3600\times994)}{3.14\times1.5}}=1.01\text{m}$$

取标准管径 100mm。

（3）换热器核算

① 壳程对流传热系数　对圆缺形折流板，可采用凯恩公式。

当量直径，由正三角形排列得：

$$d_e=\frac{4\left(\frac{\sqrt{3}}{2}a^2-\frac{\pi}{4}d_0^2\right)}{\pi d_0}=\frac{4\times\left(\frac{\sqrt{3}}{2}\times0.032^2-\frac{\pi}{4}\times0.025^2\right)}{3.14\times0.025}=0.020\text{m}$$

壳程流通截面积：

$$S_0=BD\left(1-\frac{d_0}{a}\right)=0.15\times0.50\times\left(1-\frac{0.025}{0.032}\right)=0.0164\text{m}^2$$

壳程流体流速及其雷诺数分别为：

$$u_0=\frac{8000/(3600\times825)}{0.0164}=0.123$$

$$Re_0=\frac{0.02\times0.123\times825}{0.000715}=2845$$

普兰特数：

$$Pr=\frac{2.22\times0.715}{0.140}=11.34$$

黏度校正：

$$\left(\frac{\mu_0}{\mu_w}\right)^{0.14}\approx1$$

$$\alpha_0=0.36\times\frac{0.140}{0.02}\times3161^{0.55}\times11.34^{\frac{1}{3}}=452$$

② 管程对流传热系数

$$\alpha_i=0.023\frac{\lambda_i}{d_i}Re^{0.8}Pr^{0.4}$$

管程流通截面积：

$$A_i = 0.785 \times 0.02^2 \times 154/2 = 0.024\text{m}^2$$

管程流体流速：

$$\mu_i = \frac{43529/(3600 \times 994)}{0.0182} = 0.66\text{m/s}$$

普兰特数：

$$Pr = \frac{4.08 \times 0.725}{0.626} = 4.75$$

$$\alpha_i = 0.023 \times \frac{0.626}{0.02} \times 13504^{0.8} \times 4.73^{0.4} \times 1 = 2721\text{W/(m}^2 \cdot ℃)$$

③ 传热系数 K

$$K = \frac{1}{\dfrac{d_0}{\alpha_i d_i} + R_{si} \times \dfrac{d_0}{d_i} + \dfrac{bd_0}{\lambda d_m} + R_{so} + \dfrac{1}{\alpha_0}}$$

$$= \frac{1}{\dfrac{0.025}{2721 \times 0.02} + 3.44 \times 10^{-4} \times \dfrac{0.025}{0.02} + \dfrac{0.0025 \times 0.025}{45 \times 0.0225} + 1.72 \times 10^{-4} + \dfrac{1}{476}}$$

$$= 310.2\text{W/(m} \cdot ℃)$$

④ 传热面积 A

$$A = \frac{Q}{k\Delta t_m} = \frac{493.3 \times 10^3}{310.2 \times 32} = 49.7\text{m}^2$$

该换热器的实际传热面积 A_p

$$S_p = \pi d_0 lN = 3.14 \times 0.025 \times (6 - 0.06) \times (154 - 15) \approx 64.8\text{m}^2$$

该换热器的面积裕度为

$$H = \frac{64.8 - 49.7}{49.7} = 30.4\%$$

传热面积裕度合适，该换热器能够完成生产任务。

(4) 换热器内流体的流动阻力

① 管程流动阻力　由式 (5-22) 可得：

$$\sum \Delta p_i = (\Delta p_1 + \Delta p_2) F_t N_s N_p$$

$N_s = 1$，$N_p = 2$，$F_t = 1.4$

$$\Delta p_1 = \lambda_i \frac{l}{d} \times \frac{\rho u^2}{2}，\Delta p_2 = \zeta \times \frac{\rho u^2}{2}$$

由 $Re = 13628$，传热管相对粗糙度 $0.01/20 = 0.005$，查莫狄图得 $\lambda_i = 0.037\text{W/(m} \cdot ℃)$，

又流速 $u = 0.66\text{m/s}$，$\rho = 994\text{kg/m}^3$，所以

$$\Delta p_1 = 0.037 \times \frac{6}{0.02} \times \frac{994 \times 0.66^2}{2} = 2403.1\text{Pa}$$

$$\Delta p_2 = \frac{\zeta \rho u^2}{2} = 3 \times \frac{994 \times 0.66^2}{2} = 649.5\text{Pa}$$

$$\sum \Delta p_i = (2403.1 + 649.5) \times 3 = 9157.8 < 10\text{kPa}$$

管程流动阻力在允许范围之内。

② 壳程阻力　由式 (5-24) 可得：

$$\sum \Delta p_i = (\Delta p_1' + \Delta p_2') F_t N_s$$

$N_s = 1$，$F_t = 1$

流体流经管束的阻力：

$$\Delta p_1' = F f_0 n_c (N_B + 1) \frac{\rho u_0^2}{2}$$

其中 $F = 0.5$；$f_0 = 5 \times 3161^{-0.228} = 0.7962$；$n_c = 15$；$N_B = 39$；$u_0 = 0.123$

$$\Delta p_1' = 0.5 \times 0.7962 \times 15 \times 40 \ \frac{825 \times 0.123^2}{2} = 1490.0\text{Pa}$$

流体流过折流板缺口的阻力：

$$\Delta p_2' = N_B \left(3.5 - \frac{2B}{D}\right) \frac{\rho u_0^2}{2} = 39 \times \left(3.5 - \frac{2 \times 0.15}{0.50}\right) \times \frac{825 \times 0.123^2}{2} = 705.8\text{Pa}$$

总阻力 $\sum \Delta p_0 = (1490 + 705.8) \times 1.15 = 2525\text{Pa} < 10\text{kPa}$

壳程流动阻力也比较适宜。

（5）换热器主要参数及设计结果一览表

项目	数值及说明	项目	数值及说明
壳体内径 D/m	500	管程数	2
换热面积/m^2	64.8	管长/m	10.9
管程流速 u/(m/s)	0.66	壳程流速 u/(m/s)	0.123
总传热系数/[W/(m·℃)]	310.2	管子排列方式	正三角形
壳程阻力/Pa	2525	管程阻力/Pa	9157.8

5.8 换热器的设计任务书示例

5.8.1 冷却器的设计

（1）设计任务

① 处理量______吨/年变换气冷却器的设计（每个学生的处理量有所不同）。

② 设备结构形式 管壳式换热器。

（2）设计条件

① 已知管程冷水有关工艺参数 进口温度32℃，出口温度35℃，平均操作压力0.12MPa（表压）。

② 壳程变换气的工艺参数 进口温度60℃，出口温度34℃，平均操作压力0.8MPa（表压），流量：2778kmol/h。

③ 变换气成分及所占比例。

成　分	H_2	N_2	CH_4	CO	CO_2	H_2O	O_2
百分比	51.0%	17.0%	2.00%	1.70%	27.0%	1.20%	0.1%

（3）设计内容

① 确定流程；

② 换热器工艺结构尺寸设计；

③ 绘制流程及主体设备图；

④ 编写设计说明书。

5.8.2 管壳式换热器的设计

(1) 设计任务

① 处理量______吨/年反应器油用冷却器的设计（每个学生的处理量有所不同）。

② 设计一台折流杆管壳式换热器。

(2) 设计条件

反应器的油用冷却水将其从140℃冷却至40℃之后，进入吸收塔吸收其中的可溶组分。已知油的流量为______kg/h，压力为0.3MPa，冷却水的压力为0.4MPa，循环水的入口温度为30℃，出口温度为40℃。根据定性温度，分别查取壳程和管程流体的有关物性数据。油在90℃下的物性数据：密度825kg/m^3，定压比热容2.22kJ/(kg·℃)，热导率0.140W/(m·℃)，黏度0.000715Pa·s，水在35℃下的物性数据：密度994kg/m^3，定压比热容4.08kJ/(kg·℃)，热导率0.626W/(m·℃)，黏度0.000725Pa·s。

(3) 设计内容

① 确定流程；

② 换热器工艺结构尺寸设计；

③ 绘制流程及主体设备图；

④ 编写设计说明书。

干燥装置的设计

【导入案例】

干燥涉及国民经济的广泛领域，是大批工农业产品不可或缺的基本生产环节。

太阳能是清洁的可再生能源，取之不尽用之不竭。目前国内对太阳能干燥的研究和应用较多。

2011年，农业部规划设计研究院农产品加工研究所经过多次试验，设计制造了高效太阳能集热厢式干燥房。该设计研究表明太阳能干燥房中的日最高温升为12.5℃，日平均温升可达6.6℃，内部温度均匀，葡萄干燥时间可缩短至20d，葡萄干绿级品率较传统干制方法提高了48.43%，适用于果蔬、中药材等农副产品干燥领域，如图6-1所示。

图6-1　集热厢式太阳能干燥房干燥葡萄

整个太阳能干燥房由太阳能集热系统和厢式干燥系统两部分组成，如图6-2所示。

葡萄干干燥之后能储藏较长的时间却仍保持较好品质，主要原因是运用热风干燥的原理，将葡萄含水率降低。

在化学工业中，许多原料、产品或半成品，为了便于加工、运输、储藏或使用等，往往需要经过这样的加工过程，即干燥。实现干燥操作的设备称为“干燥装置”或“干燥器”。

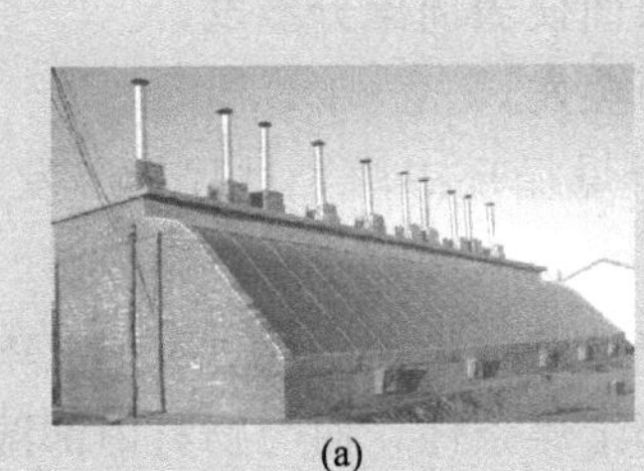

(a)

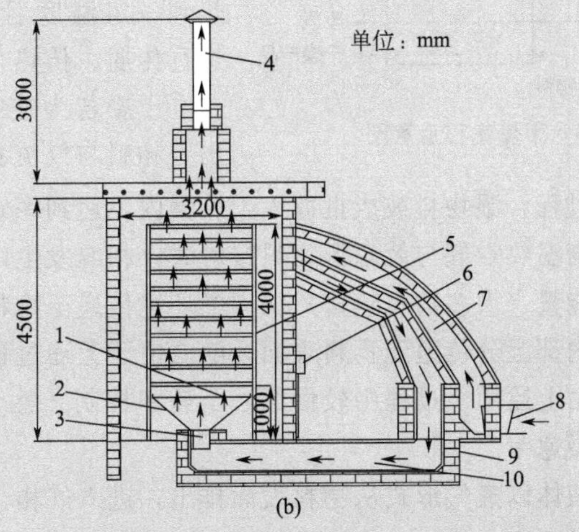

1—匀风板；2—风斗；3—风机；4—烟囱；5—干燥架；6—双功能电控系统；7—太阳能集热系统；8—进风口；9—保温层；10—地下风道

图6-2　集热厢式太阳能干燥房实体外观图及结构侧边剖视图

那么干燥装置是如何设计出来的呢？主要包括：干燥条件的确定、干燥过程的物料衡算和热量衡算、干燥器主体尺寸的计算及附属部件、附属设备的计算与选型等一系列的过程。

6.1 概述

化工生产中的固体原料、产品或半成品为便于进一步的加工、运输、储存和使用，常常需要将其中所含的湿分（水或有机溶剂）去除至规定指标，这种操作简称为“去湿”。“去湿”的方法可分为机械去湿、物理去湿和热能去湿（即干燥）三类。

“去湿”方法中较为常用的方法是干燥，湿分去除较为彻底，但耗能大、费用高，为节能工业上常采用联合去湿的方法。

干燥是指借助热能，使湿物料中的湿分气化，生成蒸气，从而使被除去的湿分从固相转移到气相，由干燥介质热空气带走，而得到干燥固相产品的过程。湿分以松散的化学结合形式或以液态溶液存在于固体中，或积集在固体的毛细微结构中，这种液体的蒸气压低于纯溶液的蒸气压，称为结合水分。而游离在表面的湿分则称为非结合水分。结合水分，结合力强，不易除去；非结合水分，结合力弱，容易除去。

按照热能供给湿物料的方式，干燥可分为传导干燥、对流干燥、辐射干燥和介电加热干燥四种。传导干燥是指热能通过传热壁面以传导方式加热物料，产生的蒸汽被干燥介质带走。对流干燥是指干燥介质直接与湿物料接触，热能以对流方式传递给物料，产生的蒸汽被干燥介质带走。辐射干燥指热能以电磁波的形式由辐射器发射到湿物料表面，被物料吸收转化为热能，使湿分汽化的过程。介电加热干燥是将需要干燥的物料放在高频电场内，利用高频电场的交变作用，将湿物料加热，并汽化湿分。

本章主要以空气为干燥介质，水为被干燥的对象，对对流干燥过程的装置设计进行讨论。其他系统干燥原理及装置与空气-水系统完全相同。

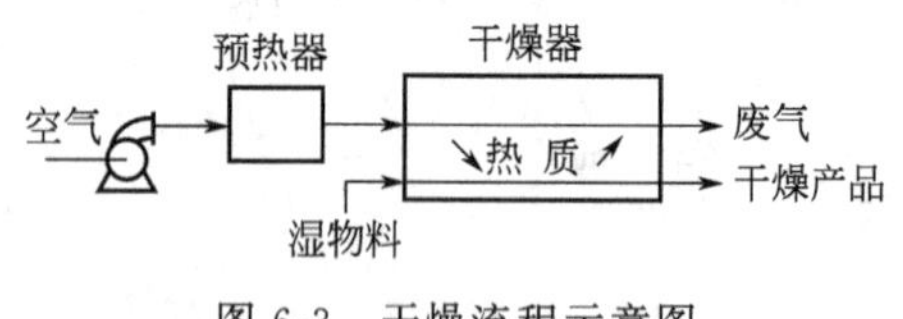

图 6-3 干燥流程示意图

如图 6-3 所示，湿空气经风机送入预热器，加热到一定温度后送入干燥器与湿物料直接接触，进行传质、传热，最后废气自干燥器另一端排出。

干燥若为连续过程，物料被连续的加入与排出，物料与气流接触可以是并流、逆流或其他方式。若为间歇过程，湿物料被成批放入干燥器内，达到一定的要求后再取出。

经预热的高温热空气与低温湿物料接触时，相继发生以下两种过程。

过程一：能量（大多数是热量）从周围环境传递至物料表面使表面湿分蒸发。

过程二：内部湿分传递到物料表面，随之由于上述过程而蒸发。

干燥速率由上述两个过程中较慢的一个速率控制。整个干燥循环中两个过程相继发生，并先后控制干燥速率。

过程一，液体以蒸气形式从物料表面排出，进入气相，并被空气带走，此过程的速率取决于空气温度、湿度和空气流速、暴露的表面积和压力等外部干燥条件，而与物料内部湿含量无关，所以称为外部条件控制过程，也称为恒速干燥过程。一般来说此阶段汽化的为非结合水分。

过程二，湿物料内部的水分以液态或水汽的形式扩散至表面，物料内部湿分的迁移是物料性质、温度和湿含量的函数。此过程的干燥速率随物料湿含量的减少而降低，而与干燥介质的状态关系不大，所以称为内部条件控制过程，也称为降速干燥过程。

整个干燥过程包括恒速干燥阶段和降速干燥阶段。干燥时既有质量的传递，同时又有热量的传递，但传递方向不同，如表 6-1 所示。

表 6-1　干燥过程传递方向及推动力

项目	传热	传质
传递方向	从气相到固体	从固体到气相
推动力	温度差	水气分压差

完成上述干燥过程所需要的设备称为“干燥装置或干燥器”。干燥装置种类很多，以适应被处理物料在形态、物性上的多样性以及对干燥成品规格的不同要求。不同类型的干燥装置结构、特点、适用场合等各不相同，但设计思路和步骤基本一致。

① 确定干燥方案。

② 操作参数与工艺参数的选取及计算。

③ 干燥器主体设计计算。

④ 辅助设备的计算与选型。

⑤ 绘制带控制点的工艺流程图和塔设备的装置图。

⑥ 编写设计说明书。

6.2　干燥装置

6.2.1　干燥器的特性

① 干燥器对被干燥物料的适应能力　如能否达到物料要求的干燥程度，干燥产品的均匀程度。

② 干燥器对产品的质量有无损害　因为有的产品要求保持结晶性状、色泽，有的产品要求在干燥中不能变形或龟裂等。

③ 干燥装置的热效率高低　这是干燥的主要技术经济指标，一般而言，干燥装置热利用好，则热效率高；相反，则热效率低。

此外，还应了解干燥器的经济处理能力，干燥设备的生产强度或干燥速率。同时，还要求干燥设备操作控制方便，劳动条件良好。

6.2.2　干燥器的分类

干燥器的分类方法较多，可分别按照压力、操作方式、物料进入干燥器的状态、被干燥产品的特性、热能提供方式等进行分类。其中常用的按照热能提供方式来分类，如表 6-2 所示。

表 6-2 常用干燥器的分类

类别	干燥器
对流干燥器	厢式干燥器 气流干燥器 流化床干燥器 转筒干燥器 喷雾干燥器
传导干燥器	滚筒干燥器 真空盘架式干燥器
辐射干燥器	红外线干燥器
介电加热干燥器	微波干燥器

6.2.3 干燥器的选型原则

对于干燥操作来说，干燥器的选择是困难而又复杂的问题。因被干燥物料的特性、供热方式和物料-干燥介质系统的流体力学等必须全盘考虑。由于被干燥物料种类繁多，要求各异，决定了不可能有一个万能的干燥器，只能选用最佳的干燥方法和干燥器形式。

在选择干燥器形式时，要考虑以下因素。

① 要能保证干燥产品的质量。这需要了解被干燥物料的性质，如耐温性、热敏性、黏附性、初始和最终湿含量、毒性、可燃性等。

② 要求设备的生产能力尽可能高，或者说物料达到指定干燥程度所需时间尽可能短。这需要了解被干燥物料所含湿分的结构，尽可能使物料分散以降低物料临界含水率，设法提高降速阶段的干燥速率。

③ 要求干燥器具有较高的热效率，采用价格低廉的热源。

④ 劳动强度、操作难易、安全环保、占地面积及高度等其他方面的考虑。

6.2.4 干燥器的主要形式

传统的干燥器主要有转筒干燥器、厢式干燥器、隧道干燥器、带式干燥器、桨叶干燥器、流化床干燥器、喷动床干燥器、喷雾干燥器、气流干燥器、真空冷冻干燥器、太阳能干燥器、微波和高频干燥器、红外热能干燥器等。此处简单介绍几种常用的干燥器。

（1）厢式干燥器

厢式干燥器是一种外壁绝热、外形像箱子的干燥器，也称盘式干燥器或烘厢、烘房，是最古老的干燥器之一，目前仍广泛应用在工业生产中。

如图 6-4 所示，厢式干燥器主要由一个或多个室或格组成，在其中放上装有被干燥物料的盘子。这些物料盘一般放在可移动的盘架或小车上，能够自由移动进出干燥室。采用一个或多个风机来输送热空气，使盘子上的物料得到干燥。有时也可将物料放在打孔的盘子上，让热风穿过物料层。

厢式干燥器一般为间歇操作，设备结构简单、投资少，几乎能干燥所有的物料，再加上它适用于小批量、多品种物料的干燥，因此，适用性极广，但每次操作都要装卸物料，体力劳动强度大、劳动卫生条件差，一般只限于每批产量在几千克至几十千克的情况使用。

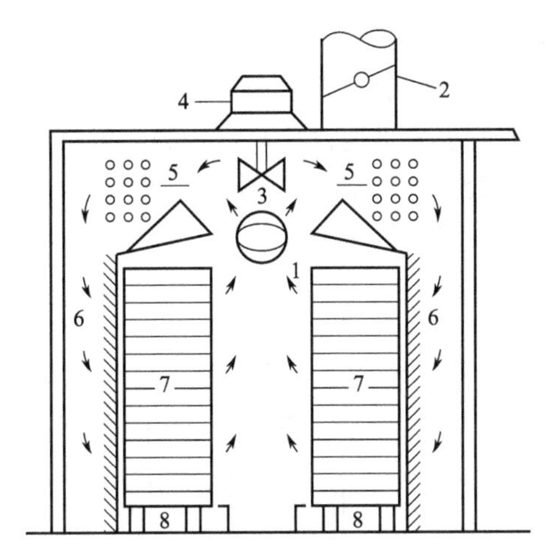

图 6-4 厢式干燥器

1—空气入口；2—空气出口；3—风机；4—电动机；5—加热器；6—挡板；7—盘架；8—移动轮

（2）转筒干燥器

转筒干燥器的主体是一略微倾斜并能回转的旋转圆筒，如图 6-5 所示。它是最古老的干燥设备之一，目前仍被广泛应用于化工、建材和冶金等领域。

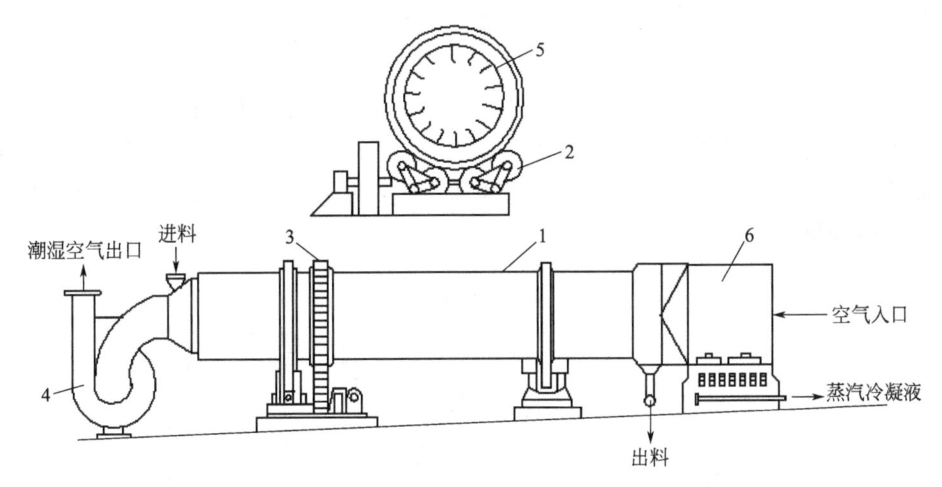

图 6-5 转筒干燥器

1—圆筒；2—支架；3—驱动齿轮；4—风机；5—抄板；6—蒸汽加热器

湿物料从转筒较高一端进入，经过转筒内部时，与通过筒内的热风或加热壁面进行有效的接触而被干燥，干燥后的产品从转筒较低一端下部收集。筒体内壁上装有抄板或类似装置，它把物料不断地抄起又洒下，使物料与热空气的接触面积增大，以提高干燥速率并同时促进物料向前移动。干燥过程中所用的热载体一般为空气、烟道气或水蒸气等。

转筒干燥器机械化程度高，生产能力较大，干燥介质通过转筒的阻力较小，对物料的适用性较强，操作稳定，运行费用低。但设备比较笨重，传动机构复杂，维修量大，设备投资高。

（3）喷雾干燥器

喷雾干燥器是将溶液、浆液或悬浮液等原料液在干燥塔内通过喷雾器分散成雾状细滴，与进入塔内的热气流以并流、逆流或混合流的方式相互接触，使物料中的水分迅速汽化，最终可获得 30～50μm 微粒的干燥产品。

常用的喷雾干燥流程如图 6-6 所示。浆液用送料泵压至喷雾器（喷嘴），经喷嘴喷成雾滴而分散在热气流中，雾滴中的水分迅速汽化，成为微粒或细粉落到器底。产品由风机吸至旋风分离器中而被回收，废气经风机排出。喷雾干燥的干燥介质多为热空气，也可用烟道气，对含有机溶剂的物料，可使用氮气等惰性气体。

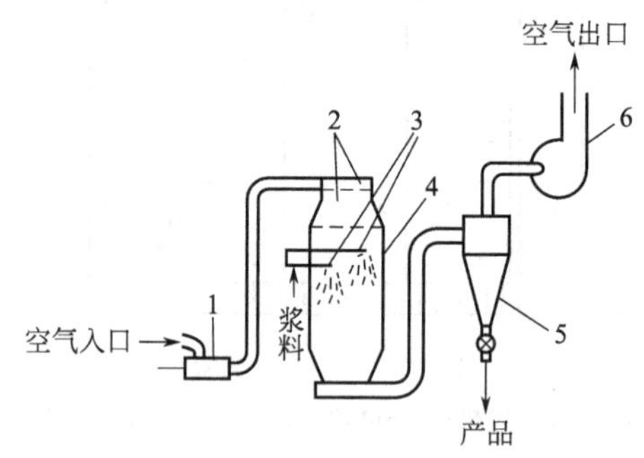

图 6-6　喷雾干燥设备流程

1—燃烧炉；2—空气分布器；3—压力式喷嘴；4—干燥塔；5—旋风分离器；6—风机

这种干燥方法干燥速度快，干燥时间短，特别适合于热敏性物料的干燥。但是它的体积传热系数很低，水分汽化强度小，因而干燥器体积庞大，热效率低，动力消耗较大。

（4）气流干燥器

气流干燥也称为瞬间干燥，是把泥状及粉粒体状等湿物料，采用适当的加料方式，将其连续加入干燥管内，在高速热气流的输送和分散中，使湿物料中的湿分蒸发得到粉状或粒状干燥产品的过程。直管气流干燥装置工艺流程如图 6-7 所示，主要由加热器、加料器、气流干燥管、旋风分离器、风机等组成。

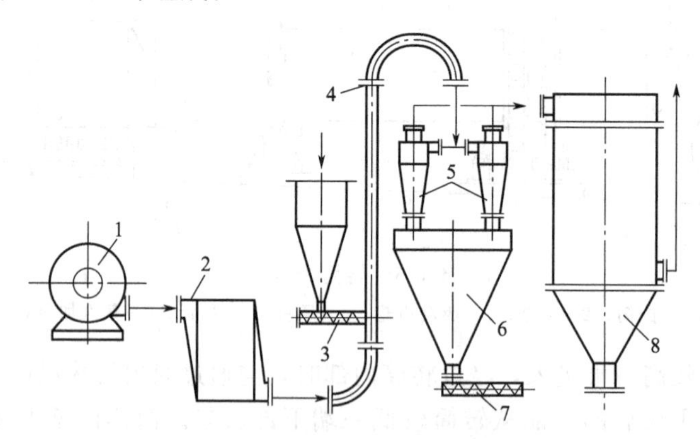

图 6-7　直管气流干燥器工艺流程

1—鼓风机；2—翅片换热器；3—螺旋加料器；4—干燥管；5—旋风分离器组；6—料斗；7—螺旋出料器；8—布袋除尘器

这种干燥方法传热传质表面积大、热效率高、干燥时间短、处理量大，干燥器结构简单、紧凑、体积小，操作方便。但干燥系统的流动阻力较大，必须选用高压或中压通风机，动力消耗大；干燥使用的气速高、流量大，需要选用尺寸大的旋风分离器和除尘器。

（5）流化床干燥器

流化床干燥器又称为沸腾床干燥器，是利用固体流态化原理而进行的一种干燥过程，如

图 6-8 所示。散粒状的固体物料由定量加料器加入流化床干燥器中。空气由鼓风机送入燃烧室，加热后送入流化床底部，经分布板与固体物料接触，形成流态化，达到气固相的热质交换，物料干燥后由排料口排出。尾气由流化床顶部排出，经旋风分离器和布袋除尘器回收细粉。

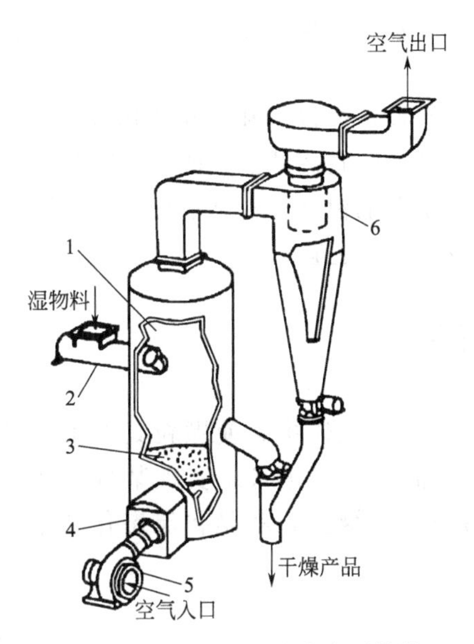

图 6-8　单层圆筒形流化床干燥器

1—流化室；2—进料器；3—分布板；4—加热器；5—风机；6—旋风分离器

流化床干燥器适用于无凝集特性的散粒状物料的干燥，设备结构简单、紧凑；生产能力大，处理能力从每小时几十千克至几百吨；热效率高；容积传热系数大；物料在流化床中的停留时间，如果设计合理，可以任意延长。但热空气通过分布板和物料层的阻力较大，鼓风机能量消耗大。

(6) 带式干燥器

带式干燥器如图 6-9 所示。干燥室的截面为长方形，内部安装有网状传送带，物料置于传送带上，气流与物料错流流动，带子在前移过程中，物料不断地与热空气接触而被干燥。传送带可以是单层的，也可以是多层的，带宽为 1～3m，带长为 4～50m，干燥时间为 5～120min。通常在物料的运动方向上分成许多区段，每个区段都可装设风机和加热器。在不同区段内，气流的方向、温度、湿度及速度都可以不同，如在湿料区段，操作气速可大些。

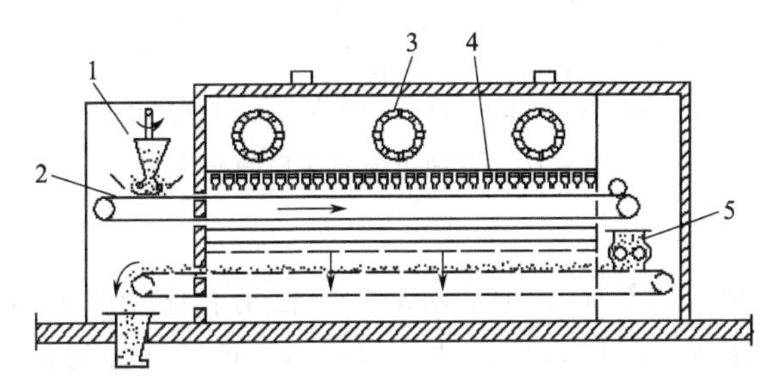

图 6-9　带式干燥器

1—加热器；2—传送带；3—风机；4—热空气喷嘴；5—压碎机

这种干燥器的生产能力及热效率均较低，热效率在40%以下。带式干燥器适用于干燥颗粒状、块状和纤维状的物料。

(7) 真空冷冻干燥器

真空冷冻干燥是先将湿物料冻结到其晶点温度以下，使水分变成固态的冰，然后在适当的真空度下，使冰直接升华为水蒸气，再用真空系统中的水汽凝结器将水蒸气冷凝，从而获得干燥制品的技术。

真空冷冻干燥的主要缺点是设备的投资和运转费用高，冻干过程时间长，产品成本高。但由于冻干后产品重量减轻，使运输费用减少；能长期储存，减少了物料变质损失；对某些农、副产品深加工后，减少了资源的浪费，提高了自身的价值。

本章主要讨论流化床干燥器的工艺设计。

6.3 流化床干燥器

将大量固体颗粒悬浮于运动的流体中，使颗粒具有类似于流体的某些特性，这种流固接触状态称为固体流态化。借这种流化状态实现某种生产过程的操作，称为流态化技术。流化床干燥器，又称沸腾床干燥器，就是将流态化技术应用于固体颗粒干燥的一种工业设备。

6.3.1 流态化现象

当流体由下向上通过固体颗粒床层时，随流速的增加，会出现以下几种情况。

(1) 固定床阶段

当流体速度较低时，颗粒所受的曳力不足以使颗粒运动，此时颗粒静止，流体只是穿过静止颗粒之间的孔隙流动，这种床层称为固定床，如图6-10 (a) 所示。随流速增加，床层高度 L_0 不变，孔隙率 ε_0 保持不变，而床层压强降则相应增加，如图6-11中的 GD 和 AB 线段所示。

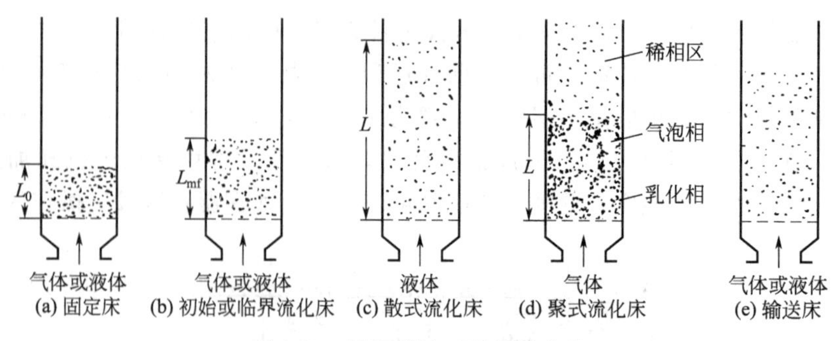

图6-10 不同流速时床层的变化

(2) 流化床阶段

当流速增至一定值时，颗粒床层开始松动，颗粒稍有振动并有方位调整，床层略有膨胀，但颗粒仍保持相互接触，不能自由运动，床层的这种情况称为初始流化或临界流化，如图6-10 (b) 所示，此时床层高度为 L_{mf}。此时的空塔气速称为临界流化速度 u_{mf}，它是最小的流化速度，如图6-11中的 B 点所示。

如果继续增大流速，固体颗粒将悬浮于流体中做随机运动，床层高度将随流速提高而膨胀、增高，孔隙率（ε）也随之增大，此时颗粒与流体之间的摩擦力恰好与其净重力相平衡。这种床层有类似于流体的性质，故称为流化床，如图 6-10（c）、（d）所示。此阶段的$\frac{\Delta p}{L}$-u 关系如图 6-11 中的 BC 所示。通过床层的流体称为流化介质。

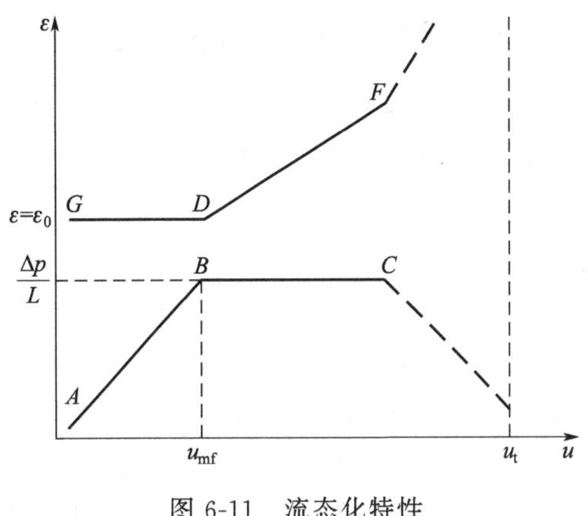

图 6-11　流态化特性

（3）稀相输送床阶段

若流速再增至某一极限时，流化床的上界面消失，颗粒分散悬浮于气流中，并不断被气流带出，这种床层称为稀相输送阶段，如图 6-10（e）所示。颗粒开始被带出的气速称为带出速度，其数值等于颗粒在该流体中的沉降速度 u_t。在这个阶段，由于固相密度变稀，单位高度床层压强降随气速升高而下降。

显然，要使固体颗粒床层在流化状态下操作，必须使流化的速度高于临界流化速度 u_{mf}，同时，为避免大量颗粒被气流带出，最大流速又不得超过按床层平均粒径计算的沉降速度（或带出速度）u_t。一般情况下，实际流化速度取 0.4～0.8u_t。

6.3.2　流化床干燥器的特性

流化床干燥器是将湿物料放置在多孔板上，由下方吹送热风使之形成流化状态而进行干燥的设备。在流化床内，颗粒在热风流中上下翻动，互相混合与碰撞，与热气流进行传热和传质而达到干燥的目的。

（1）流化床干燥器的优点

① 物料在床内的停留时间可根据工艺要求任意调节，故对难干燥或要求干燥产品含湿量低的过程非常适用。

② 设备结构简单，造价低廉，可动部件少，便于制造、操作和维修。

③ 生产能力大，从每小时几十千克至 4×10^5kg。

④ 热效率高，对于除去物料中的非结合水分，热效率可达到 70%，对于除去物料中的结合水分时，热效率为 30%～50%。

⑤ 床层温度均匀，容积传热系数可达到 2326～6978W/（m^3·℃）。

⑥ 物料干燥速度大，在干燥器中停留时间短，所以适用于某些热敏性物料的干燥。

⑦ 在同一设备内，既可进行连续操作，又可进行间歇操作。

（2）流化床干燥器的缺点

① 床层内物料返混严重，对单级式连续干燥器，物料在设备内停留时间不均匀，有可能使部分未干燥的物料随着产品一起排出床层外。

② 一般不适用于易黏结或结块、含湿量过高物料的干燥，因为容易发生物料黏结到设备壁面上或堵床现象。

③ 对被干燥物料的粒度有一定限制，一般要求不小于 30μm、不大于 6mm。

④ 对产品外观要求严格的物料不宜采用。干燥贵重和有毒的物料时，对回收装置要求苛刻。

6.3.3 流化床干燥器的类型及流程

流化床干燥器的形式很多，按操作方式可分为间歇式和连续式流化床干燥器；按结构形式可分为单层流化床、多层流化床、卧式多室流化床、振动流化床、离心流化床、喷动床、惰性粒子流化床干燥器等。下面简单介绍几种流化床干燥器的典型结构、操作特点、应用范围和操作流程，以作为选型时的参考。

(1) 单层圆筒形流化床干燥器

单层圆筒形流化床干燥器的基本结构如图 6-12 所示，床体为直立圆筒形，底部有一层分布板。它即可间歇操作也可连续操作。间歇操作时，被干燥物料一次加入干燥器，在床层中，热干燥介质与湿物料整体接触是一致的，干燥产品含湿量均匀，且每批的干燥时间可根据工艺要求进行调节。由于间歇操作，进出料耗时较多，劳动强度大，不适宜于干燥大批量的物料。

连续操作的单层流化床干燥器可用于初步干燥大量的物料，特别适用于表面水分的干燥。然而，为了获得均匀的干燥产品，则需延长物料在床层内的停留时间，与此相应的是提高床层高度从而造成较大的压强降。在内部迁移控制干燥阶段，从流化床排出的气体温度较高，干燥产品带出的显热也较大，故干燥器的热效率很低。

(2) 多层圆筒形流化床干燥器

为了克服单层流化床中物料停留时间不均匀及热效率低的特点，开发了多层流化床干燥器。湿物料从顶部加入，逐层向下移动，由底部排出。热空气由底部送入，向上通过各层，从顶部排出。热空气与物料逆向流动，因而物料在器内停留时间及干燥产品的含湿量比较均匀，最终产品的质量易于控制。由于物料与热空气多次接触，废气中水蒸气的饱和度较高，热利用率得到提高。此种干燥器适用于内部水分迁移控制的物料或产品要求含湿量很低的场合。如图 6-13 所示为两层流化床干燥器。

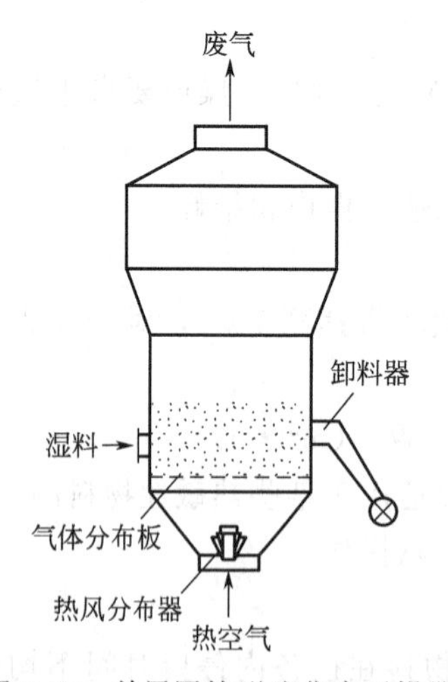

图 6-12 单层圆筒形流化床干燥器

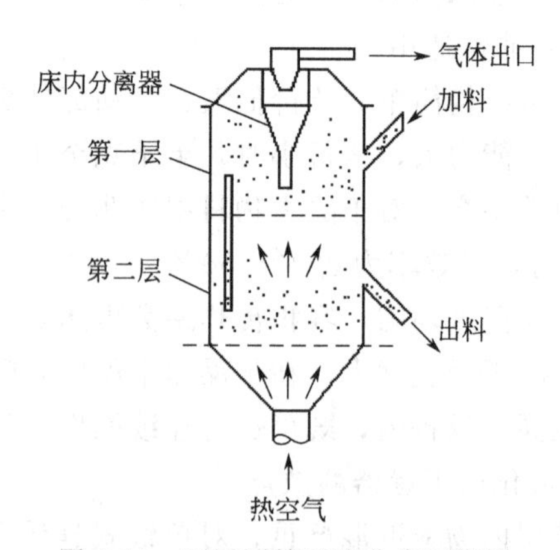

图 6-13 两层圆筒形流化床干燥器

多层圆筒形流化床干燥器结构较复杂，操作不易控制，难以保证各层板上均形成稳定的流化状态以及使物料定量地依次送入下一层。另外，气体通过整个设备的压强降较大，流动阻力也较大，需用较高风压的风机。

(3) 卧式多室流化床干燥器

为了保证物料能均匀地进行干燥，而流动阻力又较小，可采用如图 6-14 所示的卧式多室流化床干燥器。该干燥器的主体为一矩形厢式流化床，底部为多孔筛板，其开孔率为4%～13%，孔径一般为1.5～2.0mm。筛板上方有竖向挡板，将流化床分隔成多室，一般为4～8室。每块挡板均可上下移动，以调节其与筛板之间的距离，使物料能逐室通过，最后越过堰板而卸出。每一小室下部有一进气支管，支管上有调节气体流量的阀门。流程如图6-15所示，湿物料由摇摆颗粒机连续加入干燥室，由于物料处于流化状态，所以逐个移过各室，干燥后的物料最终由卸料口卸出。空气经过滤加热后，送入各室底部，通过多孔筛板进入干燥室，使物料进行流化干燥，废气由干燥室顶部出来，经旋风分离器、袋式过滤器后，由排风机排出。

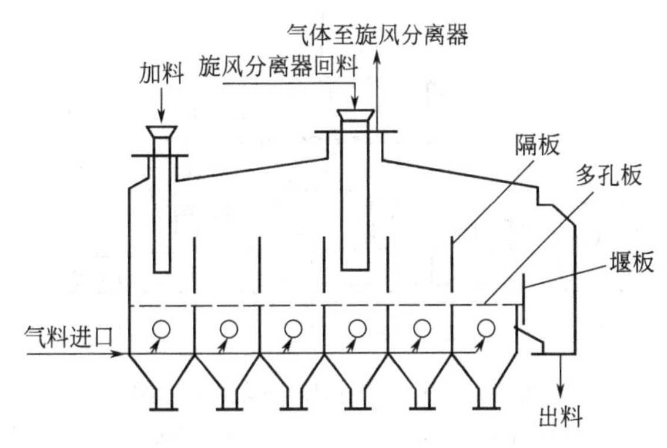

图6-14　卧式多室流化床干燥器

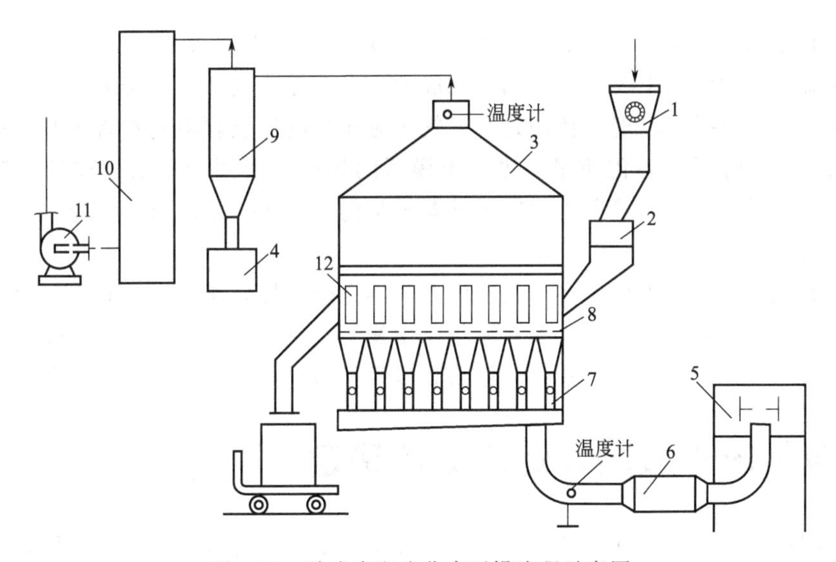

图6-15　卧式多室流化床干燥流程示意图

1—造粒机；2—料斗；3—干燥室；4—集粉料斗；5—空气过滤器；6—翘片换热器；7—进气支管；8—孔板；9—旋风分离器；10—布袋除尘器；11—引风机；12—视镜

卧式多室流化床干燥器还有很多种结构形式，譬如阶梯式卧式多室流化床干燥器、带立式搅拌器的卧式多室流化床干燥器等，此处不再赘述。

与多层流化床干燥器相比，卧式多室流化床干燥器高度较低，结构简单操作方便，易于控制，流体阻力较小，对各种物料的适应性强，不仅适用于各种难于干燥的粒状物料和热敏性物料，而且已逐步推广到粉状、片状等物料的干燥，干燥产品含湿量均匀，因而应用非常广泛。

(4) 振动流化床干燥器

振动流化床干燥器是一种新技术，它是在普通流化床干燥器上施加振动而成的，即是普通流化床干燥器的一种改进形式，流程如图 6-16 所示。干燥器由分配段、流化段和筛选段三部分组成。在分配段和筛选段下面均有热空气引入，湿物料从加料装置进到分配段，由于平板振动，使物料均匀地加到沸腾段去。湿料在沸腾段停留时间约为几秒钟，即达到干燥的目的，产品含水率达到要求时出料。

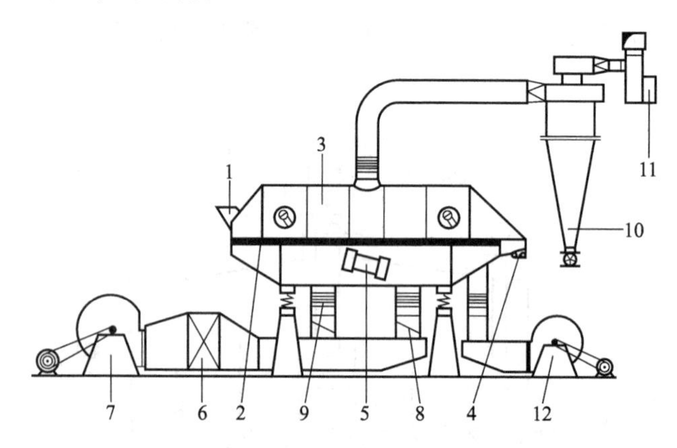

图 6-16 振动流化床干燥器示意图

1—加料口；2—机座；3—排风罩；4—产品出口；5—振动电机；6—加热器；7—鼓风机；8—分气阀；9—软式风管；10—旋风分离器；11—引风机；12—鼓风机

在普通流化床干燥器中，物料的流态化完全是靠气流来实现的，而振动流化床干燥器中，物料的流态化和输送主要是靠振动来完成的。由于振动的加入，降低了物料的最小流化速度，使流态化现象提早出现，特别是靠近气体分布板的底层颗粒物料首先开始流化，有利于消除壁效应，改善了流态化质量。进入干燥器的热风主要用于干燥过程的传热传质，因此，风量大为降低，一般为普通流化床干燥器气量的 20%～30%，而且细粉夹带现象减轻，细粉回收系统负荷降低。

总之，流化床干燥器类型繁多，其设计方法不完全一样，难以一一叙述，因此，本节仅以单层圆筒形流化床干燥器和卧式多室流化床干燥器为例，进行流化床干燥器的工艺设计。对于其他类型的流化床干燥器，其设计思路和步骤类似，具体方法可参阅有关文献。

6.4 流化床干燥器设计方案的确定

干燥器的设计是在设备选型和确定工艺条件基础上，进行设备工艺尺寸计算及其结构设计。设计的基本依据是物料衡算、热量衡算及干燥速率方程。设计的基本原则是物料在干燥器中的停留时间等于或略大于所需的干燥时间。

流化床干燥器设计方案的确定主要包括：干燥方法及干燥器结构形式的选择、干燥装置流程及操作条件的确定。所选方案必须满足制定的工艺要求，达到规定的生产能力、干燥要求及干燥产品质量，经济合理，操作方便。

6.4.1 干燥方法及干燥器的选择

前述 6.2 节内容已经介绍了主要的干燥方法及干燥器的类型，此处不再赘述。干燥器的选择，是一个受诸多因素影响的过程，下面对各种影响因素做一个综合但又简单的介绍。

（1）加热方法对干燥过程的影响

① 对流　对流加热是干燥颗粒、糊状或膏状物料最通用的方式。由热空气或其他气体流过物料表面或穿过物料层提供热量，而蒸发的湿分由干燥介质带走。这种干燥器也称为直接（加热）干燥器，在初始等速干燥阶段，物料表面温度为对应加热介质的湿球温度。在降速干燥阶段，物料的温度逐渐逼近介质的干球温度，在干燥热敏性物料时，必须考虑这些因素。当采用过热蒸汽干燥时，物料的最高温度相应于操作压力时的饱和温度。

② 传导　传导或间接干燥器更适用于薄层物料或很湿的物料。

③ 辐射　由于投资和操作费用较高，这种技术可用于干燥高值产品或湿度场的最终调整。

（2）操作温度和操作压力对干燥过程的影响

大多数干燥器在接近大气压时操作，微弱的正压可避免外界向内部泄漏，在某些情况下，如果不允许向外界泄漏则采用微负压操作。

真空操作是昂贵的，仅当物料必须在低温、无氧或在中温或高温操作时产生异味的情况下才推荐使用。高温操作是更为有效的，因此对于给定的蒸发量可采用较低的气体流量和较小的设备。在可获得低温度热或从太阳能收集器获得热能时，可选择低温操作。

（3）干燥器中物料的处理方法

在某些情况下物料需经预处理或预成型以使其适宜在某种特殊干燥器中干燥。产品的最终性能和质量也支配了干燥器的选择。当处理产品的性质在干燥时显著地变化或在干燥过程中其热敏性发生变化时，采用两种或多种不同类型干燥器的组合可能是最佳的方案。

（4）选择干燥器前的试验

有时缺乏数据或选择干燥器有某些困难，譬如必须采用与工业设备相似的试验设备，以提供物料干燥特性的关键数据，并探索从物料中排除液体的真实机理，则需进行针对性的试验。

（5）物料形态

在处理液态物料时通常选用喷雾干燥器、转鼓干燥器、搅拌间歇真空干燥器。对于黏性不很大的液状物料，旋转闪蒸干燥器及惰性载体干燥器也很适用。对于膏状物和污泥的连续干燥，旋转闪蒸干燥器是首选干燥设备。

（6）能源价格、安全操作和环境因素

干燥器的最终选择通常在设备价格、操作费用、产品质量、安全及便于安装等方面提出一个折中方案。

（7）干燥器尺寸估算

选择的干燥器必须能满足产品要求的条件，在最终选定一种干燥器形式之前应对可替代系统的性能特征做出评审。几乎总是需要做某些小型试验以了解物料的干燥特性，并进而预测在选定干燥器中可否完成干燥要求。

应予强调，在实际工程中必须考虑干燥系统而不是仅限于干燥器。

6.4.2　干燥流程的确定

干燥流程种类较多，即使同种干燥方法，选用的干燥器流程也不相同，所以可以根据操作条件、干燥器类型、操作特点及应用范围等进行比较选取，下面简单介绍几种典型流程，其他请参阅相关文献。

（1）加热方法的选择

干燥加热方式主要分为对流式、传导式、辐射式、介电式等类型。

① 对流式又称直接加热式，是利用热的干燥介质与湿物料直接接触，以对流方式传递热量，并将生成的蒸汽带走。因为排气所含的蒸发潜热难以再利用，故热效率较低。但尽管如此，估计仍有大约85%的工业干燥机为此种类型。

② 传导式又称间接加热式，它利用传导方式由热源通过金属间壁向湿物料传递热量，生成的湿分蒸汽可用减压抽吸、通入少量吹扫气或在单独设置的低温冷凝器表面冷凝等方法移去。这类加热方式不使用干燥介质，热效率较高，产品不受污染，但干燥能力受金属壁传热面积的限制，干燥器结构也较复杂，常在真空下操作。

③ 辐射式是利用各种辐射器发射出一定波长范围的电磁波，电磁波被湿物料表面有选择地吸收后转变为热量进行干燥。由于辐射热流量可在一个很大的范围内进行调节，所以对于表面湿的物料可以获得高的干燥速率。蒸发的湿分可通过对流或真空操作去除。

④ 介电式是利用高频电场作用，使湿物料内部发生热效应而进行干燥的。单独使用此种方式是不经济的，除非用来干燥高附加值的产品。

（2）干燥介质的选择

干燥介质的选择，决定于干燥过程的工艺及可利用的热源。基本的热源有饱和水蒸气、液态或气态的燃料和电能。在对流干燥中，干燥介质可采用空气、惰性气体、烟道气和过热蒸汽。

当干燥操作温度不太高且氧气的存在不影响被干燥物料的性能时，可采用热空气作为干燥介质。对某些易氧化的物料，或从物料中蒸发出易爆的气体时，则宜采用惰性气体作为干燥介质。烟道气适用于高温干燥，但要求被干燥的物料不怕污染，而且不与烟气中的 SO_2 和 CO_2 等气体发生作用。

（3）流动方式的选择

气体和物料在干燥器中的流动方式，一般可分为并流、逆流和错流。

在并流操作中，物料的移动方向与介质的流动方向相同；并流时物料的出口温度较低，带走的热量较少，推动力沿程逐渐下降，因而难于获得含水量低的产品。逆流操作中，物料移动方向和介质的流动方向相反，整个干燥过程中的干燥推动力较均匀。错流操作，干燥介质与物料间运动方向相互垂直，各个位置上的物料都与高温、低湿的介质相接触，因此干燥推动力较大，又可采用较高的气体速度，所以干燥速率很高。

【设计分析 18】并流操作一般适用于：

① 当物料含水量较高时，允许进行快速干燥而不产生龟裂或焦化的物料；

② 干燥后期不耐高温，即干燥产品易变色、氧化或分解等的物料。

逆流操作一般适用于：

① 在物料含水量高时，不允许采用快速干燥的场合；

② 在干燥后期，可耐高温的物料；

③ 要求干燥产品的含水量很低时。

错流操作一般适用于：

① 无论在高或低的含水量时，都可以进行快速干燥，且可耐高温的物料；

② 因阻力大或干燥器构造的要求不适宜采用并流或逆流操作的场合。

6.4.3　干燥条件的确定

（1）空气进入预热器的状态

由当地年平均气象条件或根据当地最不利条件确定。

（2）干燥介质进入干燥器的温度 t_1

为了提高经济性效益，强化干燥过程以及设备小型化，t_1 应保持在物料允许的最高温度范围内，但也应考虑避免物料发生变色、分解等变化。对于非热敏性物料且除去非结合水时，t_1 可提高达 700℃以上；对于热敏性物料，应选择较低的 t_1，必要时可在床层内装置内热构件。

（3）干燥介质离开干燥器的温度 t_2 和相对湿度 φ_2

提高干燥介质出口相对湿度 φ_2，可以减少空气消耗量，降低操作费，但提高 φ_2，降低了干燥过程的平均推动力，使干燥器尺寸增大，即加大了设备费用。因此，适宜的 φ_2 值应通过经济权衡和具体的干燥器对气速的要求来决定。

t_2 和 φ_2 是相互关联的，需同时予以考虑。在 t_1 一定的前提下，t_2 增高，干燥器热效率降低，而 t_2 降低，φ_2 就要增高，此时湿空气中的水蒸气可能会在后处理中冷凝析出水珠，破坏干燥的正常操作。一般要求 t_2 较出口空气的绝热饱和温度高 20～50℃。有时，在工艺条件允许的时候，可采取部分废气循环的干燥流程，以提高热效率。

（4）物料的出口温度 θ_2

物料的出口温度 θ_2 与许多因素有关，但主要取决于物料的最终含水量 X_2、临界含水量 X_0 和内部迁移控制段的传质系数。

如果干燥产品的含湿量 X_2 大于或等于临界含水量 X_0，则物料的出口温度 θ_2 就等于它接触的空气的湿球温度；如果 X_2 小于 X_0，则 X_0 越低，θ_2 也就越低；传质系数越高，θ_2 也越低。设计时可按下述方法估算：

① 按物料允许的最高温度 θ_{max}估算：

$$\theta_2=\theta_{max}-(5\sim10)(℃)$$

此方法的缺点是没考虑内部迁移控制段物料干燥的特点，因此误差可能会较大。

② 根据一定条件下的生产或实验数据，估计与干燥产品含湿量相对应的 θ_2。此时应注意干燥器的类型和操作条件与设计要求相似。

③ 若物料的临界含水量 X_0 低于 0.05，则对于悬浮或薄层物料可用式（6-1）计算：

$$\frac{t_2-\theta_2}{t_2-t_{w2}}=\frac{r_{t_{w2}}(X_2-X^*)-C_s(t_2-t_{w2})\left(\dfrac{X_2-X^*}{X_0-X^*}\right)^{\frac{r_{t_{w2}}(X_0-X^*)}{C_s(t_2-t_{w2})}}}{r_{t_{w2}}(X_0-X^*)-C_s(t_2-t_{w2})} \tag{6-1}$$

式中　t_2——干燥介质离开干燥器的温度，℃；

t_{w2}——干燥器出口气体状态下的湿球温度，℃；

$r_{t_{w2}}$——在 t_{w2}下水的汽化潜热，kJ/kg；

θ_2——物料的出口温度，℃；

C_s——绝干物料的比热容，kJ/(kg・℃）；

X_0——物料的临界含湿量，kg 水/kg 干料；

X_2——物料的出口含湿量，kg 水/kg 干料；

X^*——物料的平衡含湿量，kg 水/kg 干料。

6.5 流化床干燥器设计参数的选取及计算

6.5.1 湿物料中含水量的表示方法

湿物料中含水量的表示方法同空气含湿量表示一样，有两种方法。

(1) 湿基含水量 w

以湿物料为基准的含水率，其定义为

$$w=\frac{\text{湿物料中水分的质量}}{\text{湿物料总质量}} \quad \text{kg 水/kg 湿料}$$

(2) 干基含水量 X

以绝对干料为基准的含水率，其定义为

$$X=\frac{\text{湿物料中水分的质量}}{\text{湿物料中绝干物料的质量}} \quad \text{kg 水/kg 绝干物料}$$

两种含水量之间的换算关系为：

$$w=\frac{X}{1+X}, X=\frac{w}{1-w}$$

虽然以湿基含水量表示物料湿度比较简便，但在干燥过程中，湿物料的质量是变化的，而绝干物料的质量却是不变的。因此，干燥计算用干基含水量表示较为方便。

6.5.2 物料衡算

通过干燥过程的物料衡算，可确定出将湿物料干燥到指定的含水量所需除去的水分量及所需的空气量。从而确定在给定干燥任务下所用的干燥器尺寸，并配备合适的风机。

(1) 湿物料的水分蒸发量 W

对连续操作的干燥装置做水分的衡算，以 1s 为计算基准。则通过干燥器湿空气中绝干空气的量是不变的，又因为湿物料中蒸发出的水分被空气带走，故湿物料中水分的减少量等于湿物料中水分的汽化量，也等于湿空气中水分的增加量。即：

$$W=L(H_2-H_1)=G_c(X_1-X_2) \tag{6-2}$$

式中 W——水分蒸发量，kg/s；

G_c——绝干物料的质量流量，kg/s；

X_1，X_2——湿物料的初始和最终含湿量，kg 水/kg 绝干料；

L——绝干空气的质量流量，kg/s；

H_1，H_2——空气进出干燥器的湿度，kg 水/kg 绝干气。

(2) 干空气用量 L

$$L=\frac{W}{H_2-H_1} \tag{6-3}$$

将式 (6-3) 两边均除以 W 得：

$$l=\frac{L}{W}=\frac{1}{H_2-H_1} \tag{6-4}$$

l 称为单位空气消耗量或比空气用量，即从湿物料中蒸发 1kg 的水分所消耗的绝干空气量，kg 绝干气/kg 水。由此可见，空气消耗量只与空气的最初和最终湿度有关，而与干燥过程所经历的途径无关。

所以湿空气（新鲜空气）消耗量 L'（kg 新鲜气/s）：

$$L'=L(1+H_1) \tag{6-5}$$

（3）干燥产品流量 G_2

由于假设干燥器内无物料损失，因此，进出干燥器的绝干物料量不变，即

$$G=G_1(1-w_1)=G_2(1-w_2)$$

所以

$$G_2=\frac{G_1(1-w_1)}{1-w_2}$$

式中　G_1——湿物料流量，kg/h；

w_1——物料进干燥器时的湿基含水量；

w_2——物料离开干燥器时的湿基含水量。

6.5.3　热量衡算

通过干燥器的热量衡算，可以确定物料干燥所消耗的热量或干燥器排出空气的状态。作为计算空气预热器和加热器的传热面积、加热剂的用量、干燥器的尺寸或热效率的依据。

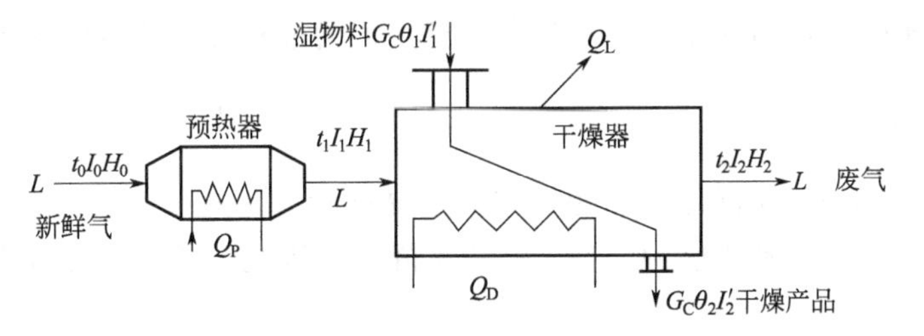

图 6-17　干燥过程热量衡算

对图 6-17 所示的干燥过程做热量衡算，以 1s 为基准，则各量计算如下。

（1）预热器热量衡算

$$LI_0+Q_P=LI_1$$

$$Q_P=L(I_1-I_0) \tag{6-6}$$

（2）干燥器热量衡算

$$Q_D=L(I_2-I_1)+G(I'_2-I'_1)+Q_L \tag{6-7}$$

（3）整个系统热量衡算

$$Q=Q_P+Q_D=L(I_2-I_0)+G(I'_2-I'_1)+Q_L \tag{6-8a}$$

式中　Q——加入干燥系统的热量，kW；

Q_P——预热器内加入的热量，kW；

Q_D——向干燥器补充的热量，kW；

I_0——进预热器前新鲜空气的焓，kJ/kg 绝干气；

I_2——废气的焓，kJ/kg 绝干气；

I'_1，I'_2——湿物料进入和离开干燥器的焓，kJ/kg 绝干气；

Q_L——干燥器的热损失，kW。

其中湿空气的焓按式（6-9）计算

$$I=(1.01+1.88H)t+2490H \tag{6-9}$$

湿物料的焓按式（6-10）计算

$$I'=(C_s+XC_w)\theta=(C_s+4.187X)\theta=C_m\theta \tag{6-10}$$

式中　C_s——绝干物料的比热容，kJ/(kg 绝干料·℃)；

C_w——水的比热容，其值约为 4.187kJ/(kg 水·℃)；

C_m——湿物料的比热容，kJ/(kg 绝干料·℃)。

将式（6-9）、式（6-10）带入式（6-8a）并整理可得

$$Q=L(1.01+1.88H_0)(t_2-t_0)+G_cC_m(\theta_2-\theta_1)+W(2490+1.88t_2)+Q_L \tag{6-8b}$$

式中，右边第一项为加热干燥介质所需要的热量，用 Q_3 表示；第二项为干燥产品带走的热量，用 Q_2 表示；第三项为从湿物料中蒸发水分所消耗的热量，用 Q_1 表示；第四项为干燥器的热损失，用 Q_L 表示，一般可按有效消耗热量的10%～15%估算。所谓有效耗热量指热量 Q_1 和热量 Q_2 之和，这样式（6-8b）即为

$$Q=Q_1+Q_2+Q_3+Q_L \tag{6-8c}$$

由式（6-8c）可以看出，加入干燥装置的热量消耗于四个方面，即蒸发水分、加热物料、干燥介质升温、补偿热损失。

将上述物料衡算方程、热量衡算方程和空气焓的计算式相结合，即可求得空气离开干燥器的状态参数、干燥介质消耗量。加热蒸汽消耗量可通过有关加热器的热量衡算求出。

6.5.4 热效率

干燥器的热效率是干燥器操作性能的一个重要指标。热效率高，表明热的利用程度好，操作费用低，同时可合理利用能源，使产品成本降低。因此，通常用热效率来表示干燥过程热量利用的经济性。

目前，对于干燥器热效率的定义很不一致，许多资料和教科书是以直接用于干燥目的的 Q_1 来计算热效率的，即

$$\eta_h=\frac{Q_1}{Q_P+Q_D}\times 100\% \tag{6-11}$$

6.5.5 临界流化速度与带出速度的计算

（1）临界流化速度 u_{mf}

当流化床内的流体达到流化点时，即床层压力损失等于单位面积床层上固体颗粒质量时，所有颗粒刚好浮起时流体的表观流速称为临界流化速度。目前临界流化速度 u_{mf} 尚不能用理论公式进行精确计算，其确定方法主要有两种，一是实验测定法，即通过测定床层的压降-流速关系曲线来确定；二是近似计算法，即用量纲分析或相似理论的方法通过实验求得经验公式进行计算。到目前为止，提出的临界流化速度的计算方法已经很多，但设计中常用的、依据比较充分的、适用范围广泛且计算简便的也不过几个。但为了可靠起见，设计中可同时选用若干公式进行计算，并将其结果进行比较，以确定取舍。下面主要介绍几个常用计算法。

方法 1：在特别高和特别低雷诺数情况下，可以推导出计算临界流化速度的半理论公式为

$$u_{mf}=\frac{d_p^2(\rho_s-\rho)g}{1650\mu},Re_{p,mf}<20 \tag{6-12}$$

$$u_{mf}^{2}=\frac{d_{p}(\rho_{s}-\rho)g}{24.5\rho}, Re_{p,mf}>1000 \tag{6-13}$$

式中　u_{mf}——临界流化速度，m/s；

d_p——固体颗粒直径，m；

ρ_s——颗粒密度，kg/m³；

ρ——气体密度，kg/m³；

μ——气体黏度，Pa·s；

g——重力加速度，m/s²；

$Re_{p,mf}$——以临界流化速度表示的雷诺数，无量纲，$Re_{p,mf}=\frac{d_{p}u_{mf}\rho}{\mu}$。

方法 2：利用 Ly-Ar（ε）关系图计算

$$\text{根据公式 } Ar=\frac{d_{p}^{3}(\rho_{s}-\rho)\rho g}{\mu^{2}} \tag{6-14}$$

算出阿基米德数，再根据孔隙率 ε 值，由图 6-18 中的 $Ly=f$（Ar）关系曲线查出对应的李森科数 Ly，带入式（6-15）求出 u。

$$Ly=\frac{u^{3}\rho^{2}}{\mu(\rho_{s}-\rho)g} \tag{6-15}$$

对于均匀球形颗粒的流化床，临界流化状态下的空隙率 $\varepsilon_{mf}=0.4$。再根据计算出的 Ar 数值，从图 6-18 中查得 Ly_{mf}值，带入式（6-15）便可得出临界流化速度

$$u_{mf}=\sqrt[3]{\frac{Ly_{mf}\mu g(\rho_{s}-\rho)}{\rho^{2}}} \tag{6-16}$$

式中　u_{mf}——临界流化速度，m/s；

Ly_{mf}——以临界流化速度计算的李森科数，无量纲；

μ——干燥介质的黏度，Pa·s；

ρ_s——固体物料的密度，kg/m³；

ρ——干燥介质的密度，kg/m³。

方法 3：Wen 和 Yu 根据不同流体-颗粒系统的实验研究归纳出可以同时适用于层流、过渡流和湍流的公式

$$Re_{p,mf}=\frac{d_{p}u_{mf}\rho}{\mu}=\sqrt{33.7^{2}+0.0408Ar}-33.7 \tag{6-17}$$

式中　Ar——阿基米德数，$Ar=\frac{d_{p}^{3}(\rho_{s}-\rho)\rho g}{\mu^{2}}$；

$Re_{p,mf}$——临界流化速度表示的雷诺数，无量纲，$Re_{p,mf}=0.001\sim4000$，平均偏差±25%。

（2）带出速度 u_t

带出速度在数值上等于颗粒的速度，气体超过此速度，物料将被带出干燥室。

方法 1：

$$\frac{u_{mf}}{u_{t}}=0.1175-\frac{0.1046}{1+0.00373Ar^{0.6}} \tag{6-18}$$

方法 2：利用 Ly-Ar（ε）关系图计算，与临界流化速度方法 2 相同。

颗粒被带出时，床层孔隙率 ε≈1。根据 Ar 及 $\varepsilon_t=1$，从图 6-18 查出 Ly_t，再按式（6-19）

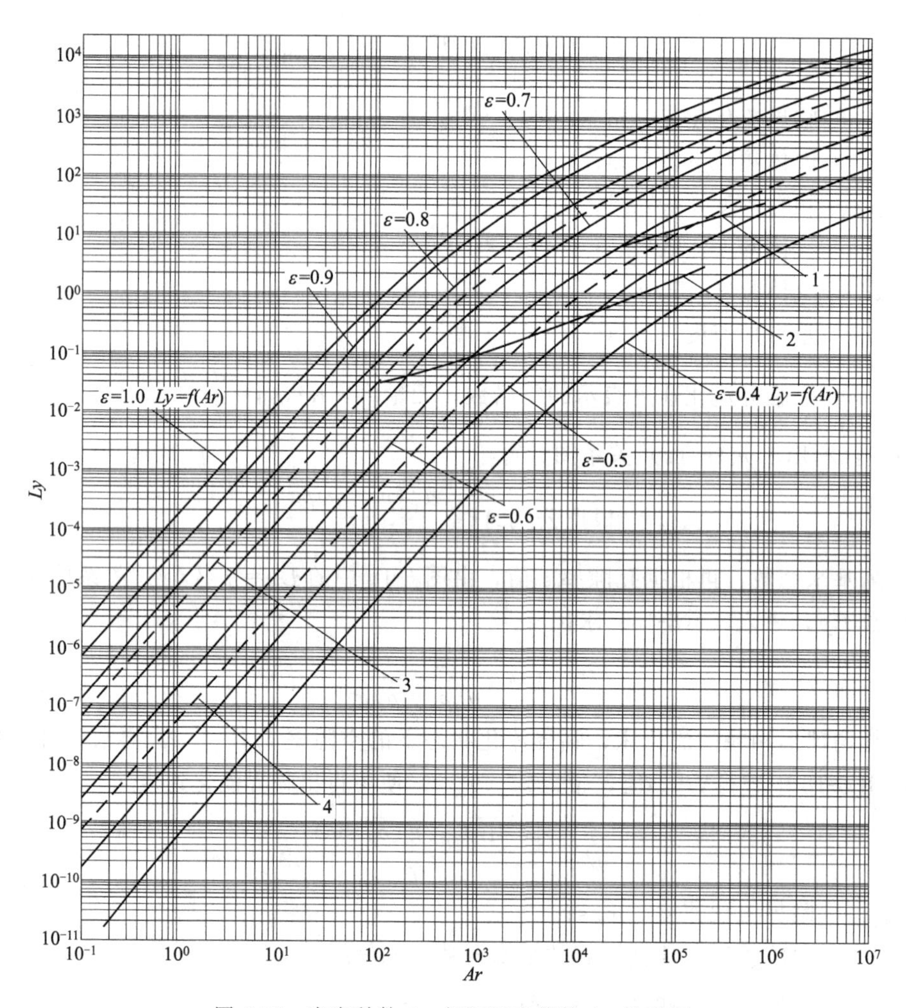

图 6-18　李森科数 Ly 与阿基米德数 Ar 关系图

求得颗粒带出速度，即

$$u_t=\sqrt[3]{\frac{Ly_t \mu g \rho_s}{\rho^2}} \tag{6-19}$$

式（6-19）适用于球形颗粒。对于非球形颗粒应乘以校正系数，即

$$u'_t=C_t u_t$$

式中　u'_t——非球形颗粒的带出速度；m/s；

C_t——非球形颗粒的校正系数。其值由下式估算：

$$C_t=0.843\lg\frac{\varphi_s}{0.065}$$

式中　φ_s——颗粒的形状系数或球形度。可按下式计算：

$$\varphi_s=\frac{S}{S_p}$$

式中　S_p——非球形颗粒的表面积，m^2；

S——与颗粒等体积的球形颗粒表面积，m^2；

Ly_t——以带出速度计算的李森科数，无量纲。

方法 3：先计算 Ar，再根据式（6-20）求得带出速度时的雷诺数 Re_t，

$$Re_t=\frac{Ar}{18+0.6\sqrt{Ar}} \tag{6-20}$$

然后带入式（6-21）算出 u_t。

$$u_t=\frac{Re_t\mu}{\rho d_p} \tag{6-21}$$

6.5.6 操作流化速度

流化床的操作速度 u，必须是在临界速度 u_{mf} 和带出速度 u_t 之间。此时流化床的孔隙率必须是 $0.4<\varepsilon<1$。

在设计计算时，流化床的操作速度可按下列关系求解

$$u=K_f u_{mf} \tag{6-22}$$

式中，K_f 为流化数，对于大颗粒，可取 $K_f=2\sim6$；对于小颗粒，可取 $K_f=6\sim10$ 或更高。

对于粒径大于 500μm 的颗粒，根据平均粒径计算出粒子的带出速度，取操作速度为带出速度的 0.4～0.8 倍，即

$$u=(0.4\sim0.8)u_t \tag{6-23}$$

【设计分析 19】 一般流化床干燥器实际孔隙率 $\varepsilon=0.55\sim0.75$。因此，也可先选定床层孔隙率 ε，然后由 Ar 和 ε 从图 6-18 中找出相应的 Ly 值，再按下面公式求得操作流化速度，即

$$u=\sqrt[3]{\frac{Ly\mu g\rho_s}{\rho^2}} \tag{6-24}$$

6.6 流化床干燥器的工艺计算

由于流态化干燥器的结构不同，其设计方法也不完全一致，本节主要讨论单层圆筒流化床干燥和卧式多室流化床干燥器的工艺设计计算。

对于单层圆筒形流化床干燥器，主体尺寸主要是直径和总高，如图 6-19 所示。

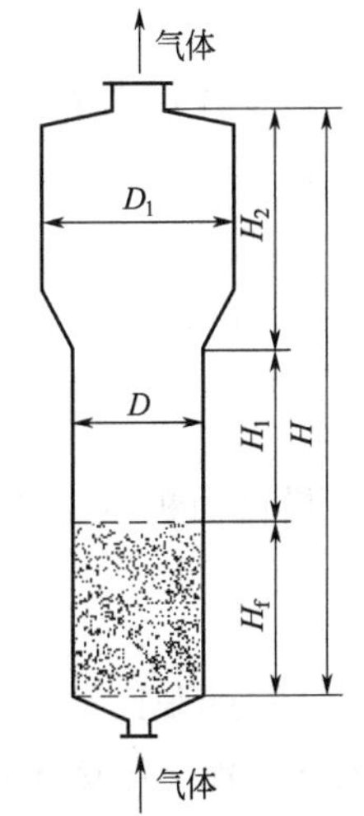

图 6-19 单层圆筒形流化床干燥器主体尺寸示意图

6.6.1 流化床直径 D

根据生产过程的要求，通过物料衡算和热量衡算可求得操作温度和压力下通过床层的绝干气的流量 L，再根据计算或经验选定的操作气速 u，就可以求出所需的流化床底面积 A。

$$A=\frac{vL}{3600u} \tag{6-25}$$

式中 L——绝干气的流量，kg/h；

v——气体在温度 t_2 及湿度 H_2 状态下的比容，m^3/kg 绝干气；

$$v=(0.772+1.244H_2)\frac{273+t_2}{273}\times\frac{1.013\times10^5}{p} \tag{6-26}$$

式中　p——干燥器中的操作压强，Pa。

若流化床设备是圆柱形，可根据 A 和式（6-25）求得床层直径 D，并把计算结果加以圆整。

$$D=\sqrt{\frac{4vL}{3600\pi u}}=\sqrt{\frac{vL}{900\pi u}} \tag{6-27}$$

6.6.2 扩大段直径 D_1

在流化床的上部设备扩大段的主要目的是降低风速，使其小于某一颗粒的沉降速度，则大于这些直径的颗粒就会沉降下来回到床层中去，以减轻细粉回收设备的负荷。如果细粉量不大，而细粉回收设备又能装入床内，也可不设扩大段。

扩大段直径的确定，须先带入细粉回收设备中的最小颗粒的直径，再计算出其带出速度 u_{tmin}，再按式（6-28）求出扩大段直径 D_1，并加以圆整。

$$D_1=\sqrt{\frac{vL}{3600\times\frac{\pi}{4}u_{tmin}}}=\sqrt{\frac{vL}{900\pi u_{tmin}}} \tag{6-28}$$

式中　D_1——流化床扩大段直径，m；

u_{tmin}——细粉回收设备中的最小颗粒带出速度，m/s。

【设计分析 20】有时取扩大段中的气速为操作气速的一半，来确定扩大段的直径，也可获得满意的结果。即

$$u_{tmin}=\frac{1}{2}u \tag{6-29}$$

6.6.3 流化床总高度 H

流化床设备的总高度，是由流化床层（浓相段）高度 H_f、分离高度（稀相段高度）H_1 和扩大段高度 H_2 组成，即

$$H=H_f+H_1+H_2 \tag{6-30}$$

（1）流化床层高度 H_f

流化床层是进行传热传质的主要场所，床层高度关系到产品质量、收率及流化床的操作特性等，是工艺设计的重要尺寸。设计中一般由“膨胀比”E 来计算。膨胀比是流化床层的体积 V_f 与流化前的固定床层体积 V_0 之比，即

$$E=\frac{V_f}{V_0} \tag{6-31}$$

对于横截面积不变（如圆柱形等）的流化床层，有下列关系成立。

$$E=\frac{V_f}{V_0}=\frac{H_f}{Z_0}=\frac{1-\varepsilon_0}{1-\varepsilon_f} \tag{6-32}$$

式中　E——膨胀比；

V_f——流化床层体积，m^3；

V_0——固定床层体积，m^3；

H_f——流化床层高度，m；

Z_0——固定床层高度，m；

ε_f——流化床空隙率；

ε_0——固定（静止）床空隙率。

固定床空隙率可按式（6-33）计算

$$\varepsilon_0=\frac{\rho_s}{\rho_p} \tag{6-33}$$

式中　ρ_s——颗粒的真密度，kg/m^3；

ρ_p——颗粒的堆积密度，kg/m^3。

影响流化床层空隙率的因素很多，目前还没有一个准确的、并能在宽广范围中适用的一般公式，式（6-34）为一个自由床空隙率的半经验公式。

$$\varepsilon_f=\left(\frac{18Re+0.36Re^2}{Ar}\right)^{0.21} \tag{6-34}$$

或者根据 $Ly=f(Ar,\varepsilon)$ 关系曲线，先计算出 Ly 和 Ar，再从图 6-18 查得床层空隙率 ε。

表 6-3、表 6-4 所列分别为圆筒形和卧式多室流化床干燥器的静止床层高度和流化床层高度的操作数据。

表 6-3　圆筒形流化床干燥器的静止床层高度和流化床层高度的操作数据

物料名称	颗粒粒度	静止床层高度/mm	流化床层高度/mm	床层直径×高度/(mm×mm)
氯化铵	40～60 目	150	360	Φ2600×6030
氯化铵	40～60 目	250～300	1000	Φ3000×7000
				Φ900×2700
硫化铵	40～60 目	300～400	—	Φ920×3480
涤纶、锦纶	5mm×5mm×2mm	100	200～300	Φ530×3450
	Φ3mm×4mm			
涤纶	5mm×5mm×2mm	50～70	—	Φ200×2300
葡萄糖酸钙	0～4mm	400	700	Φ900×3170
土霉素	粒状	300	600	Φ4000×1200
金霉素	粒状	300	600	Φ4000×1200
四环素	粒状	300	600	Φ4000×1200

表 6-4　卧式多室流化床干燥器的静止床层高度和流化床层高度的操作数据

物料名称	颗粒粒度	静止床层高度/mm	流化床层高度/mm	床层长×宽×高/(mm×mm×mm)
颗粒状药品	12～14 目	100～150	300	2000×263×2828
糖粉	14 目	100	250～300	1400×200×1500
SWP(药品，磺胺甲氧吡哒嗪)	80～100 目	200	300～350	2000×263×2828
尼龙 1010	6mm×3mm×2mm	100～200	200～300	2000×263×2828
水杨酸钠	8～14 目	150	500	1500×200×700
各种片剂	12～14 目	50～100	300～400	2000×500×2860
合霉素	粒状	400	1000	2000×250×2500
氯化钠	粒状	300	800	4000×2000×5000

(2) 分离高度 H_1

关于分离高度的确定，目前还没有一个可靠的计算方法。可根据中型试验或生产数据选取。当缺乏数据时，可按图 6-20 查得。图中虚线部分，由于床径较小，不能避免壁效应的影响，数据不够可靠。

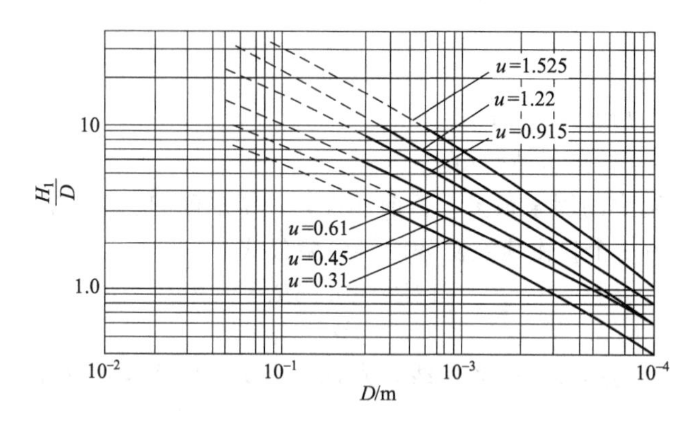

图 6-20 流化床的分离高度

对于非圆柱形设备，用当量直径 D_e代替图中的设备直径 D。

另外，也有资料提出，分离段高度可近似等于床层高度。

(3) 扩大段高度 H_2

流化床扩大段高度一般可根据经验选取，大致等于扩大段直径。

6.6.4 卧式多室流化床层底面积

物料在干燥器中通常经历表面汽化控制（恒速干燥）和内部迁移控制（降速阶段）两个阶段。床层底面积等于两个阶段所需底面积之和。

(1) 恒速干燥阶段所需的底面积 A_1

恒速干燥阶段所需的底面积可按式 (6-35) 进行计算：

$$\alpha_a Z_0 = \frac{(1.01+1.88H_0)\overline{L}}{\dfrac{(1.01+1.88H_0)\overline{L}A_1(t_1-t_w)}{G_c(X_1-X_2)r_{t_w}}-1} \tag{6-35}$$

式中 Z_0——静止时床层厚度，m（一般可取 0.05～0.15m）；

$\overline{L}$——干空气的质量流速，kg 绝干气/(m^2 · s)；

A_1——表面汽化控制阶段所需的底面积，m^2；

t_1——干燥器入口空气的温度，℃；

t_w——入口空气的湿球温度，℃；

r_{t_w}——在温度 t_w时水的汽化潜热，kJ/kg；

α_a——流化床层的体积传热系数或热容量系数，kW/(m^3 · ℃)。

$$\alpha_a = \alpha a \tag{6-36}$$

$$a = \frac{6(1-\varepsilon_0)}{d_m} \tag{6-37}$$

或

$$a = \frac{6\rho_b}{\rho_s d_m} \tag{6-38}$$

式中　a——静止时床层的比表面积，m^2/m^3。

ρ_b——静止床层的颗粒堆积密度，kg/m^3；

ε_0——静止床层的空隙率；

d_m——颗粒平均粒径，m；

α——流化床层的对流传热系数，kW/（m^2·℃）。

$$\alpha = 4\times10^3\times\frac{\lambda}{d_m}Re^{1.5} \tag{6-39}$$

式中　λ——气体的热导率，kW/（m·℃）；

Re——雷诺数，$Re=\frac{d_m u\rho}{\mu}$。

应予指出，当 $d_m<0.9$mm 时，由上述式子求得的 α_a 值偏高，需进行修正。

修正时，根据图 6-21 进行，纵坐标为 d_m，横坐标为 C，其代表修正值与计算值的比值，即

$$C=\frac{\alpha'_a}{\alpha_a}$$

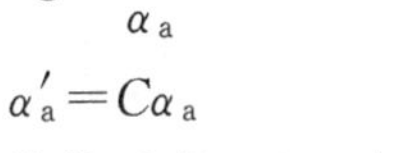

$$\alpha'_a = C\alpha_a$$

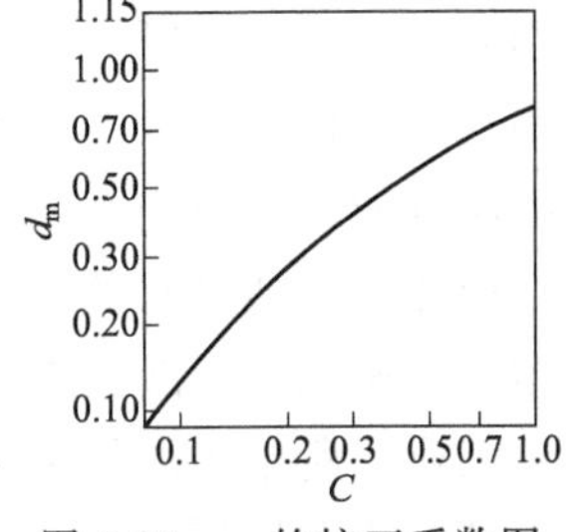

图 6-21　α_a 的校正系数图

式中　α'_a——修正后的体积传热系数，kW/（m^3·℃）。

（2）降速干燥阶段所需的底面积 A_2

降速干燥阶段所需的底面积可用式（6-40）计算：

$$\alpha_a Z_0=\frac{(1.01+1.88H_0)\overline{L}}{\left[\frac{(1.01+1.88H_0)\overline{L}A_2}{G_c C_{m2}}\times\frac{1}{\ln\frac{t_1-\theta_1}{t_1-\theta_2}}\right]-1} \tag{6-40}$$

式中　A_2——降速干燥阶段所需流化床底面积，m^2；

C_{m2}——干燥产品的比热容，kJ/（kg 绝干料·℃）。

$$C_{m2}=C_s+4.187X_2 \tag{6-41}$$

（3）流化床层总底面积 A

$$A=A_1+A_2 \tag{6-42}$$

6.6.5　卧式多室流化床干燥器的宽度和长度

在流化床层底面积 A 确定之后，设备的长度和宽度需要进行合理的布置。其宽度的选取，必须由物料在设备内能被均匀分布的条件来确定，一般不超过 2m。设备中物料前进方向的长度受到热风均匀分布条件的限制，通常取 2.5～2.7m 以下为宜。当选定了长宽比之后，即可根据床层截面积 A 初步确定床层的长度和宽度，再根据实际需要进行适当的调整。

6.6.6　物料在流化床中的平均停留时间

$$\tau=\frac{Z_0\rho_b A}{G_2} \tag{6-43}$$

式中　G_2——干燥产品的流量，kg/s；

ρ_b——颗粒堆积密度，kg/m^3；

Z_0——静止时床层高度，m；

τ——物料的停留时间，s。

6.7 流化床干燥器的结构设计

在结构设计中，主要包括气体分布板与预分布器、内部构件和溢流堰的设计。

6.7.1 气体分布板与预分布器

（1）气体分布板

气体分布板是保证流化床干燥器具有良好而稳定的流化状态的重要构件。气体分布板的作用除了支撑固体颗粒、防止漏料及使气体均匀分布外，还有分散气流使其在分布板上产生较小气泡的作用，以造成良好的起始流化条件与抑制聚式流化床的不稳定性；同时，其气体压降尽可能小；还应在长期的操作过程中不致被阻塞和磨蚀。实践证明，设计良好的分布板，应使气体通过它的稳定压强降为床层压强降的10%～40%为宜。在流化床干燥器中，分布板的压强降一般为500～1500Pa。

工业上所采用的气体分布板（简称筛板、分布板）形式较多，常见的有直流式、侧流式、填充式和短管式。

① 直流式分布板　直流式分布板如图6-22所示。单层多孔板是一种普通的多孔筛板，其结构简单，制作方便，故工业上应用很普遍。但是它的气流方向正对床层，易产生沟流，小孔易于堵塞，停车时易漏料。双层直孔筛板错叠而成，能避免漏料。在大直径流化床中，颗粒物料的负荷较重，平筛板易受压弯曲，可采用凹形和凸形直孔分布板，且这种分布板经得起热应力，还可抑制沟流的发生。直流式气体分布板的开孔布置一般为等边三角形，其直孔的结构，如图6-23所示。

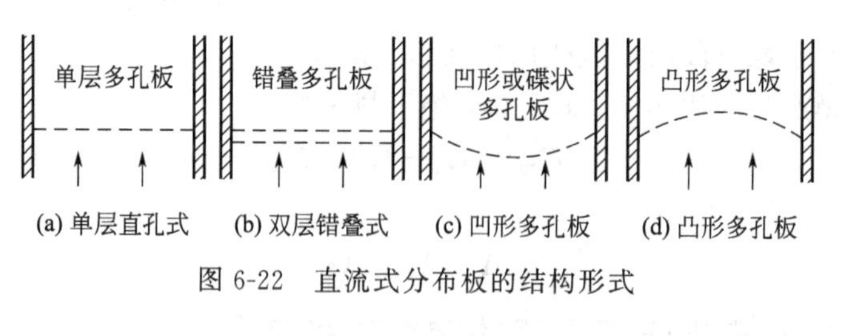

图6-22　直流式分布板的结构形式

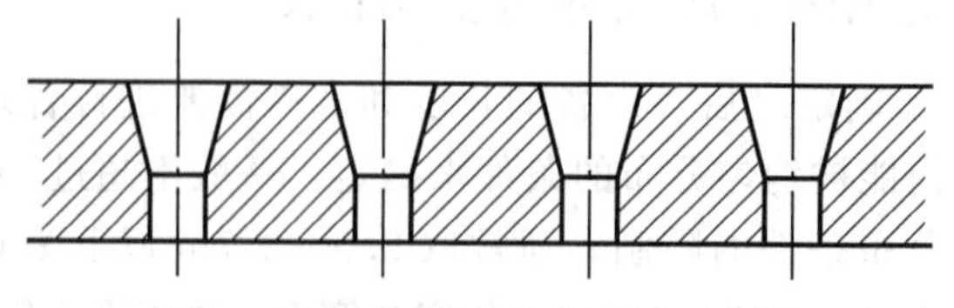

图6-23　直流式分布板的孔结构形式

② 侧流式分布板　侧流式分布板是在分布板上均匀安置了许多带侧孔的锥形风帽而构成的一种板型，如图6-24、图6-25所示。气体从锥帽底部的侧缝或锥帽四周的侧孔流出。这种分布板不易漏料，也不易堵塞，虽结构复杂，制作不方便，但目前工业上还是广泛采用，效果也较好。

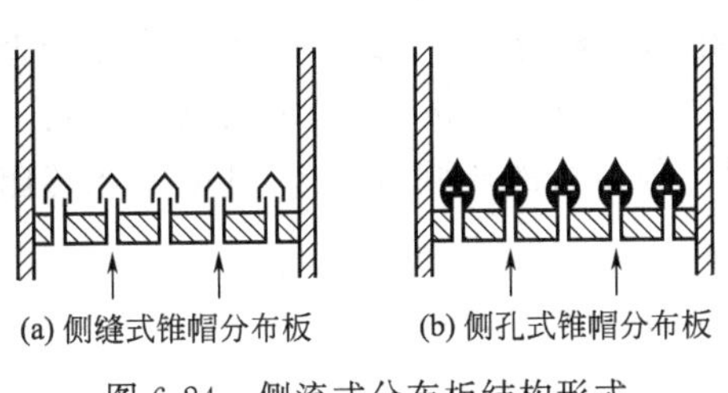

(a) 侧缝式锥帽分布板　(b) 侧孔式锥帽分布板

图 6-24　侧流式分布板结构形式

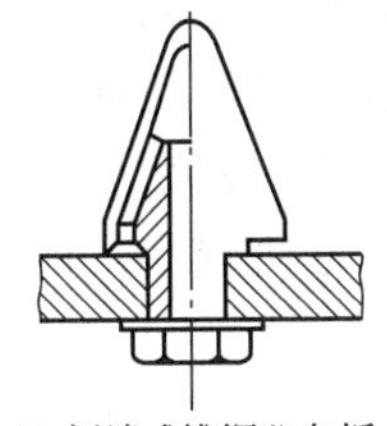

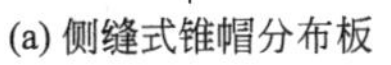

(a) 侧缝式锥帽分布板

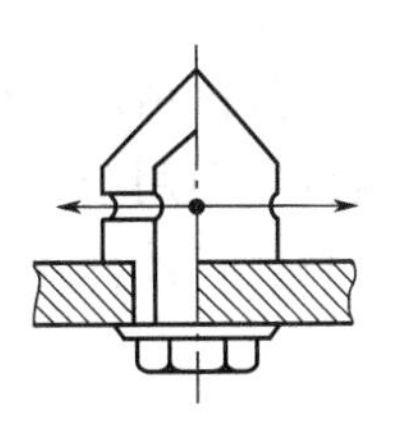

(b) 侧孔式锥帽分布板

图 6-25　侧流式分布板结构示意图

③ 填料式分布板　填料式分布板是在直孔筛板或栅板上铺上金属丝网，再间隔地铺上卵石、石英砂、卵石，最上层再用金属丝网压紧，如图 6-26 所示。这种分布板结构简单，能够达到均匀布气的要求。但操作时，固体颗粒一旦进入填充层就很难被吹出去，容易烧结；长期使用后，填充层常常松动、移位，使布气均匀程度降低。因此，填充式分布板目前很少采用。

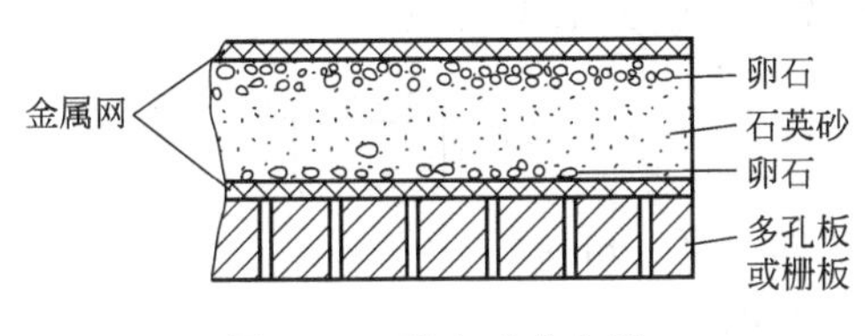

图 6-26　填充式分布板

④ 短管式分布板　短管式分布板是在整个分布板上均匀设置了若干根短管，每根短管下部有一个气体流入的小孔，如图 6-27 所示。短管及下部小孔起着整流和均匀布气的作用，小孔尺寸和开孔率大小要保证有足够的气速，防止固体颗粒泄漏。短管式分布板的结构比锥帽式要简单，制造也容易。

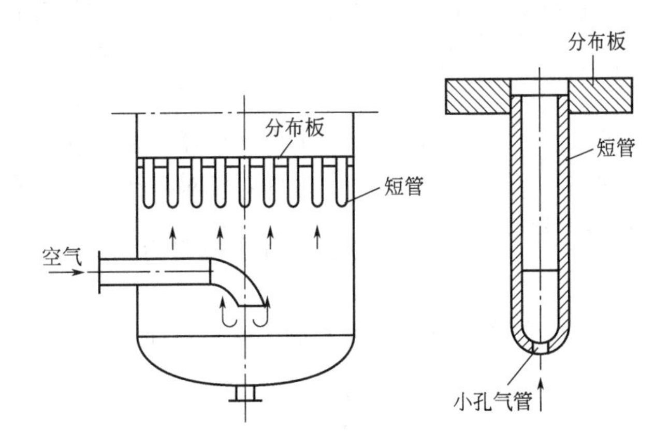

图 6-27　短管式分布板

⑤ 其他形式的分布板　气体分布板的形式还有很多，譬如多层过滤板型、管栅型、炉箅型等，此处不再一一介绍，请参考相关文献。

（2）分布板开孔率

分布板上开孔率的大小，直接关系到流化质量的好坏。分布板开孔率即分布板孔道面积与分布板总面积之比。试验表明，对于一般流化床干燥器，开孔率越大，其流化质量越差；

减少开孔率，会改善流化质量，但开孔率过小，将使设备阻力过大，消耗动力过多。因此，要根据具体情况进行分析，适当处理。分布板的开孔率一般为3%～13%，下限常用于低流化速度，即用于干燥颗粒细、密度小的物料。孔径常取1.5～2.5mm，有时可达5mm。

目前，计算开孔率的方法较多。前面已经提到，分布板的压强降 Δp_d 可取为床层阻力压降的10%～40%，即

$$\Delta p_d=(0.1\sim0.4)\Delta p_b \tag{6-44}$$

而床层阻力压降为

$$\Delta p_b=Z_0(1-\varepsilon_0)(\rho_s-\rho)g \tag{6-45}$$

式中 Z_0——床层高度，m；

ε_0——床层的空隙率。

再根据分布板阻力计算孔速 u_0

$$\frac{\Delta p_d}{\rho}=\zeta\times\frac{u_0^2}{2} \tag{6-46}$$

式中 ζ——分布板阻力系数，一般为1.5～2.5。

或

$$u_0=C_d\left(\frac{2\Delta p_d}{\rho}\right)^{\frac{1}{2}} \tag{6-47}$$

式中 u_0——气体通过筛孔的速度，m/s；

C_d——孔流系数，无量纲。

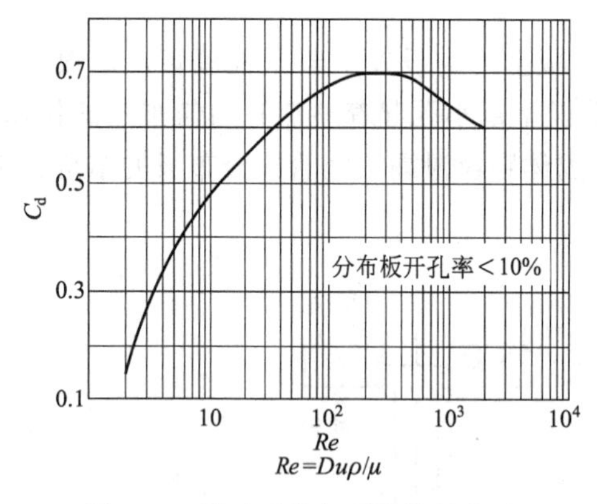

图6-28 孔流系数与雷诺数的关系

孔流系数 C_d 值可根据床层直径计算的雷诺数 $Re_t=\frac{Du\rho}{\mu}$，按图6-28查取，最后求得开孔率为

$$\psi_m=\frac{u}{u_0} \tag{6-48}$$

式中 ψ_m——稳定性临界开孔率；

u——空床气速，m/s；

D——床层直径，m。

本设计计算结果为 $\psi=4.9\%\sim8.0\%$。

另外，针对布气不均匀的情况，有资料提出必须使分布板阻力 Δp_d（$\Delta p_d=\zeta\times\frac{\rho u_0^2}{2}$，$u_0$ 为孔速）为入口动压（$\frac{\rho u_1^2}{2}$，u_1 为入口管内气速）的100倍，即

$$\Delta p_d=\zeta\times\frac{\rho u_0^2}{2}=100\times\frac{\rho u_1^2}{2} \tag{6-49}$$

由上述方程可得到如下关系

$$u_0=\frac{10}{\sqrt{\zeta}}u_1$$

分布板开孔率为

$$\psi=\frac{u}{u_0}$$

整理得：

$$\psi_d = 0.1\sqrt{\zeta}\left(\frac{u}{u_1}\right) = 0.1\sqrt{\zeta}\frac{A_1}{A} \tag{6-50}$$

式中　ψ_d——布气板临界开孔率；

A_1——入口管截面积，m^2；

A——床层截面积，m^2；

ζ——分布板阻力系数，一般为 1.5～2.5。

按上式求得的分布板的布气临界开孔率，一般来说较实际值稍微偏低。

分布板上需要的孔数为：

$$n_0 = \frac{V_s}{\frac{\pi}{4}d_0^2 u_0} \tag{6-51}$$

式中　V_s——热空气的体积流量，m^3/s：

$$V_s = L(0.772 + 1.244H_0)\frac{t_1 + 273}{273} \times \frac{1.013 \times 10^5}{p} \tag{6-52}$$

式中　L——绝干空气的流量，kg/s；

d_0——筛孔直径，m；

t_1——干燥器入口热空气的温度,℃；

p——操作压强，Pa；

n_0——分布板上总孔数。

若分布板上筛孔按等边三角形布置，则孔心距为：

$$t = \left(\frac{\pi d_0^2}{2\sqrt{3}\psi}\right)^{1/2} = \frac{0.952}{\sqrt{\psi}}d_0 \tag{6-53}$$

式中　t——正三角形的边长，即孔心距，m。

上述两种计算板压降的方法，前者称为稳定性临界压降，后者称为布气临界压降。所谓分布板布气临界压降，即分布板能均匀布气的最小压降；它是由分布板下面的气体引入状况决定的；与之对应的分布板开孔率称为布气临界开孔率。而稳定性临界压降则是指，分布板的压降达到临界值之后，在相应的床层操作条件下，将不会因为床层中某个不稳定因素引起床层局部流速增大，从而使得通过分布板相应部位的流速也随之增大，并且相互影响以致最后造成床层的严重沟流，破坏了操作的稳定性；它是由流化床决定的；与之对应的开孔率称为稳定性临界开孔率。

两种计算结果，取压降大者作为决定板压降的依据，取开孔率小者作为决定分布板开孔率的依据。

(3) 气体预分布器

气体预分布器是指在气体进入分布板之前，先把气体进行预分布，即在分布板以下安装气体预分布器，使气体在进入分布板之前有一个大致的整流，分布均匀一些，减轻分布板均匀布气负荷；避免气流直冲分布板，而造成局部流速过高，从而可以使分布板在较低阻力下达到均匀布气的作用。对于大型设备（如床径大于 1.5m），尤其需要装置预分布器。常用的预分布器的结构有开口式、弯管式、填充式及同心圆锥壳式，如图 6-29 所示。

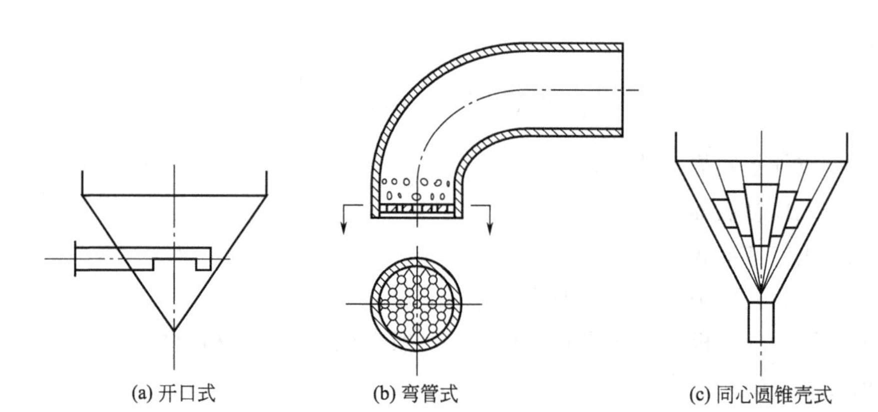

图 6-29 常用的气体预分布器形式

6.7.2 内部构件

在床层中设置某种内部构件是为了改善气体和固体的接触情况，破碎气泡改善流化质量，使物料在干燥器内停留时间分布均匀，减少气体返混。内部构件有不同形式，挡板（隔板）、挡网是最常用的形式，如图 6-30 所示。除此之外，还有垂直板和填充物等。

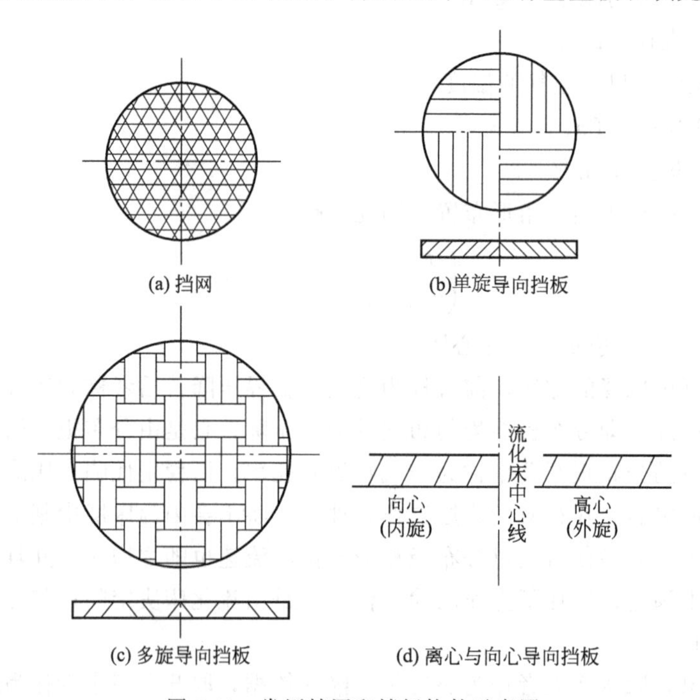

图 6-30 常用挡网和挡板构件示意图

当气速较低时可采用挡网，它是用金属丝制成的，常采用网眼为 15mm×15mm 和 25mm×25mm 两种规格。

挡板有单旋百叶窗式、多旋百叶窗式和单向斜片式等。我国目前通常采用百叶窗式的挡板，其中单旋挡板用得最多。在床层中，用挡板沿长度方向将整个床体分隔为若干室。挡板的数量一般为 3～7 块，可将干燥室分成 4～8 室，挡板与分布板之间留有 30～60mm 的间隙。有时挡板可能做成可以上下移动的结构，以调节其与分布板之间的距离。

6.7.3 溢流堰

为了保持流化床层内物料厚度的均匀性，物料出口通常采用溢流方式，即在物料排出口设置溢流堰，其高度可按式（6-54）计算。

$$\frac{2.14\left(Z_0-\frac{h}{N_v}\right)}{\left(\frac{1}{N_v}\right)^{\frac{1}{3}}\left(\frac{G_c}{\rho_b b}\right)^{\frac{2}{3}}}=18-1.52\ln\left(\frac{Re_t}{5h}\right) \tag{6-54}$$

式中　h——溢流堰高度，m；

G_c——绝干物料流量，kg/s；

b——溢流堰宽度，m；

Re_t——以颗粒带出速度表示的雷诺数；

ρ_b——颗粒的堆积密度，kg/m^3；

N_v——床层膨胀率，无量纲；其值可按下式计算：

$$\frac{N_v-1}{u-u_{mf}}=\frac{25}{Re_t^{0.44}} \tag{6-55}$$

溢流堰的高度一般为50～200mm。有时为了便于调整物料的停留时间，溢流堰高度可设计成可以调节的结构。

6.8 流化床干燥器辅助设备的计算与选型

流化床干燥装置的辅助设备主要包括风机、空气加热器、气固分离器及供料器。

6.8.1 风机

为了克服整个干燥系统的阻力以输送干燥介质，必须选择合适类型的风机并确定其安装方式。

（1）风机的类型

风机的类型有不同种分类方式：按作用原理分类，可分为透平式风机和容积式风机等；按气流运动方向分类，可以分为离心式、轴流式、混流式和横流式等类型；按生产压力高低分类，可以分为通风机、鼓风机、压缩机和真空泵。干燥过程一般采用离心式风机。

（2）风机的选择

选择风机时，首先根据所输送气体的性质与风压范围确定风机的材质和类型，然后根据实际的风量和系统所要求的风压选用适宜的风机型号。为了安全起见，在选择风机时应考虑要有一定的储备。其流量储备量为5%～7%，压头的储备量一般为10%。

（3）风机的安装

① 送风式　风机安装在空气加热器前，整个系统是在正压下操作。要求系统的密封性良好，以避免粉尘飞入室内污染环境，恶化操作条件。

② 抽风机　风机安装在气固分离器之后，整个系统是在负压下操作。要求系统密闭性良好，避免把外界气体吸入系统内破坏操作条件，但粉尘不会飞出。

③ 前送后抽式　用两台风机分别安装在空气加热器的前面和气固分离器的后面，前一台为送风机，后一台为抽风机，调节前后压强，可使干燥室处于微负压，整个系统与外界压强差很小。

6.8.2　空气加热器

用来加热干燥介质的换热器称为空气加热器。一般可采用烟道气或饱和水蒸气作为加热介质，且以饱和蒸汽应用更为广泛。

可用作空气加热器的换热器有翅片管加热器、列管式换热器和板式换热器。

6.8.3　气固分离器

气固分离器是回收上升气流中带的细粒和粉尘，并避免带出的粉尘影响产品的纯度。根据固体颗粒回收要求，在干燥系统中使用的气固分离器主要有旋风分离器、袋滤器或湿式洗涤器及电除尘器等。

旋风分离器一般用来除去气流中直径在 5μm 以上的颗粒，还可以从气流中分离除去雾沫，不适用于处理黏性粉尘、含湿量高的粉尘及腐蚀性粉尘。这种分离器结构简单，造价低廉，没有活动部件，可用多种材料制造，使用温度范围广，分离效率较高，所以是应用非常广泛的气固分离设备。

粒径小于 5μm 的细粉常用袋滤器或湿法捕集分离除尘。含有油雾、含湿量高及黏结性粉尘不适合用袋滤器除尘。袋滤器除尘效率高，经久耐用，维护管理方便，但投资费用较高，清灰麻烦。当允许用清水洗涤时，也可用湿式除尘器进行除尘。该方法除尘效率高，设备结构简单，投资费用低，同时还可处理废气中的有害组分。

电除尘器是设置在主体设备外的一个高效分离设备，对于收集细粉尘的场合，可采用电除尘器。含尘气体在通过高压电场进行电离的过程中，使粉尘带电，在电场的作用下，带点粉尘沉积在集尘极上，达到从气流中分出粉尘的目的。

6.8.4　供料器

供料器是保证按照要求，定量、连续（或间歇）、均匀地向干燥器供料的装置。常用的供料器有圆盘供料器、星形供料器、螺旋供料器、喷射式供料器等。

圆盘供料器，结构简单、设备费用低，但物料进干燥器的量误差较大，只能用于定量要求不严格而且流动性好的粒状物料。星形供料器，操作方便，安装简便，对高于 300℃的高温物料也能使用，体积小，使用范围广，但在结构上不能保持完全气密性，对含湿量高以及有黏附性的物料不宜采用。螺旋供料器，密封性能好，安全方便，进料定量性高，还可输送腐蚀性物料，但动力消耗大，难以输送颗粒大、易粉碎的物料。喷射式供料器空气消耗量大，效率不高，输送能力和输送距离受到限制，磨损严重。

6.9　流化床干燥器设计示例

【设计任务】

设计一台卧式多室流化床干燥器，用于干燥某细颗粒湿物料，干燥介质为热空气。要求湿物料的含水量由 1.5%（湿基，质量分数，下同）干燥至 0.2%。

【设计条件】

(1) 被干燥物料参数

处理湿物料量 $G_1=3600\text{kg/h}$

颗粒密度 $\rho_s=1200\text{kg/m}^3$

堆积密度 $\rho_b=410\text{kg/m}^3$

湿料 $X_1=1.5\%$（干基）

干料 $X_2=0.2\%$（干基）

临界含水量 $X_c=0.01$（kg 水/kg 干基物料）

平衡含水量近似取为 $x*=0$

颗粒平均直径 $d_m=0.11\text{mm}$

干物料比热容 $C_s=1.25\text{kJ/(kg·℃)}$

进口温度 $\theta_1=45℃$

(2) 干燥介质参数

进预热器温度 $t_0=25℃$

进干燥器温度 $t_1=120℃$

初始湿度 $H_0=0.018\text{kg/kg}$ 绝干气

热源为 392.4kPa 的饱和水蒸气。

【设计计算】

(1) 干燥流程的确定（略）

(2) 物料衡算和热量衡算

① 物料衡算

$$G_c=G_1(1-w_1)=G_2(1-w_2)$$

a. 绝干物料流量 G_c

$$G_c=G_1(1-w_1)=3600\times(1-1.5\%)=3546\text{kg/h}$$

b. 含湿量

$$X_1=\frac{w_1}{1-w_1}=\frac{1.5\%}{1-1.5\%}=0.0152,X_2=\frac{w_2}{1-w_2}=\frac{0.2\%}{1-0.2\%}=0.002$$

c. 水分蒸发量 W

$$W=G_c(X_1-X_2)=3546\times(0.0152-0.002)=46.81\text{kg/h}$$

d. 空气消耗量 L

$$L=\frac{W}{H_2-H_1}=\frac{W}{H_2-H_0}=\frac{46.81}{H_2-0.018} \tag{a}$$

② 空气和物料出口温度的确定　空气的出口温度 t_2 应比出口处湿球温度高出 20～50℃（这里取 40℃），即

$$t_2=t_{w2}+40$$

由 $t_1=120℃$ 及 $H_1=0.018$ 查《化工原理》湿度图，得 $t_{w1}=40℃$，近似取 $t_{w1}=t_{w2}=40℃$，于是：$t_2=40.0+40.0=80.0℃$。

物料离开干燥器的温度 θ_2 由下式计算：

$$\frac{t_2-\theta_2}{t_2-t_{w2}}=\frac{r_{t_{w2}}(X_2-X^*)-C_s(t_2-t_{w2})\left(\dfrac{X_2-X^*}{X_0-X^*}\right)^{\frac{r_{t_{w2}}(X_0-X^*)}{C_s(t_2-t_{w2})}}}{r_{t_{w2}}(X_0-X^*)-C_s(t_2-t_{w2})}$$

由水蒸气表查得 $r_{t_{w2}}=2409\text{kJ/kg}$，将数值代入上式，计算得：

$$\theta_2=51.9℃$$

③ 热量衡算 干燥器中不补充热量，所以 $Q_D=0$，总热量 Q 为：

$$Q=Q_P=Q_1+Q_2+Q_3+Q_L \tag{b}$$

a. 水分蒸发所需要的热量 Q_1

$$Q_1=W(2490+1.88t_2)=46.81\times(2490+1.88\times80)=123597\text{kJ/h}$$

b. 加热物料需要的热量 Q_2

$$\begin{aligned}Q_2&=G_cC_{m2}(\theta_2-\theta_1)=G_c(C_s+4.187X_2)(\theta_2-\theta_1)\\&=3546\times(1.25+4.187\times0.002)\times(51.9-45)\\&=30789\text{kJ/h}\end{aligned}$$

c. 加热空气所需要的热量 Q_3

$$\begin{aligned}Q_3&=L(1.01+1.88H_0)(t_2-t_0)=L\times(1.01+1.88\times0.018)\times(80-25)\\&=57.41L\text{kJ/h}\end{aligned}$$

d. 热损失 Q_L 取干燥器的热损失为有效耗热量（Q_1+Q_2）的 15%，即：

$$Q_L=0.15(Q_1+Q_2)=0.15\times(123597+30789)=23158\text{kJ/h}$$

e. 预热器的加热量 Q_P

$$\begin{aligned}Q_P&=L(1.01+1.88H_0)(t_1-t_0)=L\times(1.01+1.88\times0.018)\times(120-25)\\&=99.16L\text{kJ/h}\end{aligned}$$

将上述各式代入式（b），即：

$$99.16L=123597+30789+57.41L+23158$$

解得 $$L=4253\text{kg 绝干气/h}$$

由式（a）可求得空气离开干燥器的湿度 H_2，即：

$$H_2=0.029\text{kg 水/kg 绝干气}$$

④ 预热器的热负荷和加热蒸汽消耗量

$$\begin{aligned}Q_P&=L(1.01+1.88H_0)(t_1-t_0)=4253\times(1.01+1.88\times0.018)\times(120-25)\\&=421727\text{kJ/h}\end{aligned}$$

由水蒸气表查得 392.4kPa 水蒸气的温度 $T_s=142.9℃$，冷凝潜热 $r=2140\text{kJ/kg}$。取预热器的热损失为有效传热量的 15%，则蒸汽消耗量为：

$$W_h=\frac{421727}{2140\times0.85}=231.8\text{kg/h}$$

干燥器的热效率为：

$$\eta_h=\frac{Q_1}{Q_P}\times100\%=\frac{123597}{421727}\times100\%=29.31\%$$

（3）干燥器的主体设计

① 流化速度的确定

a. 临界流化速度 在 120℃下空气的有关参数为：密度 $\rho=0.898\text{kg/m}^3$，黏度 $\mu=2.29\times10^{-5}\text{Pa·s}$，热导率 $\lambda=3.338\times10^{-2}\text{W/(m·℃)}$，所以

$$Ar=\frac{d^3(\rho_s-\rho)\rho g}{\mu^2}=\frac{(0.11\times10^{-3})^3\times(1200-0.898)\times0.898\times9.81}{(2.29\times10^{-5})^2}=26.81$$

取球形颗粒床层在临界流化点 $\varepsilon_{mf}=0.4$。由 $\varepsilon_{mf}=0.4$ 和 Ar 数值查李森科数 Ly 与阿基

米德数 Ar 之间的关系图，可得 $Ly_{\mathrm{mf}}=3\times10^{-7}$。所以临界流化速度为：

$$u_{\mathrm{mf}}=\sqrt[3]{\frac{Ly_{\mathrm{mf}}\mu\rho_{\mathrm{s}}g}{\rho^{2}}}=\sqrt[3]{\frac{3\times10^{-7}\times2.29\times10^{-5}\times1200\times9.81}{0.898^{2}}}=0.00465\mathrm{m/s}$$

b. 带出速度　由 $\varepsilon=1$ 和 Ar 数值查图可得 $Ly_{\mathrm{t}}=0.08$，则带出速度为：

$$u_{\mathrm{t}}=\sqrt[3]{\frac{Ly_{\mathrm{t}}\mu\rho_{\mathrm{s}}g}{\rho^{2}}}=\sqrt[3]{\frac{0.08\times2.29\times10^{-5}\times1200\times9.81}{0.898^{2}}}=0.3\mathrm{m/s}$$

c. 操作流化速度　取操作流化速度为 $0.7u_{\mathrm{t}}$，即：

$$u=0.7u_{\mathrm{t}}=0.7\times0.3=0.21\mathrm{m/s}$$

② 流化床底面积的计算

a. 干燥第一阶段所需底面积 A_1　表面汽化阶段所需底面积 A_1 可以按下式计算：

$$\alpha_{\mathrm{a}}Z_0=\frac{(1.01+1.88H_0)\overline{L}}{\dfrac{(1.01+1.88H_0)\overline{L}A_1(t_1-t_{\mathrm{w}})}{G_{\mathrm{c}}(X_1-X_2)r_{t_{\mathrm{w}}}}-1}$$

上式中，取静止时床层厚度 $Z_0=0.10\mathrm{m}$

干空气的质量流速取为 ρu，即

$$\overline{L}=\rho u=0.898\times0.21=0.1886\mathrm{kg/(m^2\cdot s)}$$

$$a=\frac{6\times(1-\varepsilon_0)}{d_{\mathrm{m}}}=\frac{6\times(1-0.4)}{0.11\times10^{-3}}=32727.0\mathrm{m^2/m^3}$$

$$Re=\frac{d_{\mathrm{m}}u\rho}{\mu}=\frac{0.11\times10^{-3}\times0.21\times0.898}{2.29\times10^{-5}}=0.9058$$

$$\alpha=4\times10^{3}\frac{\lambda}{d_{\mathrm{m}}}Re^{1.5}=4\times10^{-3}\times\frac{0.03338}{0.11\times10^{-3}}\times0.9058^{1.5}=1.046\mathrm{W/(m^2\cdot ℃)}$$

$$\alpha_{\mathrm{a}}=\alpha a=1.046\times32727=34232\mathrm{W/(m^3\cdot ℃)}$$

由于 $d_{\mathrm{m}}=0.11\mathrm{mm}$，小于 0.9mm，所测得的 α_{a} 需要校正。由 d_{m} 与 α_{a} 的校正系数图 6-21 查得 $C=0.09$，则：

$$\alpha'_{\mathrm{a}}=C\alpha_{\mathrm{a}}=0.09\times34232=3081\mathrm{W/(m^3\cdot ℃)}$$

带入上述数据，即

$$3081\times0.1=\frac{(1.01+1.88\times0.018)\times0.1886}{\dfrac{(1.01+1.88\times0.018)\times0.1886A_1\times(120-40)}{\frac{3546}{3600}\times(0.01523-0.002)\times2409}-1}$$

解得：

$$A_1=1.994\mathrm{m^2}$$

b. 物料升温阶段所需底面积　物料升温阶段所需的底面积 A_2 可以按下式计算

$$\alpha_{\mathrm{a}}Z_0=\frac{(1.01+1.88H_0)\overline{L}}{\left[\dfrac{(1.01+1.88H_0)\overline{L}A_2}{G_{\mathrm{c}}C_{\mathrm{m2}}}\times\dfrac{1}{\ln\dfrac{t_1-\theta_1}{t_1-\theta_2}}\right]-1}$$

式中，$C_{\mathrm{m2}}=C_{\mathrm{s}}+4.187X_2=1.25+4.187\times0.002=1.258\mathrm{kJ/(kg\cdot ℃)}$；

$$\ln\frac{t_1-\theta_1}{t_1-\theta_2}=\ln\frac{120-45}{120-51.9}=0.09650$$

$$3081\times0.1=\frac{(1.01+1.88\times0.018)\times0.1886}{\dfrac{(1.01+1.88\times0.018)\times0.1886A_2}{\dfrac{3546}{3600}\times1.258\times0.0965}-1}$$

解得：$A_2=0.6077\text{m}^2$

c. 床层总的底面积

$$A=A_1+A_2=1.994+0.6077=2.602\text{m}^2$$

③ 干燥器的宽度和长度　取宽度为 1.1m，长度为 2.5m，则流化床的实际底面积为 2.75m²。沿长度方向在床层内设置四个横向分隔板，板间距为 0.5m。

④ 物料在床层中的停留时间 τ

$$\tau=\frac{Z_0\rho_bA}{G_2}=\frac{0.1\times410\times2.75}{3456\times(1+0.002)}=0.0326\text{h}=1.95\text{min}$$

⑤ 干燥器高度

a. 浓相段高度 H_f

$$H_f=\frac{1-\varepsilon_0}{1-\varepsilon_f}Z_0$$

而 $\varepsilon_f=\left(\dfrac{18Re+0.36Re^2}{Ar}\right)^{0.21}$，其中前已计算出，$Re=0.9058$，$Ar=26.81$，则

$$\varepsilon_f=\left(\frac{18Re+0.36Re^2}{Ar}\right)^{0.21}=\left(\frac{18\times0.9058+0.36\times0.9058^2}{26.81}\right)^{0.21}=0.904$$

所以 $$H_f=\frac{1-\varepsilon_0}{1-\varepsilon_f}Z_0=\frac{1-0.4}{1-0.904}\times0.1=0.6263\text{m}$$

b. 分离段高度 H_1

$$D_e=\frac{4\times(1.1\times2.5/5)}{2\times(1.1+2.5/5)}=0.6875\text{m}$$

由 $u=0.21\text{m/s}$ 及 $D_e=0.7\text{m}$，从图 6-20 查得：

$$\frac{H_1}{D_e}=1.7$$

所以 $$H_1=1.7\times0.6875=1.1688\text{m}$$

c. 干燥器高度　为了减少气流对固体颗粒的带出量，取分布板以上的总高度为 2.5m。

(4) 干燥器结构设计

① 布气装置　采用单层多孔布气板，且取分布板的压力降为床层压降的 15%，则

$$\begin{aligned}\Delta p_d&=0.15\Delta p_b=0.15Z_0(1-\varepsilon_0)(\rho_s-\rho)g\\&=0.15\times0.1\times(1-0.4)\times(1200-0.898)\times9.81=105.9\text{Pa}\end{aligned}$$

取分布板的阻力系数 $\zeta=2$，则气体通过筛孔的速度为：

$$u_0=\sqrt{\frac{2\Delta p_d}{\zeta\rho}}=\sqrt{\frac{2\times105.9}{2\times0.898}}=10.9\text{m/s}$$

干燥介质的体积流量为：

$$V_s=4253\times(0.772+1.244\times0.018)\times\frac{120+273}{273}=4863.6\text{m/h}=1.35\text{m/s}$$

选取筛孔直径 $d_0=1.5\text{mm}$，则总筛孔数为：

$$n_0=\frac{V_s}{\frac{\pi}{4}d_0^2u_0}=\frac{1.35}{\frac{\pi}{4}\times0.0015^2\times10.9}=70174\text{个}$$

分布板的实际开孔率为：

$$\psi=\frac{A_0}{A}=\frac{1.35}{10.9\times2.75}=4.5\%$$

若分布板上筛孔按等边三角形布置，则孔心距为：

$$t=\frac{0.952}{\sqrt{\psi}}d_0=\frac{0.952}{\sqrt{0.045}}\times0.0015=0.006733\text{m}=6.733\text{mm，取}6.7\text{mm}$$

② 分隔板　沿长度方向设置四个横行分隔板，分为五个室。隔板与分布板之间的距离为 20～40mm（可调节），提供室内物料通路。分隔板宽 1.1m，高 1.8m。

③ 物料出口堰高 h

计算　$$Re_t=\frac{du_t\rho}{\mu}=\frac{1.1\times10^{-4}\times0.3\times0.898}{2.29\times10^{-5}}=1.294$$

由　$$\frac{N_v-1}{u-u_{mf}}=\frac{25}{Re_t^{0.44}}=\frac{25}{1.294^{0.44}}=22.32$$

解得：　$$N_v=5.58$$

代入　$$\frac{2.14\times\left(0.1-\frac{h}{5.58}\right)}{\left(\frac{1}{5.58}\right)^{\frac{1}{3}}\times\left(\frac{3546}{3600\times410\times1.1}\right)^{\frac{2}{3}}}=18-1.52\ln\left(\frac{1.294}{5h}\right)$$

解得：　$$h=0.143\text{m}$$

（5）附属设备的选型（略）

（6）卧式多室流化床干燥器设计结果汇总表

项目		符号	单位	计算数据
处理湿物料量		G_1	kg/h	3600
物料温度	入口	θ_1	℃	45
	出口	θ_2	℃	51.9
气体温度	入口	t_1	℃	120
	出口	t_2	℃	80
气体用量		L	kg 绝干气/h	4253
热效率		η_h	%	29.31
流化速度		u	m/s	0.21
床层底面积	第一阶段	A_1	m²	1.994
	第二阶段	A_2	m²	0.6077
设备尺寸	长	l	m	2.5
	宽	b	m	1.1
	高	Z	m	2.5

续表

项目		符号	单位	计算数据
布气板	型号			单层多孔板
	孔径	d_0	mm	1.5
	孔速	u_0	m/s	10.9
	孔数	n_0	个	70174
	开孔率	ψ	%	4.5
分隔板	宽	b	m	1.1
	与布气板距离	h_c	mm	20～40
物料出口堰高度		h	m	0.143

6.10 流化床干燥器设计任务书示例

6.10.1 单层流化床干燥器的设计

(1) 设计任务

设计一台单层圆筒形流化床干燥器，用于干燥湿物料氯化铵，干燥介质为热空气。要求将含水量为5%的湿物料（湿基，下同）干燥为0.5%。

(2) 设计条件

① 物料参数

产品产量 $G_2=10000$kg/h；

湿物料含水量 $w_1=5\%$（湿基，质量分数，下同）；

产品含水量 $w_2=0.5\%$；

物料堆积密度 $\rho_b=950\text{kg/m}^3$；

物料真密度 $\rho_s=1470\text{kg/m}^3$；

物料进干燥器时的温度 $\theta_1=9$℃；

产品离开干燥器时的温度 $\theta_2=50$℃；

物料的平均直径 $d_m=0.44$mm；

产品颗粒平均直径 $d'=0.20$mm；

干物料比热容 $C_s=1.6$kJ/（kg·℃）。

② 干燥介质热空气参数

空气初始含湿量 $H_1=0.0198$kg 水/kg 干空气；

入口温度 $t_1=200$℃；

出口温度 $t_2=60$℃。

③ 其他参数

操作压强为常压；

设备工作日为每年 330d，每天 24h 连续运行；

其他自选。

（3）设计内容

① 干燥流程的确定及说明；

② 干燥器主体工艺尺寸计算及结构设计；

③ 辅助设备的选型及核算。

6.10.2 卧式多室连续流化床干燥器的设计

（1）设计任务

试设计一台卧式多室连续流化床干燥器，用于干燥颗粒状肥料，将其含水量从4%干燥至0.4%（干基），生产能力（以干燥产品计）为2×10^3kg/h。

（2）设计条件

① 物料参数

物料进干燥器时的温度$\theta_1=30$℃；

颗粒平均粒径$d_p=0.14$mm；

固相密度$\rho_p=1730$kg/m^3；

堆积密度$\rho_b=800$kg/m^3；

临界湿含量$X_c=0.013$（干基）；

干物料比热容$C_s=1.47$kJ/（kg·℃）。

② 干燥介质为热空气

初始湿度H_0根据建厂地区气象条件来选取；

预热器入口温度t_0为25℃；

离开预热器温度t_1为80℃。

③ 其他参数

加热介质为饱和蒸汽，压力自定；

操作压强为常压；

设备工作日为每年330d，每天24h连续运行；

其他自选。

（3）设计内容

① 干燥流程的确定及说明；

② 卧式多室流化床干燥器主体工艺尺寸计算及结构设计；

③ 辅助设备的选型及核算。

课程设计说明书的撰写

化工原理课程设计作为一种理论与实践相结合的教学环节，是对学生综合运用化工原理课程和有关先修课程所学知识解决本专业实际问题能力的检验，是学习深化和知识提高的重要过程。课程设计说明书则是整个课程设计工作的书面总结，也是后续设计工作的主要依据。为保证课程设计的质量，规范课程设计的教学管理，便利信息系统的收集、存储、利用、交流、传播，可以根据具体情况统一、规范课程设计说明书的格式。

7.1 课程设计说明书的基本要求

化工原理课程设计说明书的基本要求如下。

① 课程设计是作者本人独立完成的设计成果，应具有自身的系统性和完整性。

② 课程设计应提供新的科技信息，其内容应有所创新，而不是重复、模仿、抄袭前人的工作。

③ 课程设计说明书应采用最新颁布的汉语简化文字，符合《出版物汉字使用管理规定》，由作者编排、打印完成。

④ 课程设计说明书内容观点明确、逻辑严谨、文字简练、层次清晰、数据真实可靠、内容完整。

⑤ 课程设计说明书字数不少于3000字，包括说明书中的英文文字部分以及插图、附表、公式、程序段等。

⑥ 图表要求整洁美观，布局合理，符合国家规定的绘图标准以及表格要求。

⑦ 必须有参考文献，至少5篇。

7.2 课程设计说明书的构成

课程设计说明书由两部分构成，按课程设计说明书中先后顺序排列分别为：

① 封面；

② 课程设计任务书；

③ 摘要（设计说明）与关键词；

④ 目录；
⑤ 主要符号说明；
⑥ 引言（或绪论）；
⑦ 正文；
⑧ 设计结果（含汇总表）；
⑨ 参考文献；
⑩ 致谢；
⑪ 附录。

7.3　说明书撰写的内容与要求

7.3.1　前置部分

（1）封面

封面应包含课程名称、题目、班级、学号、指导老师、设计时间等信息。

题目须以最恰当、最简明的词语来反映课程设计中最重要的特定内容，一般不宜超过 20 个字。题目应该避免使用不常见的缩写词、首字缩写字、字符、代号和公式等，语意未尽题目可用副题名补充说明设计中的特定内容。

（2）课程设计任务书

课程设计任务书包括：设计题目、设计条件、主要任务与目标、主要内容与基本要求、计划进度、主要参考文献、指导教师、接受任务者和下达任务时间。

（3）摘要（设计说明）与关键词

① 摘要是课程设计内容不加注释和评论的简短陈述，应以第三人称陈述。它应具有独立性和自含性，即不阅读课程设计的全文，就能获得必要的信息，摘要的内容应包含与课程设计同等量的主要信息。

摘要一般应说明设计目的、设计方法、主要设计内容和最终设计结果等，而重点是计算结果和结论。摘要中一般不用图、表、化学结构式等，不用非公知公用的符号、术语和非法定的计量单位。

摘要一般 200 字左右。

② 关键词是从论文中选取出来用以表示全文主题内容信息款项的单词或术语。一般每篇设计说明应选取 3～5 个词作为关键词，关键词间用分号分隔，最后一个词后不需标点符号。

（4）目录

课程设计应有目录。目录应包括课程设计中全部章节的标题及页码，含摘要、主要符号说明、参考文献、附录、致谢等。正文章、节一般编写到第 3 级标题。标题应层次清晰，目录中标题应与正文中标题一致。

（5）主要符号说明（必要时）

符号、标志、缩略词、首字母缩写、计量单位、名词、术语等的注释说明汇集成表，置于正文前。

7.3.2 主体部分

(1) 格式

主体部分的编写格式由引言（绪论）开始，以结论结束。主体部分必须由另页开始。要求在一级标题之间换页，二级标题之间空行。

(2) 序号编排

① 课程设计各章、节、条应有序号，序号均使用阿拉伯数字表示。编码及层次格式可参考下面的例子。

内容	备注
1 引言	(另起一页，三号黑体，居中)
××××××××	(内容用小四号宋体)
1.1 ××××	(小三号黑体，居左)
××××××××	(内容用小四号宋体)
1.1.1 ××××	(四号黑体，居左)
××××××××	(内容用小四号宋体)
………………	(略去部分内容)
3 工艺设计计算	(另起一页，三号黑体，居中)
3.1 ××××	(小三号黑体，居左)
(1)××××	(用与内容同样大小的宋体)
①××××	(用与内容同样大小的宋体)
a. ××××	(用与内容同样大小的宋体)
………………	(略去部分内容)
设计结果	(另起一页，三号黑体，居中)
参考文献	(另起一页，三号黑体，居中)
致谢	(另起一页，三号黑体，居中)
附录	(另起一页，三号黑体，居中)

注：字号大小可灵活运用，层次清楚即可，但一定要一致。“设计结果、参考文献、致谢、附录”均单独成章，但不排序号。

② 课程设计说明书中的图、表、公式、算式等，一律用阿拉伯数字分别依序列编排序号。序号分章依序编码，其标注形式应便于互相区别，可分别为：图 2-1、表 3-7、式 (6-8) 等。

③ 课程设计说明书一律用阿拉伯数字连续编页码。页码由前言（或绪论）的首页开始，作为第 1 页，并为右页另页。题目页不编码，摘要、目录等前置部分可单独编排页码。页码必须统一标注每页页脚中部。力求不出空白页，如有，仍应以右页作为单页页码。

④ 课程设计说明书的附录依次用阿拉伯数字 1、2、3……编序号，如，附录 1、附录 2、

附录 3……

（3）引言（或绪论）

引言（或绪论）简要说明设计工作的目的、范围、相关领域的研究成果、理论基础和分析、设计设想、设计方法和设计思路、预期结果和意义等。应言简意赅，不要与摘要雷同，不要成为摘要的注释。常识及一般教科书中有的知识，在引言中不必赘述。

（4）正文

设计的正文是核心部分，占主要篇幅，可以包括：方案流程的确定、选取参数、引用公式、计算方法和计算结果、数据资料、经过加工整理的图表、形成的论点、导出的结论、完成的设计等。

设计应条理清晰，层次分明，推导正确，结论可靠。设计中引用别人的观点、结果及图表与数据必须注明出处，在参考文献中一并列出。

① 图　图包括曲线图、构造图、示意图、图解、框图、流程图、布置图等。图应具有“自明性”，即只看图、图题和图例，不阅读正文，就可理解图意。

制图标准：应符合技术制图及相应专业制图的规定。

图题及图中说明：每一图应有简短确切的题名，连同图号置于图下，图号一般按章编排，如第 2 章第一个图的序号为“图 2-1”。图题宋体五号。对于图上的符号、标记、代码等，必要时可将其用最简练的文字，横排于图题下方，作为图例说明（图例说明可用中文）。

图的编排：图与其图题为一个整体，不得拆开排写于两页。图应编排在正文提及之后，图所在页处的空白不够排写该图整体时，则可将其后文字部分提前排写，将图移到次页最前面。

坐标单位：曲线图的纵横坐标必须标注“量、标准规定符号、单位”。此三者只有在不必要标明的情况下方可省略。坐标上标注的量的符号和缩略词必须与正文中一致。

照片图：照片图均应是原版照片粘贴，不得采用复印方式。

如系引用其他文献或对其他文献资料加工所得的图，则应在图题下或图例说明下注明资料来源。

例如（图 7-1）：

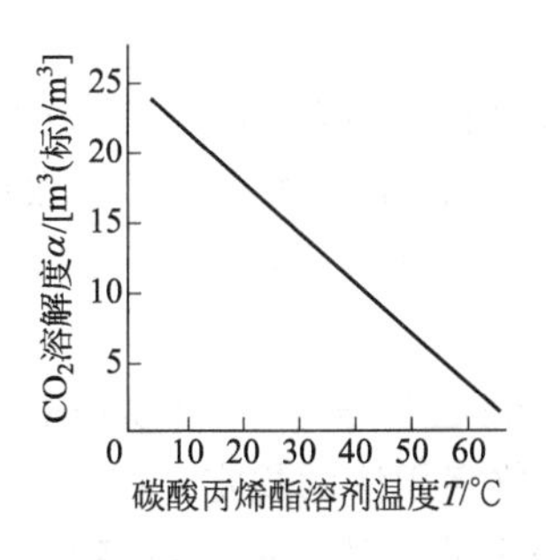

图 7-1　CO_2 在碳酸丙烯酯中的溶解度与温度的关系

② 表　表的编排，一般是内容和测试项目由左至右横读，数据依序竖排，表应有“自明性”。

表序一般按章编排，如第 3 章第一个表的序号为“表 3-1”等。每一表应有简短确切的表名，表名采用中文宋体五号。表序与表名之间空一格，表名中不允许使用标点符号，表名后不加标点。表序与表名置于表上方，居中排写。

表的各栏均应标明“量或测试项目、标准规定符号、单位”。表如用同一单位，将单位符号移到表头右上角，只有在无必要标注的情况下方可省略。表中的缩略词和符号，必须与正文中一致。

表内文字说明，起行空一格，转行顶格，句末不加标点。表中数据应正确无误，书写清楚。表内同一栏的数字必须上下对齐。表内文字和数字上、下或左、右相同时，不宜用“同上”“同左”等类似词，一律填入具体数字或文字，“空白”代表未测或无此项，“……”代表未发现，“0”代表实测结果确为零，可采用通栏处理方式。

表中的符号、标记、代码以及需补充材料、注解、资料来源、某些指标的计算方法等需要说明事项，应以最简练的文字，横排于表下，作为表注。

例如（表 7-1）：

表 7-1　组分溶解度与溶解气体组成的体积分数

组分	分压 /MPa	溶解度 /(m^3/m^3 碳酸丙烯酯)	溶解量 /(m^3/m^3 碳酸丙烯酯)
CO_2	0.352	8.13	6.504
CO	0.044	0.024	0.0192
H_2	1.0032	0.23	0.184
N_2	0.3168	0.2	0.16
CH_4	0.044	0.016	0.0128
合计	1.76	8.6	6.88

③ 数学、物理和化学式　正文中的公式、算式或方程式等应编写排序号，如第 1 章第一个公式序号为“式（1-1）”等。序号标注于该式所在行（当有续行时，应标注于最后一行）的最右边。文中引用公式时，一般用“见式（1-1）”或“由式（1-1）”。

公式、算式或方程式的编写应使用如“公式编辑器”之类的工具软件进行编辑，较长的式，另行居中横排，如式必须转行时，只能在“＋、－、×、÷、＜、＞”处转行。上下式尽可能在等号“＝”处对齐。

小数点用“.”表示。大于 999 的整数和多于三位数的小数，一律用半个阿拉伯数字符的小间隔分开，不用千位撇。小于 1 的数应将 0 列于小数点之前。

示例：应读写成 94 652.023 675、0.314 325，不应写成 94，652.023，675、.314，325。

若公式前有文字（如“解”“假定”等），文字顶格书写，公式末不加标点。

④ 数字　按《关于出版物上数字用法的规定》(1995 年国家语言文字工作委员会等 7 个单位公布)，除习惯用中文数字表示的以外，一般数字均用阿拉伯数字。

⑤ 注　设计中对某一问题、概念、观点等的简单解释、说明、评价、提示等，如不宜在正文中出现，可采用加注的形式。

注应编排序号，注的序号以同一页内出现的先后次序单独排序，用①、②、③……依次标示在需加注处，以上标形式表示。

注的说明文字以序号开头。注的具体说明文字列于同一页内的下端（页末注方式），与正文之间用一条左对齐、占页面 1/4 宽长度的横线分隔。

设计中以任何形式引用的资料，均须标出引用出处，并以参考文献形式统一编号，引用文献标示应置于所引内容最末句的右上角，用小五号字体（上标形式）。

⑥ 计量单位　物理量计量单位及符号一律采用《量和单位》（GB 3100～3102—93），并遵照《中华人民共和国法定计量单位使用方法》执行。单位名称和符号的书写方式一律采用国际通用符号，不得使用非法定计量单位及符号。

非物理量的单位，如件、台、人、元等，可用汉字与符号构成组合形式的单位，例如件/台、元/km。

⑦ 名词术语　科技名词术语及设备、元件的名称，应采用国家标准或部颁标准中规定的术语或名称。标准中未规定的术语要采用本学科或本专业的权威性机构或学术团体所公布的规定；也可以采用全国自然科学名词审定委员会编印的各学科词汇的用词。全文名词术语必须统一。一些特殊名词或新名词应在适当位置加以说明或注解。

采用英语缩写词时，除本行业广泛应用的通用缩写词外，文中第一次出现的缩写词应该用括号注明英文全文。

⑧ 外文字母的正、斜体用法　按照 GB 3100～3102—93 等的规定使用，即物理量符号、物理常量、变量符号用斜体，计量单位等符号均用正体。

⑨ 标点符号　标点符号应遵守《中华人民共和国国家标准标点符号用法》的规定。

（5）结论或设计结果

结论或设计结果是对整个设计主要成果的归纳和综合，阐述本设计中尚存在的问题及进一步开展工作的见解和建议。结论突出设计的创新点，应该以准确、完整、明确、精练的文字对设计的主要工作进行评价，设计计算的结果汇总成“设计结果一览表”或“设计结果汇总表”，要详细列出设计的项目、设计结果数据、单位等。结论一般为 200～600 字，作为单独一章排列，不加章号。

（6）参考文献

参考文献是设计不可缺少的组成部分，是设计作者亲自考察过的对自己的设计有参考价值的文献，它反映设计的取材来源和广博程度。参考文献应具有权威性，要注重引用近期发表的与设计工作直接有关的学术期刊类文献。

参考文献以文献在整个设计中出现的次序用［1］、［2］、［3］……形式统一排序、依次列出。引用文献标示应置于所引内容最末句的右上角，用小五号字体（上标形式）。当提及的参考文献为文中直接说明时，其序号应该与正文排齐，如“由文献［8，10～14］可知”。

产品说明书及未公开发表的研究报告等不宜作为参考文献引用。

引用网上参考文献时，应注明该文献的准确网页地址，网上参考文献不包含在上述规定的文献数量之内。

参考文献书写格式应符合 GB 7714—2005《文后参考文献著录规则》。各类参考文献条目的编排格式及示例如下：

① 连续出版物　［序号］主要责任者．文献题名［J］．刊名，出版年，卷号（期号）：起止页码．

② 专著　［序号］主要责任者．文献题名［M］．出版地：出版者，出版年：起止页码．

③ 论文集　［序号］主要责任者．文献题名［C］//主编．论文集名．出版地：出版者，

出版年：起止页码．

④ 学位论文　［序号］主要责任者．文献题名［D］．保存地：保存单位，年份．

⑤ 报告　［序号］主要责任者．文献题名［R］．报告地：报告会主办单位，年份．

⑥ 专利文献　［序号］专利所有者．专利题名［P］．专利国别：专利号，发布日期．

⑦ 国际、国家标准　［序号］标准代号，标准名称［S］．出版地：出版者，出版年．

⑧ 报纸文章　［序号］主要责任者．文献题名［N］．报纸名，出版日期（版次）．

⑨ 电子文献　［序号］主要责任者．电子文献题名［文献类型/载体类型］．电子文献的出版或可获得地址，发表或更新的期/引用日期（任选）．

（7）附录

对于一些不宜放入正文，但作为设计又不可缺少的组成部分，或有主要参考价值的内容，可编入设计的附录中，例如，与正文紧密相关的非作者自己的分析，证明及工具用表格等；在正文中无法列出的编写算法语言程序等；设计使用的缩写及程序说明；正文中需要说明的流程图、主体设备图等有关资料。

附录的篇幅不宜太多，附录一般不要超过正文。附录与正文连续编页码。

（8）致谢

对给予各类资助、指导和协助完成设计工作以及提供对设计有利条件的单位及个人表示感谢。内容应简洁明了、实事求是，避免俗套。致谢作为单独一章排列，但不加章号，与正文连续编页码。

7.4 课程设计说明书版式要求

7.4.1 纸张

设计需用A4标准大小的白纸，纵向排列，由计算机单面打印输出。

7.4.2 页面设置

页边距按以下标准设置：上边距3cm；下边距2.5cm；左边距和右边距3cm；左侧装订。页眉2.2cm；页脚1.8cm。以此为参考数据，也可调整。

7.4.3 页眉

页眉从摘要页开始到说明书最后一页，均需设置。页眉内容：左对齐为“化工原理课程设计”，右对齐为各章章名。打印字号为5号宋体，页眉之下有一条下划线。

7.4.4 页脚

从设计主体部分（引言或绪论）开始，用阿拉伯数字连续编页，页码位于每页页脚的中部。前置部分从摘要页起可用罗马字母单独编页。

7.4.5 正文

设计正文字体为小四号宋体，字间距设置为标准，行间距设置为单倍行距，当有应用公式编辑器编辑的公式时，可调整。

7.5　示例

7.5.1　摘要示例

摘　要

合成氨原料气中硫化物危害极大，必须净化。本设计采用栲胶法脱除杂质硫，该法是目前国内最为常用的脱硫方法，并具有栲胶资源丰富，脱硫溶液的活性好，性能稳定，脱硫效率高等优点。设计的主体设备是吸收塔。

设计内容包括方案确定的论证、工艺流程说明、参数选取、热量衡算、物料衡算、主体设备的设计和计算以及附属设备的选型等。

通过设计计算得到主设备填料吸收塔的塔高为 20m，塔径为 2m，填料高度为 11m。并绘制了吸收塔工艺条件图和带控制点的工艺流程图。

关键词：栲胶法；脱硫；吸收塔

ABSTRACT

……………………………………………………

7.5.2　目录示例

目　录

7.5.3 封皮参考示例

××大学

化工原理课程设计

题　　目：碳酸丙烯酯脱碳填料塔设计

学生姓名：胡晓晓

班　　级：1014101XX

专　　业：化学工程与工艺

院　　系：材料与化工学院

指导教师：王要令

完成日期：2016 年 06 月 20 日

材料与化工学院

化工教研室

2016 年 0X 月 20 日

7.5.4　设计任务书示例

××××学院

《化工原理课程设计》
任务书

院　　系：________________

学生专业：________________

学生班级：________________

学生学号：________________

学生姓名：________________

指导教师：________________

发放日期：________________

化工教研室

2016 年 06 月

化工原理课程设计任务书

一、设计条件及目标

(1)设计题目及目标

试设计一座填料吸收塔,用于脱除混于空气中的丙酮气体。混合气体的处理量为______ m^3/h,其中含空气为96%,丙酮气为4%(摩尔分数,下同)。要求丙酮回收率为96%,采用清水进行吸收,吸收塔的用量为最小用量的______(自定,如1.5)倍(25℃下该系统的平衡关系为 $y=1.75x$)。

(2)工艺操作条件

① 操作平均压力 常压;

② 操作温度 $t=20$℃;

③ 每年生产时间 7200h;

④ 选用填料类型及规格自选。

二、主要内容与基本要求

(1)设计内容及任务

完成填料吸收塔的工艺设计与计算,有关附属设备的设计和选型,绘制工艺流程图和吸收塔的工艺条件图,编写设计说明书。

(2)说明及要求

① 为使学生独立完成课程设计,每个学生的原始数据均在产品产量上不同,即每上(下)浮250kg/h为一个学号的产品产量。

② 要求设计方案合理、有创新;参数选取恰当;公式应用正确、数据真实可靠、计算无误;说明书文字流畅、内容简明扼要、层次分明、论证充分、无遗漏;设计图纸尺寸与计算相符、图面整洁且符合相关制图要求及规范标准。

③ 设计说明书中应包括所有论述、原始数据、相关参数、计算、表格等,编排顺序如下:

1. 封皮;2. 设计任务书;3. 目录;4. 设计方案简述;5. 工艺流程简图及介绍;6. 工艺计算及主体设备设计(物料及热量衡算,主要设备尺寸计算等);7. 辅助设备计算及选型;8. 设计结果(含设计结果一览表);9. 设计体会;10. 附图(工艺流程图、主体设备条件图);11. 参考文献;12. 致谢;13. 附录(需要时)。

参考文献的格式:

① 期刊类 [序号]作者1,作者2,作者3. 文章名[J]. 期刊名,出版年,卷次(期次),页次.

② 图书类 [序号]作者1,作者2,作者3. 书名[M],版本. 出版地:出版社,出版年,页次.

三、计划进度

主要内容	时间
布置设计要求、任务及学生接受任务	1天
设计方案确定、工艺流程设计、主体设备设计计算、设备强度设计、辅助设备的选型计算、设计说明书的编写等	5天
工艺流程图、主设备装配图的绘制	3天
答辩	1天

四、参考文献

[1] 陈敏恒,丛德兹,方图南,等. 化工原理[M]. 北京:化学工业出版社,2006.

[2] 柴诚敬. 化工原理[M]. 北京:高等教育出版社,2010.

[3] 付家新,王为国,肖稳发. 化工原理课程设计[M]. 北京:化学工业出版社,2010.

[4] 马江权,冷一欣. 化工原理课程设计[M]. 北京:中国石化出版社,2011.

[5] 赵军,张有忱,段成红. 化工设备机械基础[M]. 北京:化学工业出版社,2007.

[6] 路秀林,王者相. 塔设备[M]. 北京:化学工业出版社,2004.

[7] 朱有庭,曲文海,于浦义,等. 化工设备设计手册[M]. 北京:化学工业出版社,2005.

指导教师(签名):

年 月 日

教研室审核意见:

教研室主任签名:

年 月 日

7.5.5　正文示例

1　引　言

1.1　吸收技术概况

在化工生产中所处理的原料、中间产物、粗产品等几乎都是混合物，而且大部分是均相物系。为了进一步加工和使用常需将这些混合物分离为较纯净或者几乎纯态的物质。对于均相物系必须要造成一个两相物系，利用物系中各组分间某物性的差异而使其中某个组分从一相转入到另一相，以达到分离的目的。

对于气体混合物，当与液相接触时，气体中的一个或者几个组分溶解于液体中，不能溶解的组分仍保留在气相中，于是得到了分离。这种利用各组分在溶液中溶解度的差异使气体中不同组分分离的操作称为吸收。

1.2　吸收设备

吸收塔是完成吸收操作的设备，塔设备的主要作用是为气液两相提供充分的接触表面，使相间的传质与传热过程能够充分有效地进行，并能使接触之后的气液两相及时分离并不夹带。

工业中常用吸收塔的主要类型有板式塔、填料塔、喷洒塔和喷射式吸收器等。其中最常用的是填料塔与板式塔。

填料塔是使用最广泛的一种塔形，主要由填料塔内件及塔体结构组成。填料塔中装有填料，气体接触在填料中进行。它的优点是生产能力大、分离效率高、阻力小、操作弹性大、结构简单，易用耐磨腐蚀材料，造价低；缺点是塔径大、气液两相接触易不均匀、效率低。

板式塔是由一个圆筒形外壳及其中装的若干块水平塔板构成，板式塔中装有塔板，气液两相在塔板上鼓泡进行接触。

1.3　吸收在工业生产中的应用

气体吸收在化工生产中的应用大致有以下几种。

① 制备液体产品。如用水吸收 HCl 气体制备盐酸等。

② 分离、净化或者精制气体。如用水脱除合成氨原料气中的 CO_2，用丙酮脱除石油裂解气中的乙炔等。

③ 回收有用物质。工艺尾气中含有一些有价值的物质。通过吸收可以为这些物质找到新的用途，如用洗油脱除焦炉气中的苯、甲苯等芳香烃。

④ 除去工业尾气中的有害组分，达到环保的目的。例如除去尾气中的 H_2S、SO_2 等，以免大气污染。

2　设计方案简介

2.1　吸收剂及吸收流程的确定

因丙酮与空气在水中的溶解度不同，且水易得、无腐蚀、无污染、挥发分小、选择性高，所以选用水作为吸收剂。又因用水作为吸收剂，丙酮不作为产品，故采用纯溶剂……

在确定流程时，因逆流吸收可提高传质效率和吸收剂的利用率……所以采用逆流吸收……

2.2　填料的类型与选择

对于水吸收丙酮的过程，操作温度及操作压力较低，工业上通常选用塑料散装填料。在塑料散装填料中，塑料阶梯环填料的综合性能较好，故此选用 $DN38$ 聚丙烯阶梯环填料。

阶梯环是对鲍尔环的改进。与鲍尔环相比，阶梯环高度减少了一半，并在一端增加了一个锥形翻边。由于高径比减少，使得气体绕填料外壁的平均路径大为缩短，减少了气体通过填料层的阻力。锥形翻边不仅增加了填料的机械强度，而且使填料之间由线接触为主变成以点接触为主，这样不但增加了填料间的空隙，同时成为液体沿填料表面流动的汇集分散点，可以促进液膜的表面更新，有利于传质效率的提高。阶梯环的综合性能优于鲍尔环，成为目前所使用的环形填料中最为优良的一种。

……

2.3　工艺流程的简述

水吸收空气中的丙酮的工艺流程如图 $X.X$ 所示。……

……

……………………………………………（以下正文略）……………………………………………

附　录

一、基础物性数据

名称	分子式	相对分子质量	熔点/K	沸点/K	临界性质				偏心因子
					T_c/K	p_c/ atm	V_c/(cm^3/mol)	Z_c	ω
甲醇	CH_3OH	32.04	175.5	337.8	512.6	8.096	118	0.224	0.559
乙醇	CH_3CH_2OH	46.069	159.1	351.5	516.2	6.383	166.9	0.248	0.635
苯	C_6H_6	78.11	278.1	353.3	562.1	4.894	259	0.271	0.212
甲苯	$C_6H_5CH_3$	92.14	178	383.8	591.7	4.114	316	0.264	0.257
氯苯	C_6H_5Cl	112.56	227.6	404.9	632.4	4.519	308	0.265	0.249
氯乙烯	$CH_2{=}CHCl$	62.49	119.4	259.8	429.7	55.3	169	0.283	0.625
1,1-二氯乙烷	$C_2H_4Cl_2$	98.96	176.2	330.4	523	50	240	0.28	0.248
1,2-二氯乙烷	$C_2H_4Cl_2$	98.96	237.5	356.6	561	5.37	220	0.25	0.286
3-氯丙烯	C_3H_5Cl	76.526	138.7	318.3	514	4.761	234	0.26	0.13
1,2-二氯丙烷	$CH_3CHClCH_2Cl$	112.99	172.7	369.5	577	4.457	226	0.21	0.24
二硫化碳	CS_2	76.13	161.3	319.4	552	7.903	170	0.293	0.115
四氯化碳	CCl_4	153.82	250	349.7	349.7	4.56	276	0.272	0.194
丙酮	CH_3COCH_3	58.08	178.2	329.4	508.1	4.701	209	0.232	0.309

二、常见液体密度

部分液体相对密度(t=20～25℃)					
液　体	相对密度	液　体	相对密度	液　体	相对密度
HNO_3　92%	1.5	CH_3OH　100%	0.796	醋酸　100%	1.055
氨　26%	0.910	CH_3OH　90%	0.824	醋酸　70%	1.073
苯胺	1.039	CH_3OH　30%	0.954	醋酸　30%	1.041
丙酮	0.812	蚁酸	1.241	酚(熔融的)	约 1.06
汽油	0.76	萘(熔融的)	约 1.1	氯仿	1.526
苯	0.9	石油	0.79～0.95	CCl_4	1.633
C_4H_9OH	0.905	硝基苯	1.204	$CH_3COOC_2H_5$	1.046
甘油　100%	1.273	CS_2	1.290	$CH_2Cl \cdot CH_2Cl$	1.280
甘油　80%	1.126	H_2SO_4　98%	1.830	C_2H_5OH　100%	0.793
NaOH　10%溶液	1.109	H_2SO_4　60%	1.498	C_2H_5OH　70%	0.850
NaOH　30%溶液	1.328	H_2SO_4　30%	1.22	C_2H_5OH　40%	0.920
煤油	0.845	HCl　30%	1.149	C_2H_5OH　10%	0.975
$C_6H_4(CH_3)_2$	0.881	HCl　发烟	1.21	$(C_2H_5)_2O$	0.912
重油	0.89～0.95	甲苯	0.866		

三、定压比热容

1. 一般液体的定压比热容

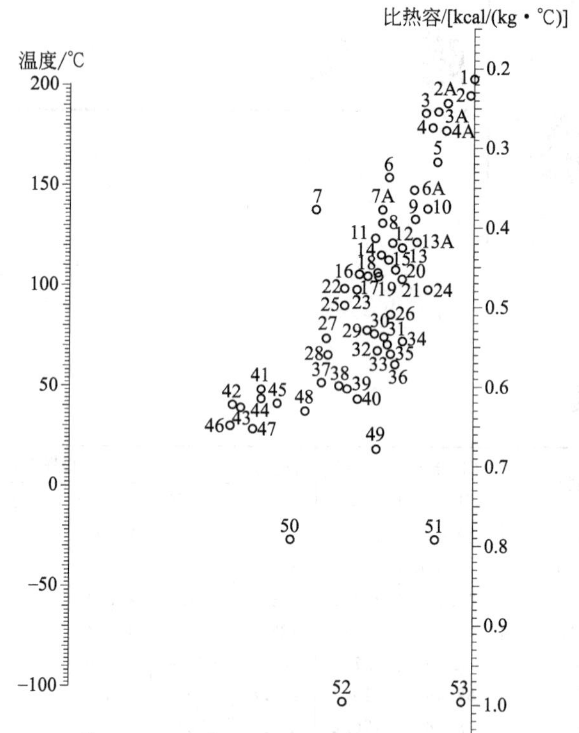

注：1kcal/(kg・℃)=4186.8 J/(kg・K)。

图中编号见下表：

编号	名称	温度范围/℃	编号	名称	温度范围/℃	编号	名称	温度范围/℃
1	溴乙烷	5～25	22	二苯基甲烷	30～100	43	异丁醇	0～100
2	二硫化碳	−100～25	23	苯	10～30	44	丁醇	0～100
3	四氯化碳	10～60	24	醋酸乙酯	−50～25	45	丙醇	−20～100
4	氯仿	0～50	25	乙苯	0～100	46	乙醇(95%)	20～80
5	二氯甲烷	−40～50	26	醋酸戊酯	0～100	47	异丙醇	−20～50
6	氟利昂-12	−40～15	27	苯甲基醇	−20～30	48	盐酸(30%)	20～100
7	碘乙烷	0～100	28	庚烷	0～60	49	盐水(25%$CaCl_2$)	−40～20
8	氯苯	0～100	29	醋酸(100%)	0～80	50	乙醇(50%)	20～80
9	硫酸(98%)	10～45	30	苯胺	0～130	51	盐水(25%NaCl)	−40～20
10	苯甲基氯	−30～30	31	异丙醚	−80～20	52	氨	−70～50
11	二氧化硫	−20～100	32	丙酮	20～50	53	水	10～200
12	硝基苯	0～100	33	辛烷	−50～25	3	过氯乙烯	−30～140
13	氯乙烷	−30～40	34	壬烷	−50～25	6A	二氯乙烷	−30～60
14	萘	90～200	35	己烷	−80～20	13A	氯甲烷	−80～20
15	联苯	80～120	36	乙醚	−100～25	16	联苯醚 A	0～200
16	二苯基醚	0～200	37	戊醇	−50～25	23	甲苯	0～60
17	对二甲苯	0～100	38	甘油	−40～20	2A	氟利昂-11	−20～70
18	间二甲苯	0～100	39	乙二醇	−40～200	4A	氟利昂-21	−20～70
19	邻二甲苯	0～100	40	甲醇	−40～20	7A	氟利昂-22	−20～60
20	吡啶	−50～25	41	异戊醇	10～100	3A	氟利昂-113	−20～70
21	癸烷	−80～25	42	乙醇(100%)	30～80			

2. 烷烃、烯烃、二烯烃液体的比热容

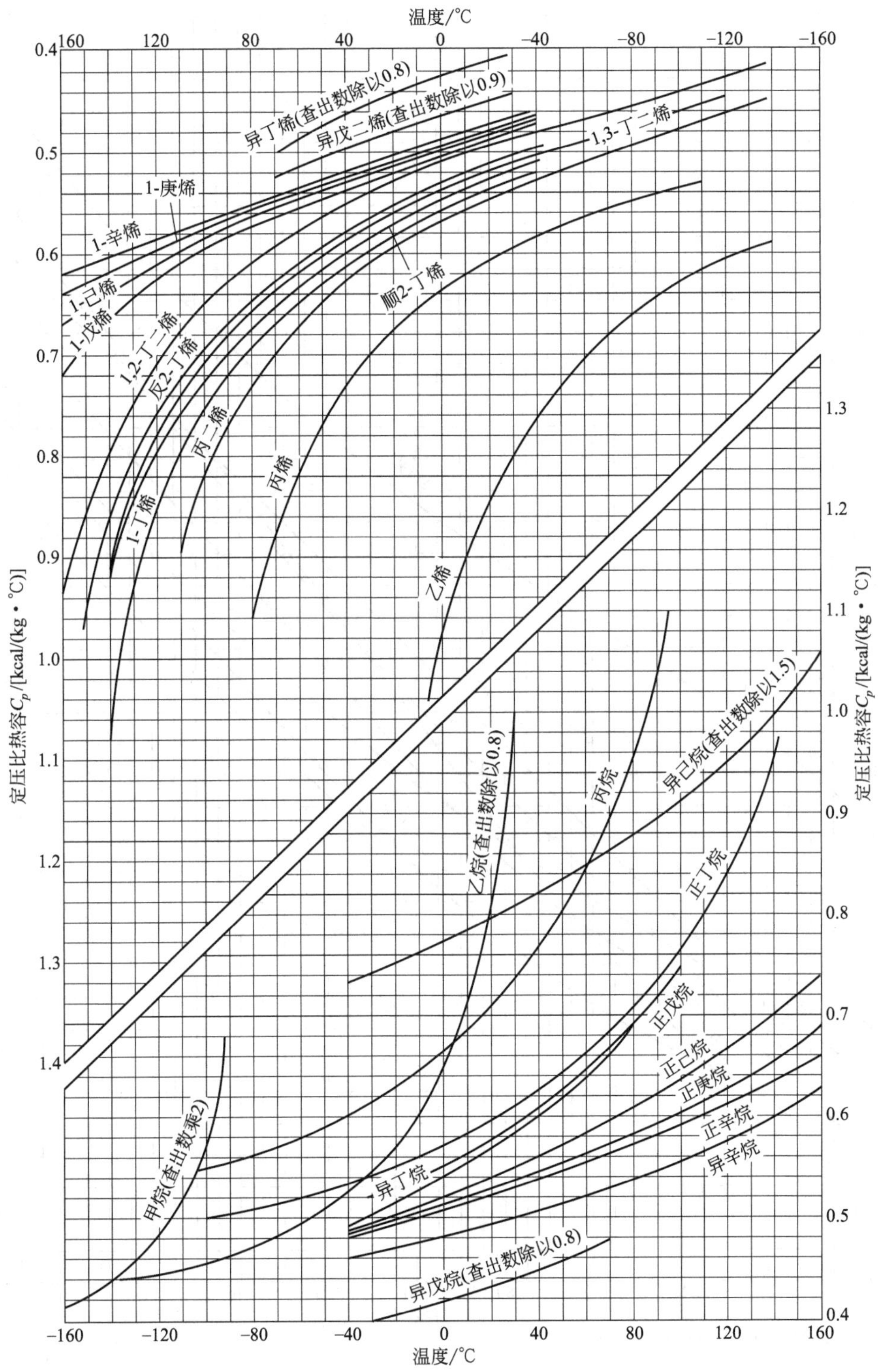

注：1kcal/(kg·℃)=4186.8J/(kg·K)。

3. 芳香烃液体的比热容

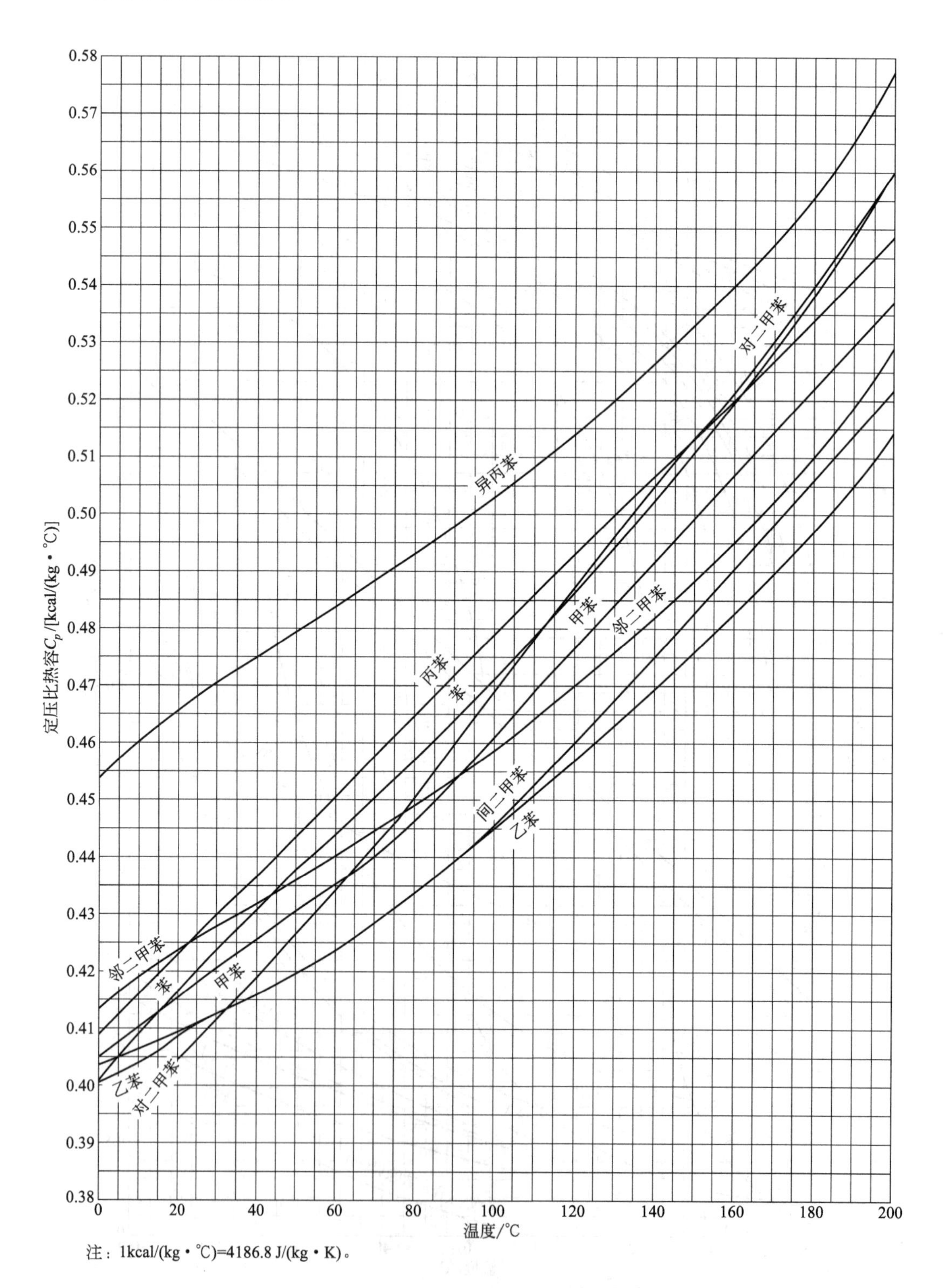

注：1kcal/(kg·℃)=4186.8 J/(kg·K)。

四、常见液体蒸发潜热（单位：kcal/kg）

液体	在大气压下的沸点/℃	温度/℃				
		0	20	60	100	140
乙醇	78	220	218	210	194	170
乙醚	34.5	92.5	87.5	77.9	67.4	54.5
戊醇	—	—	120	—	—	—
蚁酸	—	—	120	—	—	—
硝基苯	—	—	79.2	—	—	—
氨	−33	302	284	—	—	—
苯胺	184	—	—	—	—	104(在184℃)
丙酮	56.5	135	132	124	113	—
苯	80	107	104	97.5	90.5	82.6
丁醇	117	168	164	156	146	134
水	100	595	584	579	539	513
二氧化碳	−78	56.1	37.1	—	—	—
甲醇	65	286	280	265	242	213
硝基苯	211	—	—	—	—	79.2(在211℃)
丙醇	98	194	189	178	163	142
异丙醇	83.5	185	179	167	152	133
二硫化碳	46	89.4	87.6	82.2	75.5	67.4
甲苯	110	99	97.3	92.8	88	82.1
醋酸	118	—	—	—	97(在118℃)	94.4
氟利昂-12	−30	37	34.6	31.6	—	—
氯	−34	63.6	60.4	53	42.2	17
氯甲苯	132	89.7	88.2	84.6	80.7	76.5
氯仿	61	64.8	62.8	59.1	55.2	—
四氯化碳	77	52.1	51	48.2	44.3	40.1
乙酸乙酯	77	102	98.2	92.1	84.9	75.7

注：1kcal/kg=4186.8J/kg。

五、常见液体表面张力

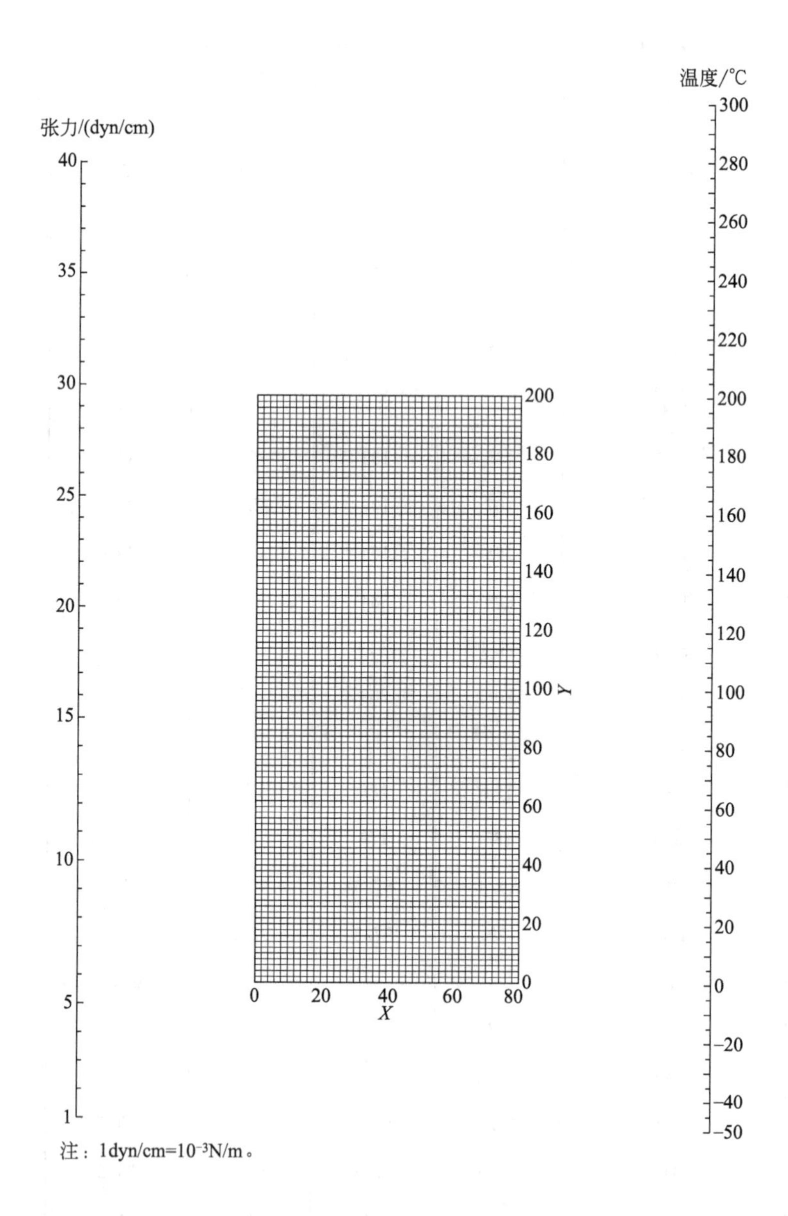

注：1dyn/cm=10^{-3}N/m。

图中 X 和 Y 值见下表：

序号	名　称	X	Y	序号	名　称	X	Y
1	环氧乙烷	42	83	48	3-戊酮	20	101
2	乙苯	22	118	49	异戊醇	6	106.8
3	乙胺	11.2	83	50	四氯化碳	26	104.5
4	乙硫醇	35	81	51	辛烷	17.7	90
5	乙醇	10	97	52	苯	30	110
6	乙醚	27.5	64	53	苯乙酮	18	163
7	乙醛	33	78	54	苯乙醚	20	134.2
8	乙醛肟	23.5	127	55	苯二乙胺	17	142.6
9	乙酰胺	17	192.5	56	苯二甲胺	20	149
10	乙酰乙酸乙酯	21	132	57	苯甲醚	24.4	138.9
11	二乙醇缩乙醛	19	88	58	苯胺	22.9	171.8
12	间二甲苯	20.5	118	59	苯(基)甲胺	25	156
13	对二甲苯	19	117	60	苯酚	20	168
14	二甲胺	16	66	61	氨	56.2	63.5
15	二甲醚	44	37	62	一氧化二氮	62.5	0.5
16	二氯乙烷	32	120	63	氯	45.5	59.2
17	二硫化碳	35.8	117.2	64	氯仿	32	101.3
18	丁酮	23.6	97	65	对氯甲苯	18.7	134
19	丁醇	9.6	107.5	66	氯甲烷	45.8	53.2
20	异丁醇	5	103	67	氯苯	23.5	132.5
21	丁酸	14.5	115	68	吡啶	34	138.2
22	异丁酸	14.8	107.4	69	丙腈	23	108.6
23	丁酸乙酯	17.5	102	70	丁腈	20.3	113
24	异丁酸乙酯	20.9	93.7	71	乙腈	33.5	111
25	丁酸甲酯	25	88	72	苯腈	19.5	159
26	三乙胺	20.1	83.9	73	氰化氢	30.6	66
27	1,3,5-三甲苯	17	119.8	74	硫酸二乙酯	19.5	139.5
28	三苯甲烷	12.5	182.7	75	硫酸二甲酯	23.5	158
29	三氯乙醛	30	113	76	硝基乙烷	25.4	126.1
30	三聚乙醛	22.3	103.8	77	硝基甲烷	30	139
31	己烷	22.7	72.2	78	萘	22.5	165
32	甲苯	24	113	79	溴乙烷	31.6	90.2
33	甲胺	42	58	80	溴苯	23.5	145.5
34	间甲酚	13	161.2	81	碘乙烷	28	113.2
35	对甲酚	11.5	160.5	82	对甲氧基苯丙烯	13	158.1
36	邻甲酚	20	161	83	醋酸	17.1	116.5
37	甲醇	17	93	84	醋酸甲酯	34	90
38	甲酸甲酯	38.5	88	85	醋酸乙酯	27.5	92.4
39	甲酸乙酯	30.5	88.8	86	醋酸丙酯	23	97
40	甲酸丙酯	24	97	87	醋酸异丁酯	16	97.2
41	丙胺	25.5	87.2	88	醋酸异戊酯	16.4	103.1
42	对异丙基甲苯	12.8	121.2	89	醋酸酐	25	129
43	丙酮	28	91	90	噻吩	35	121
44	丙醇	8.2	105.2	91	环已烷	42	86.7
45	丙酸	17	112	92	硝基苯	23	173
46	丙酸乙酯	22.6	97	93	水(查出之数乘 2)	12	162
47	丙酸甲酯	29	95				

六、液体黏度

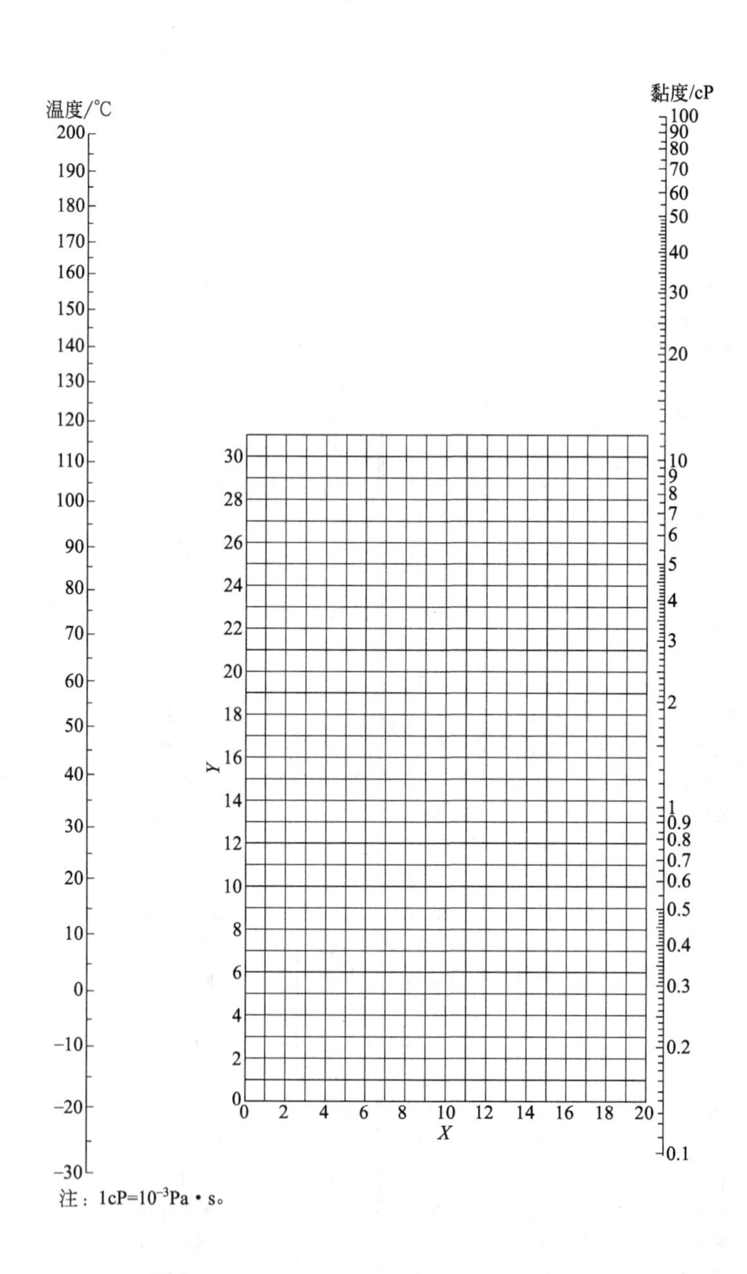

注：1cP=10^{-3}Pa·s。

图中 X 和 Y 值见下表：

序号	名称	X	Y	序号	名称	X	Y
1	水	10.2	13.0	55	邻二甲苯	13.5	12.1
2	盐水(25%NaCl)	10.2	16.6	56	间二甲苯	13.9	10.6
3	盐水(25%$CaCl_2$)	6.6	15.9	57	对二甲苯	13.9	10.9
4	氨(100%)	12.6	2.0	58	氟代苯	13.7	10.4
5	氨水(26%)	10.1	13.9	59	氯代苯	12.3	12.4
6	二氧化碳	11.6	0.3	60	碘代苯	12.8	15.9
7	二氧化硫	15.2	7.1	61	乙苯	13.2	11.5
8	二硫化碳	16.1	7.5	62	硝基苯	10.6	16.2
9	二氧化氮	12.9	8.6	63	氯甲苯(邻)	13.0	13.3
10	溴	14.2	13.2	64	氯甲苯(间)	13.3	12.5
11	钠	16.4	13.9	65	氯甲苯(对)	13.3	12.5
12	汞	18.4	16.4	66	溴甲苯	20.0	15.9
13	硫酸(110%)	7.2	27.4	67	乙烯基甲苯	13.4	12.0
14	硫酸(100%)	8.0	25.1	68	硝化甲苯	11.0	17.0
15	硫酸(98%)	7.0	24.8	69	苯胺	8.1	18.7
16	硫酸(60%)	10.2	21.2	70	酚	6.9	20.8
17	硝酸(95%)	12.8	13.8	71	间甲酚	2.5	20.8
18	硝酸(60%)	10.8	17.0	72	联苯	12.0	18.3
19	盐酸(31.5%)	13.0	16.6	73	萘	7.9	18.1
20	氢氧化钠(50%)	3.2	25.8	74	甲醇(100%)	12.4	10.5
21	戊烷	14.9	5.2	75	甲醇(90%)	12.3	11.8
22	己烷	14.7	7.0	76	甲醇(40%)	7.8	15.5
23	庚烷	14.1	8.4	77	乙醇(100%)	10.5	13.8
24	辛烷	13.7	10.0	78	乙醇(95%)	9.8	14.3
25	环己烷	9.8	12.9	79	乙醇(40%)	6.5	16.6
26	氯甲烷(甲基氯)	15.0	3.8	80	丙醇	9.1	16.5
27	碘甲烷(甲基碘)	14.3	9.3	81	丙烯醇	10.2	14.3
28	硫甲烷(甲基硫)	15.3	6.4	82	异丙醇	8.2	16.0
29	二溴甲烷	12.7	15.8	83	丁醇	8.6	17.2
30	二氯甲烷	14.6	8.9	84	异丁醇	7.1	18.0
31	三氯甲烷	14.4	10.2	85	戊醇	7.5	18.4
32	四氯甲烷	12.7	13.1	86	环己醇	2.9	24.3
33	溴乙烷(乙基溴)	14.5	8.1	87	辛醇	6.6	21.1
34	氯乙烷(乙基氯)	14.8	6.0	88	乙二醇	6.0	23.6
35	碘乙烷(乙基碘)	14.7	10.3	89	二甘醇	5.0	24.7
36	硫乙烷(乙基硫)	13.8	8.9	90	甘油(100%)	2.0	30.0
37	二氯乙烷	13.2	12.2	91	甘油(50%)	6.9	19.6
38	四氯乙烷	11.9	15.7	92	三甘醇	4.7	24.8
39	五氯乙烷	10.9	17.3	93	乙醛	15.2	4.8
40	1,2-二溴乙烯	11.9	15.7	94	甲乙酮	13.9	8.6
41	1,2-二氯乙烷	12.7	12.2	95	甲丙酮	14.3	9.5
42	三氯乙烯	14.8	10.5	96	二乙酮	13.5	9.2
43	氯丙烷(丙基氯)	14.4	7.5	97	丙酮(100%)	14.5	7.2
44	溴丙烷(丙基溴)	14.5	9.6	98	丙酮(35%)	7.9	15.0
45	碘丙烷(丙基碘)	14.1	11.6	99	甲酸	10.7	15.8
46	异丙基溴	14.1	9.2	100	醋酸(100%)	12.1	14.2
47	异丙基氯	13.9	7.1	101	醋酸(70%)	9.5	17.0
48	异丙基碘	13.7	11.2	102	醋酸酐	12.7	12.8
49	烯丙基溴	14.4	9.6	103	丙酸	12.8	13.8
50	烯丙基碘	14.0	11.7	104	丙烯酸	12.3	13.9
51	亚乙基二氯	14.1	8.7	105	丁酸	12.1	15.3
52	噻吩	13.2	11.0	106	异丁酸	12.2	14.4
53	苯	12.5	10.9	107	甲酸甲酯	14.2	7.5
54	甲苯	13.7	10.4	108	甲酸乙酯	14.2	8.4

续表

序号	名称	X	Y	序号	名称	X	Y
109	甲酸丙酯	13.1	9.7	129	二丙醚	13.2	8.6
110	醋酸甲酯	14.2	8.2	130	茴香醚	12.3	13.5
111	醋酸乙酯	13.7	9.1	131	三氯化砷	13.9	14.5
112	醋酸丙酯	13.1	10.3	132	三溴化磷	13.8	16.7
113	醋酸丁酯	12.3	11.0	133	三氯化磷	16.2	10.9
114	醋酸戊酯	11.8	12.5	134	四氯化锡	13.5	12.8
115	丙酸甲酯	13.5	9.0	135	四氯化钛	14.4	12.3
116	丙酸乙酯	13.2	9.9	136	硫酰氯	15.2	12.4
117	丙烯酸丁酯	11.5	12.6	137	氯磺酸	11.2	18.1
118	丁酸甲酯	13.2	10.3	138	乙腈	14.4	7.4
119	异丁酸甲酯	12.3	9.7	139	丁二腈	10.1	20.8
120	丙烯酸甲酯	13.0	9.5	140	氟利昂-11	14.4	9.0
121	丙烯酸乙酯	12.7	10.4	141	氟利昂-12	16.8	5.6
122	2-乙基丙烯酸丁酯	11.2	14.0	142	氟利昂-21	15.7	7.5
123	2-乙基丙烯酸己酯	9.0	15.0	143	氟利昂-22	17.2	4.7
124	草酸二乙酯	11.0	16.4	144	氟利昂-113	12.5	11.4
125	草酸二丙酯	10.3	17.7	145	煤油	10.2	16.9
126	醋酸乙烯	14.0	8.8	146	粗亚麻仁油	7.5	27.2
127	乙醚	14.5	5.3	147	松节油	11.5	14.9
128	乙丙醚	14.0	7.0				

七、液体热导率

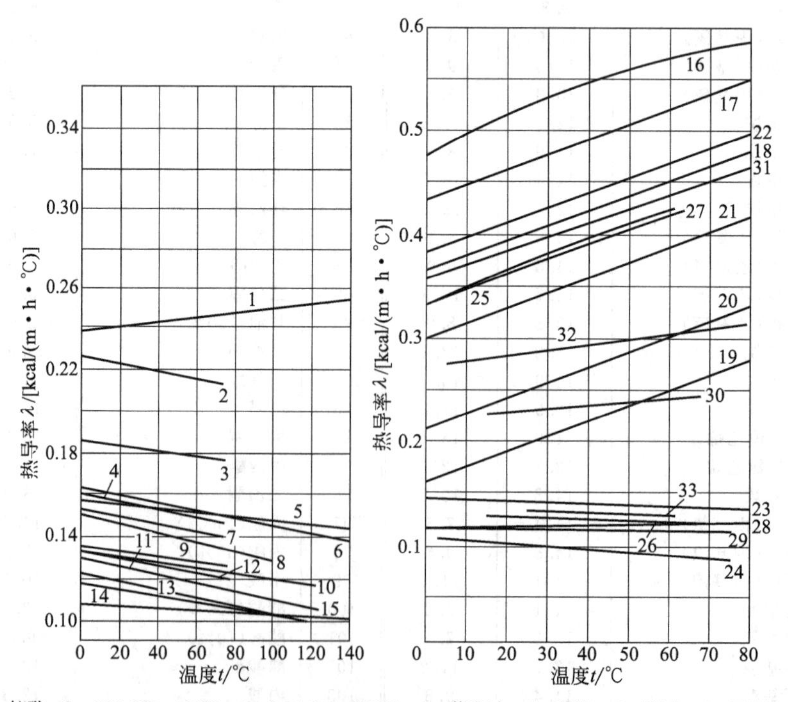

1—无水甘油；2—蚁酸；3—CH_3OH，100%；4—C_2H_5OH，100%；5—蓖麻油；6—苯胺；7—醋酸；8—丙酮；9—C_4H_9OH；10—硝基苯；11—异丙烷；12—苯；13—甲苯；14—二甲苯；15—凡士林油；16—水；17—$CaCl_2$，25%；18—NaCl，25%；19—乙醇，80%；20—乙醇，60%；21—乙醇，40%；22—乙醇，20%；23—CS_2；24—CCl_4；25—甘油，50%；26—戊烷；27—HCl，30%；28—煤油；29—乙醚；30—硫酸，98%；31—氨，26%；32—甲醇，40%；33—辛烷

注：1kcal/(m·h·℃)=1.163W/(m·K)。

八、液体饱和蒸气压

1. 醇、醛、酮、醚类蒸气压图

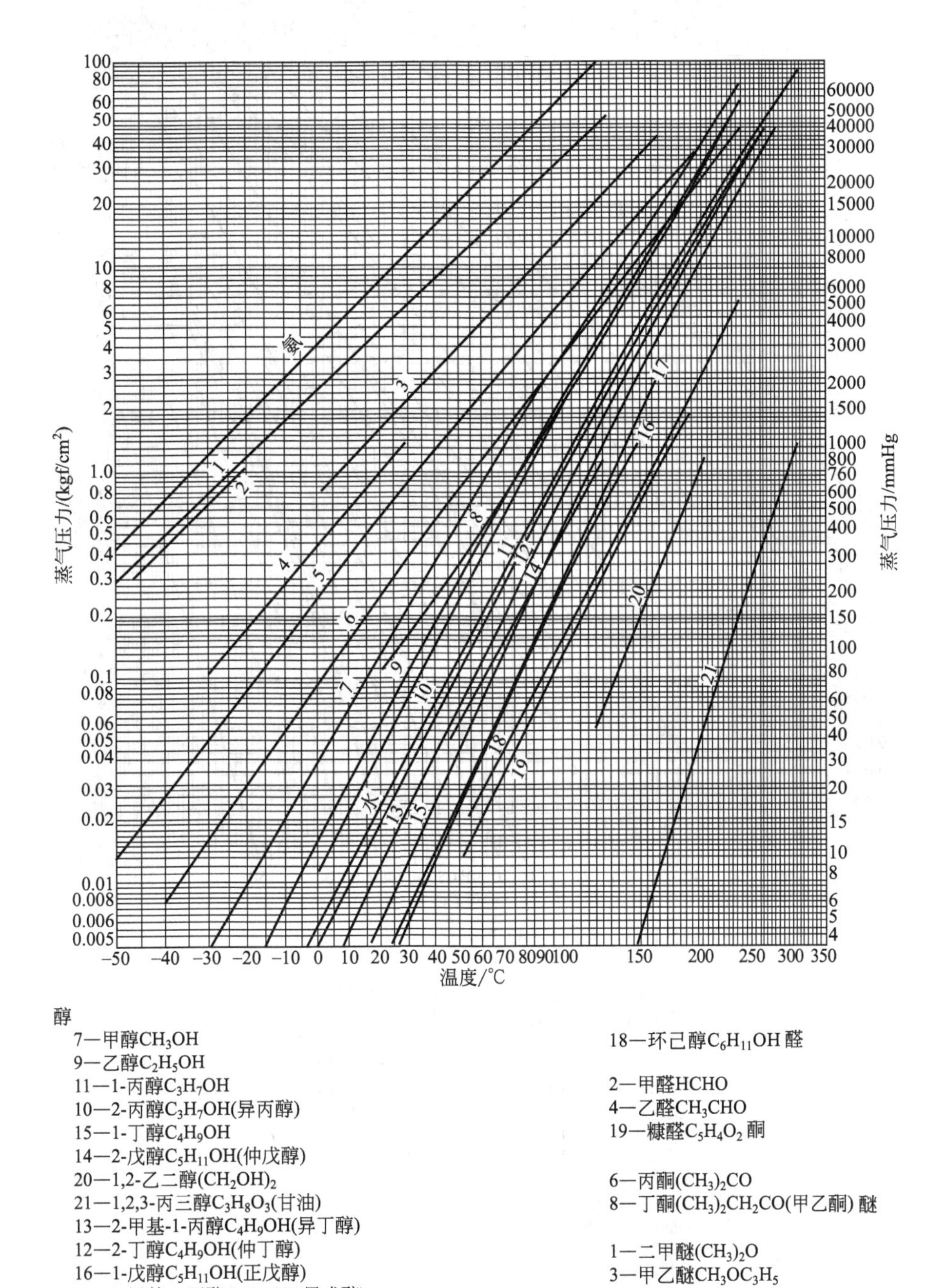

醇

7—甲醇CH_3OH

9—乙醇C_2H_5OH

11—1-丙醇C_3H_7OH

10—2-丙醇C_3H_7OH(异丙醇)

15—1-丁醇C_4H_9OH

14—2-戊醇$C_5H_{11}OH$(仲戊醇)

20—1,2-乙二醇$(CH_2OH)_2$

21—1,2,3-丙三醇$C_3H_8O_3$(甘油)

13—2-甲基-1-丙醇C_4H_9OH(异丁醇)

12—2-丁醇C_4H_9OH(仲丁醇)

16—1-戊醇$C_5H_{11}OH$(正戊醇)

17—3-甲基-1-丁醇$C_5H_{11}OH$(异戊醇)

18—环己醇$C_6H_{11}OH$

醛

2—甲醛HCHO

4—乙醛CH_3CHO

19—糠醛$C_5H_4O_2$

酮

6—丙酮$(CH_3)_2CO$

8—丁酮$(CH_3)_2CH_2CO$(甲乙酮)

醚

1—二甲醚$(CH_3)_2O$

3—甲乙醚$CH_3OC_3H_5$

5—二乙醚$(C_2H_5)_2O$

注：$1kgf/cm^2$=98.0665kPa, 1mmHg=133.322Pa。

2. 烷基酸、胺类蒸气压图

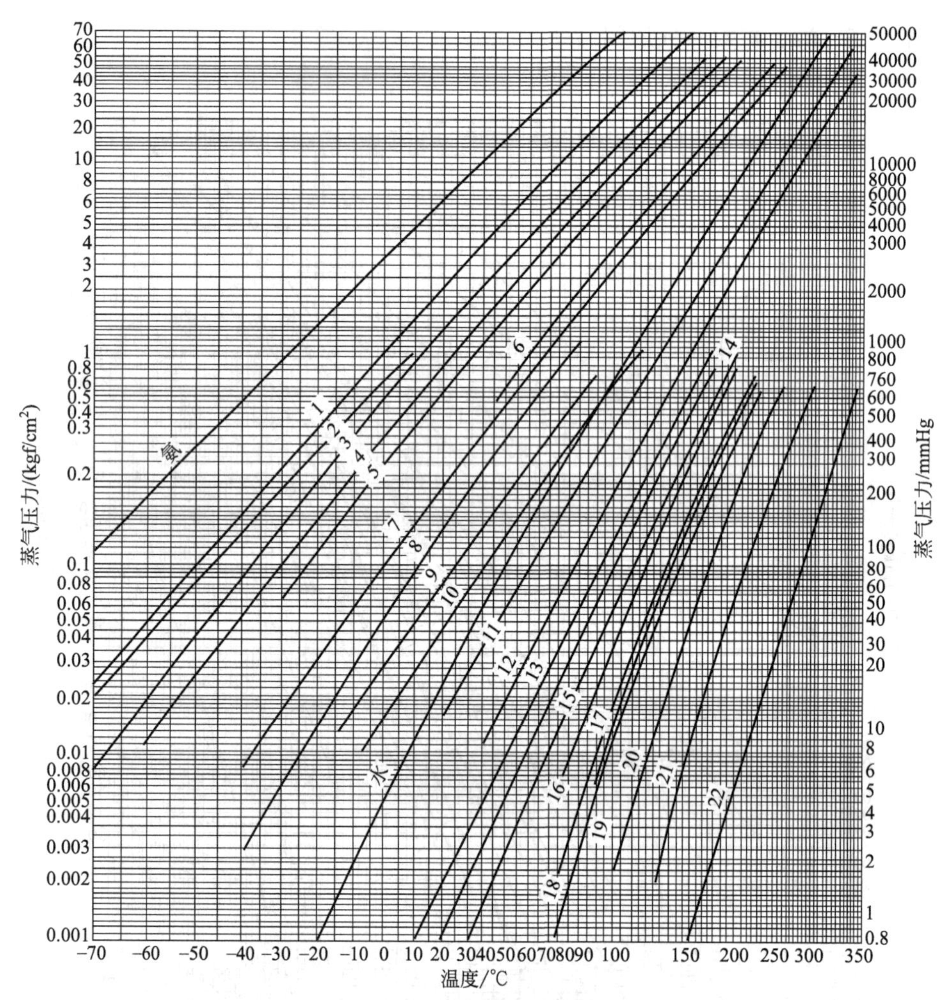

注：1kgf/cm²=98.0665kPa, 1mmHg=133.322Pa。

烷基酸

10—甲酸HCOOH(蚁酸)
11—乙酸CH_3COOH(醋酸)
12—丙酸C_2H_5COOH
14—丁酸C_3H_7COOH
13—异丁酸C_3H_7COOH
16—戊酸C_4H_9COOH
15—异戊酸C_4H_9COOH
18—己酸$C_6H_{11}COOH$
17—异己酸$C_5H_{11}COOH$
20—辛酸$C_7H_{15}COOH$
21—癸酸$C_9H_{19}COOH$
22—己二酸$C_4H_{10}O_4$
5—氢氰酸HCN

胺类

1—甲胺CH_3NH_2
3—二甲胺$(CH_3)_2NH$
2—三甲胺$(CH_3)_3N$
4—乙胺$C_2H_5NH_2$
7—二乙胺$(C_2H_5)_2NH$
9—三乙胺$(C_2H_5)_3N$
6—丙胺$CH_3(CH_2)_2NH_2$
8—异丁胺$C_4H_9NH_2$
19—甲酰胺$HCO \cdot NH_2$

九、二组分气液平衡组成与温度（或压力）的关系

1. 乙醇-水（101.3kPa）

乙醇(摩尔分数)/%		温度/℃	乙醇(摩尔分数)/%		温度/℃	乙醇(摩尔分数)/%		温度/℃
液相	气相		液相	气相		液相	气相	
0	0	100	23.37	54.45	82.7	57.32	68.41	79.3
1.9	17.00	95.5	26.08	55.80	82.3	67.63	73.85	78.74
7.21	38.91	89.0	32.73	58.26	81.5	74.72	78.15	78.41
9.66	43.75	86.7	39.65	61.22	80.7	89.43	89.43	78.15
12.38	47.04	85.3	50.79	65.64	79.8			
16.61	50.89	84.1	51.98	65.99	79.7			

2. 苯-甲苯（101.3kPa）

苯(摩尔分数)/%		温度/℃	苯(摩尔分数)/%		温度/℃	苯(摩尔分数)/%		温度/℃
液相	气相		液相	气相		液相	气相	
0	0	110.6	39.7	61.8	95.2	80.3	91.4	84.4
8.8	21.2	106.1	48.9	71.0	92.1	90.3	95.7	82.3
20.0	37.0	102.2	59.2	78.9	89.4	95.0	97.9	81.2
30.0	50.0	98.6	70.0	85.3	86.8	100.0	100.0	80.2

3. 二硫化碳（CS_2）-四氯化碳（CCl_4）（101.3kPa）

CS_2(摩尔分数)/%		温度/℃	CS_2(摩尔分数)/%		温度/℃	CS_2(摩尔分数)/%		温度/℃
液相	气相		液相	气相		液相	气相	
0	0	76.7	0.1435	0.3325	68.6	0.6630	0.8290	52.3
0.0296	0.0823	74.9	0.2585	0.4950	63.8	0.7574	0.8780	54.4
0.0615	0.1555	73.1	0.3908	0.6340	59.3	0.8604	0.9320	48.5
0.1106	0.2660	70.3	0.5318	0.7470	55.3	1.000	1.000	46.3

4. 丙酮-水（101.3kPa）

丙酮(摩尔分数)/%		温度/℃	丙酮(摩尔分数)/%		温度/℃	丙酮(摩尔分数)/%		温度/℃
液相	气相		液相	气相		液相	气相	
0	0	100.0	0.20	0.815	62.1	0.80	0.898	58.2
0.01	0.253	92.7	0.30	0.830	61.0	0.90	0.935	57.5
0.02	0.425	86.5	0.40	0.839	60.4	0.95	0.965	57.0
0.05	0.624	75.8	0.50	0.849	60.0	1.0	1.0	56.13
0.10	0.755	66.5	0.60	0.859	59.7			
0.15	0.795	63.4	0.70	0.874	59.0			

5. 甲醇-水（101.3kPa）

甲醇(摩尔分数)/%		温度/℃	压力/mmHg	甲醇(摩尔分数)/%		温度/℃	压力/mmHg	甲醇(摩尔分数)/%		温度/℃	压力/mmHg
液相	气相			液相	气相			液相	气相		
15.23	61.64		103.4	100.0	100.0		404.6	51.43	82.03		283.0
18.09	64.86		109.8	5.31	28.34	92.9	760	62.79	86.54		306.4
20.32	67.34		118.4	7.67	40.01	90.3	760	70.83	90.07		324.1
25.57	72.63		132.0	9.26	43.53	88.9	760	80.37	94.06		348.4
28.66	73.83		138.2	13.15	54.55	85.0	760	90.07	96.27		373.5
37.16	80.53		155.3	20.83	62.73	81.6	760	33.33	69.18	76.7	760
43.62	82.38		167.4	28.18	67.75	78.0	760	46.20	77.56	73.80	760
50.33	84.57		175.4	12.18	47.41		157.0	52.92	79.71	72.7	760
59.33	86.19		188.2	14.78	52.20		169.7	59.37	81.83	71.3	760
67.13	88.35		202.5	21.31	61.94		196.0	68.49	84.92	70.0	760
80.02	95.36		223.1	26.93	71.06		217.7	85.62	89.62	68.0	760
94.61	97.36		391.1	32.52	785.80		236.6	87.41	91.94	66.9	760

6. 甲醇-苯（101.3kPa）

甲醇(摩尔分数)/%		温度/℃	压力/mmHg	甲醇(摩尔分数)/%		温度/℃	压力/mmHg	甲醇(摩尔分数)/%		温度/℃	压力/mmHg
液相	气相			液相	气相			液相	气相		
50.0	59.6	58	760	7.71	44.62		565.10	64.3	56.6		366.2
15.1	51.6	60		22.98	54.22		647.83	70.2	58.0		362.5
9.8	47.2	62		59.88	60.56		678.27	75.0	57.6		357.5
5.3	38.2	66		14.1	50.7	40	349.0	87.8	67.0		334.0
3.1	28.5	70		22.7	52.4		356.6	89.6	72.3		325.0
1.6	18.2	74		30.4	53.7		362.5	91.5	75.3		322.5
6.38	42.10		545.73	46.8	54.3		365.6	100.0	100.0		263.5

十、常用钢管规格型号一览表

序号	规格		壁厚/mm	每米理论重量/kg	通常长度	备注
	通经	外径/mm				
1. 热轧无缝钢管						
1	*DN*40	43	3	2.89	9m/根或10m/根	
2	*DN*50	57	3	4		
3		60	3	4.22		
4	*DN*65	73	3.5	6		
5		76	3.5	6.26		
6	*DN*80	89	3.5	7.38		
7	*DN*100	108	4	10.26		
8	*DN*125	133	4	12.73		
9	*DN*150	159	4.5	17.15		
10	*DN*200	219	6	31.52		
11	*DN*250	273	7	45.92		
12	*DN*300	325	8	62.54		

续表

序号	规格		壁厚/mm	每米理论重量/kg	通常长度	备注
	通经	外径/mm				
2. 低压流体输送焊接钢管						
1	*DN*15(1/2in)	21.3	2.75	1.26	6m/根	括号内的表示英制通径
2	*DN*20(3/4in)	26.8	2.75	1.63		
3	*DN*25(1in)	33.5	3.25	2.42		
4	*DN*32(1-1/4in)	42.3	3.25	3.13		
5	*DN*40(1-1/2in)	48	3.5	3.84		
6	*DN*50(2in)	60	3.5	4.88		
7	*DN*65(2-1/2in)	75.5	3.75	6.64		
8	*DN*80(3in)	88.5	4	8.34		
9	*DN*100(4in)	114	4	10.85		
10	*DN*125(5in)	140	4.5	15.04		
11	*DN*150(6in)	165	4.5	17.81		
3. 螺旋缝埋弧焊钢管						
1	*DN*200	219	6	32.03	12m/根	
2	*DN*250	273	6	40.01		
3	*DN*300	325	6	47.54		
4	*DN*350	377	6	55.4		
5	*DN*400	426	6	62.65		
6	*DN*450	480	8	104.52		
7	*DN*500	529	8	115.62		
8	*DN*600	630	8	137.81		
9	*DN*700	720	10	175.6	12m/根	
10	*DN*800	820	10	200.26		
11	*DN*900	920	10	224.92		
12	*DN*1000	1020	10	249.58		

注：钢管每米理论重量计算公式：

$$W=3.1416\rho\delta(D-\delta)/1000$$

式中 W——钢管每米理论重量，kg/m；

ρ——钢的密度，kg/dm^3；一般取 $7.81kg/dm^3$、$7.85kg/dm^3$、$7.91kg/dm^3$；

D——钢管的公称外径，mm；

δ——钢管的公称壁厚，mm。

十一、管壳式换热器系列标准（摘录）

1. 固定管板式换热器（JB/T 4715—92）

(1) 换热器 ϕ19 的基本参数（管心距 25mm）

公称直径 *DN*/mm	公称压力 *PN*/MPa	管程数 *N*	管子根数 *n*	中心排管数	管程流通面积/m^2	计算换热面积/m^2					
						换热管长度 *L*/mm					
						1500	2000	3000	4500	6000	9000
159	1.60 2.50 4.00 6.40	1	15	5	0.0027	1.3	1.7	2.6	—	—	—
219			33	7	0.0058	2.8	3.7	5.7	—	—	—
273		1	65	9	0.0115	5.4	7.4	11.3	17.1	22.9	—
		2	56	8	0.0049	4.7	6.4	9.7	14.7	19.7	—
325		1	99	11	0.0175	8.3	11.2	17.1	26.0	34.9	—
		2	88	10	0.0078	7.4	10.0	15.2	23.1	31.0	—
		4	68	11	0.0030	5.7	7.7	11.8	17.9	23.9	—

续表

公称直径 DN/mm	公称压力 PN/MPa	管程数 N	管子根数 n	中心排管数	管程流通面积/m^2	计算换热面积/m^2					
						换热管长度 L/mm					
						1500	2000	3000	4500	6000	9000
400	0.60 1.00 1.60 2.50 4.00	1	174	14	0.0307	14.5	19.7	30.1	45.7	61.3	—
		2	164	15	0.0145	13.7	18.6	28.4	43.1	57.8	—
		4	146	14	0.0065	12.2	16.6	25.3	38.3	51.4	—
450		1	237	17	0.0419	19.8	26.9	41.0	62.6	83.5	—
		2	220	16	0.0194	18.4	25.0	38.1	57.8	77.5	—
		4	200	16	0.0088	16.7	22.7	34.6	52.5	70.4	—
500		1	275	19	0.0486	—	31.2	47.6	72.2	96.8	—
		2	256	18	0.0226	—	29.0	44.3	67.2	90.2	—
		4	222	18	0.0098	—	25.2	38.4	58.3	78.2	—
600		1	430	22	0.0760	—	48.8	74.4	112.9	151.4	—
		2	416	23	0.0368	—	47.2	72.0	109.3	146.5	—
		4	370	22	0.0163	—	42.0	64.0	97.2	130.3	—
		6	360	20	0.0106	—	40.8	62.3	94.5	126.8	—
700		1	607	27	0.1073	—	—	105.1	159.4	213.8	—
		2	574	27	0.0507	—	—	99.4	150.8	202.1	—
		4	542	27	0.0239	—	—	93.8	142.3	190.9	—
		6	518	24	0.0153	—	—	39.7	136.0	182.4	—
800		1	797	31	0.1408	—	—	138.0	209.3	280.7	—
		2	776	31	0.0686	—	—	134.3	203.8	273.3	—
		4	722	31	0.0319	—	—	125.0	189.8	254.3	—
		6	710	30	0.0209	—	—	122.9	186.5	250.0	—
900		1	1009	35	0.1783	—	—	174.7	265.0	355.3	536.0
		2	988	35	0.0873	—	—	171.0	259.5	347.9	524.9
		4	938	35	0.0414	—	—	162.4	246.4	330.3	498.3
		6	914	34	0.0269	—	—	158.2	240.0	321.9	485.6
1000		1	1267	39	0.2239	—	—	219.3	332.8	446.2	673.1
		2	1234	39	0.1090	—	—	213.6	324.1	434.6	655.6
		4	1186	39	0.0524	—	—	205.3	311.5	417.7	630.1
		6	1148	38	0.0338	—	—	198.7	301.5	404.3	609.9
(1100)		1	1501	43	0.2652	—	—	—	394.2	528.6	797.4
		2	1470	43	0.1299	—	—	—	386.1	517.7	780.9
		4	1450	43	0.0641	—	—	—	380.8	510.6	770.3
		6	1380	42	0.0406	—	—	—	362.4	486.0	733.1
1200		1	1837	47	0.3246	—	—	—	482.5	646.9	975.9
		2	1816	47	0.1605	—	—	—	476.9	639.5	964.7
		4	1732	47	0.0765	—	—	—	454.9	610.0	920.1
		6	1716	46	0.0505	—	—	—	450.7	604.3	911.6
(1300)	0.25 0.60 1.00 1.60 2.50	1	2123	51	0.3752	—	—	—	557.6	747.7	1127.8
		2	2080	51	0.1838	—	—	—	546.3	732.5	1105.0
		4	2074	50	0.0916	—	—	—	544.7	730.4	1101.8
		6	2028	48	0.0597	—	—	—	532.6	714.2	1077.4
1400		1	2557	55	0.4519	—	—	—	—	900.5	1358.4
		2	2502	54	0.2211	—	—	—	—	881.1	1329.2
		4	2404	55	0.1062	—	—	—	—	846.6	1277.1
		6	2378	54	0.0700	—	—	—	—	837.5	1263.3
(1500)		1	2929	59	0.5176	—	—	—	—	1031.5	7556.0
		2	2874	58	0.2539	—	—	—	—	1012.1	1526.8
		4	2768	58	0.1223	—	—	—	—	974.8	1470.5
		6	2692	56	0.0793	—	—	—	—	948.0	1430.1

续表

公称直径 DN/mm	公称压力 PN/MPa	管程数 N	管子根数 n	中心排管数	管程流通面积/m²	计算换热面积/m²					
						换热管长度 L/mm					
						1500	2000	3000	4500	6000	9000
1600	0.25 0.60 1.00 1.60 2.50	1	3339	61	0.5901	—	—	—	—	1175.9	1773.8
		2	3282	62	0.3382	—	—	—	—	1155.8	1743.5
		4	3176	62	0.1403	—	—	—	—	1118.5	1687.2
		6	3140	61	0.0925	—	—	—	—	1105.8	1668.1
(1700)		1	3721	65	0.6576	—	—	—	—	1310.4	1976.7
		2	3646	66	0.3131	—	—	—	—	1284.0	1936.9
		4	3544	66	0.1566	—	—	—	—	1248.1	1882.7
		6	3512	63	0.1034	—	—	—	—	1236.8	1869.7
1800		1	4247	71	0.7505	—	—	—	—	1495.7	2256.2
		2	4186	70	0.3699	—	—	—	—	1474.2	2223.8
		4	4070	69	0.1798	—	—	—	—	1433.3	2162.2
		6	4048	67	0.1192	—	—	—	—	1425.6	2150.5

注：表中的管程流通面积为各程平均值。

(2) 换热器 ϕ25 的基本参数（管心距 32mm）

公称直径 DN/mm	公称压力 PN/MPa	管程数 N	管子根数 n	中心排管数	管程流通面积/m²		计算换热面积/m²					
							换热管长度 L/mm					
					ϕ25×2	ϕ25×2.5	1500	2000	3000	4500	6000	9000
159	1.60 2.50 4.00 6.40	1	11	3	0.0038	0.0035	1.2	1.6	2.5	—	—	—
219			25	5	0.0087	0.0079	2.7	3.7	5.7	—	—	—
273		1	38	6	0.0132	0.0119	4.2	5.7	8.7	13.1	17.6	—
		2	32	7	0.0065	0.0050	3.5	4.8	7.3	11.1	14.8	—
325		1	57	9	0.0197	0.0179	6.3	8.5	13.0	19.7	26.4	—
		2	56	9	0.0097	0.0088	6.2	8.4	12.7	19.3	25.9	—
		4	40	9	0.0035	0.0031	4.4	6.0	9.1	13.8	18.5	—
400	0.60 1.00 1.60 2.50 4.00	1	98	12	0.0339	0.0308	10.8	14.6	22.3	33.8	45.4	—
		2	94	11	0.0163	0.0148	10.3	14.0	21.4	32.5	43.5	—
		4	76	11	0.0066	0.0060	8.4	11.3	17.3	26.3	35.2	—
450		1	135	13	0.0468	0.0424	14.8	20.1	30.7	46.6	62.5	—
		2	126	12	0.0218	0.0198	13.9	18.8	28.7	43.5	58.4	—
		4	106	13	0.0092	0.0083	11.7	15.8	24.1	36.6	49.1	—
500		1	174	14	0.0603	0.0546	—	26.0	39.6	60.1	80.6	—
		2	164	15	0.0284	0.0257	—	24.5	37.3	56.6	76.0	—
		4	144	15	0.0125	0.0113	—	21.4	32.8	49.7	66.7	—
600		1	245	17	0.0849	0.0769	—	36.5	55.8	84.6	113.5	—
		2	232	16	0.0402	0.0364	—	34.6	52.8	80.1	107.5	—
		4	222	17	0.0192	0.0174	—	33.1	50.5	76.7	102.8	—
		6	216	16	0.0125	0.0113	—	32.2	49.2	74.6	100.0	—
700		1	355	21	0.1230	0.1115	—	—	80.0	122.6	164.4	—
		2	342	21	0.0592	0.0537	—	—	77.9	118.1	158.4	—
		4	322	21	0.0279	0.0253	—	—	73.3	111.2	149.1	—
		6	304	20	0.0175	0.0159	—	—	69.2	105.0	140.8	—

续表

公称直径 DN/mm	公称压力 PN/MPa	管程数 N	管子根数 n	中心排管数	管程流通面积/m^2		计算换热面积/m^2					
							换热管长度 L/mm					
					$\phi25\times2$	$\phi25\times2.5$	1500	2000	3000	4500	6000	9000
800	0.60 1.60 2.50 4.00	1	467	23	0.1618	0.1466	—	—	106.3	161.3	216.3	—
		2	450	23	0.0779	0.0707	—	—	102.4	155.4	208.5	—
		4	442	23	0.0383	0.0347	—	—	100.6	152.7	204.7	—
		6	430	24	0.0248	0.0225	—	—	97.9	148.5	119.2	—
900		1	605	27	0.2095	0.1900	—	—	137.8	209.0	280.2	422.7
		2	588	27	0.1018	0.0923	—	—	133.9	203.1	272.3	410.8
		4	554	27	0.0480	0.0435	—	—	126.1	191.4	256.6	387.1
		6	538	26	0.0311	0.0282	—	—	122.5	185.8	249.2	375.9
1000		1	749	30	0.2594	0.2352	—	—	170.5	258.7	346.9	523.3
		2	742	29	0.1285	0.1165	—	—	168.9	256.3	343.7	518.4
		4	710	29	0.0615	0.0557	—	—	161.6	245.2	328.8	496.0
		6	698	30	0.0403	0.0365	—	—	158.9	241.1	323.3	487.7
(1100)		1	931	33	0.3225	0.2923	—	—	—	321.6	431.2	650.4
		2	894	33	0.1548	0.1404	—	—	—	308.8	414.1	624.6
		4	848	33	0.0734	0.0666	—	—	—	292.9	392.8	592.5
		6	830	32	0.0479	0.0434	—	—	—	286.7	384.4	579.9
1200		1	1115	37	0.3862	0.3501	—	—	—	385.1	516.4	779.0
		2	1102	37	0.1908	0.1730	—	—	—	380.6	510.4	769.9
		4	1052	37	0.0911	0.0826	—	—	—	363.4	47.2	735.0
		6	1026	36	0.0592	0.0537	—	—	—	354.4	475.2	716.8
(1300)	0.25 0.60 1.00 1.60 2.50	1	1301	39	0.4506	0.4085	—	—	—	449.4	602.6	908.9
		2	1274	40	0.2206	0.2000	—	—	—	440.0	590.1	890.1
		4	1214	39	0.1051	0.0953	—	—	—	419.3	562.3	848.2
		6	1192	38	0.0688	0.0624	—	—	—	411.7	552.1	832.8
1400		1	1547	43	0.5358	0.4858	—	—	—	—	716.5	1080.8
		2	1510	43	0.2615	0.2371	—	—	—	—	699.4	1055.0
		4	1454	43	0.1259	0.1141	—	—	—	—	673.4	1015.8
		6	1424	42	0.0822	0.0745	—	—	—	—	659.5	994.9
(1500)		1	1753	45	0.6072	0.5504	—	—	—	—	811.9	1224.7
		2	1700	45	0.2944	0.2669	—	—	—	—	787.4	1187.7
		4	1688	45	0.1462	0.1325	—	—	—	—	781.8	1179.3
		6	1590	44	0.0918	0.0832	—	—	—	—	736.4	1110.9
1600		1	2023	47	0.7007	0.6352	—	—	—	—	937.0	1413.4
		2	1982	48	0.3432	0.3112	—	—	—	—	918.0	1384.7
		4	1900	48	0.1645	0.1492	—	—	—	—	880.0	1327.4
		6	1884	47	0.1088	0.0986	—	—	—	—	872.6	1316.3
(1700)		1	2245	51	0.7776	0.7049	—	—	—	—	1039.8	1568.5
		2	2216	52	0.3838	0.3479	—	—	—	—	1026.3	1548.2
		4	2180	50	0.1888	0.1711	—	—	—	—	1009.7	1523.1
		6	2156	53	0.1245	0.1128	—	—	—	—	998.6	1506.3
1800		1	2559	55	0.8863	0.8035	—	—	—	—	1185.3	1787.7
		2	2512	55	0.4350	0.3944	—	—	—	—	1163.4	1755.1
		4	2424	54	0.2099	0.1903	—	—	—	—	1122.7	1693.2
		6	2404	53	0.1388	0.1258	—	—	—	—	1133.4	1679.6

注：表中的管程流通面积为各程平均值。

2. 浮头式换热器（JB/T 4714—92）

（1）内导流浮头式换热器的基本参数

DN /mm	N	d/mm				管程流通面积/m²			换热面积 A/m²							
		19	25	19	25	$d\times\delta_t$/(mm×mm)			L=3m		L=4.5m		L=6m		L=9m	
		中心排管数 n				19×2	25×2	25×2.5	19	25	19	25	19	25	19	25
325	2	60	32	7	5	0.0053	0.0055	0.0050	10.5	7.4	15.8	11.1	—	—	—	—
	4	52	28	6	4	0.0023	0.0024	0.0022	9.1	6.4	13.7	9.7	—	—	—	—
426	2	120	74	8	7	0.0106	0.0126	0.0116	20.9	16.9	31.6	25.6	42.3	34.4	—	—
400	4	108	68	9	6	0.0048	0.0059	0.0053	18.8	15.6	28.4	23.6	38.1	31.6	—	—
500	2	206	124	11	8	0.0182	0.0215	0.0194	35.7	28.3	54.1	42.8	72.5	57.4	—	—
	4	192	116	10	9	0.0085	0.0100	0.0091	33.2	26.4	50.4	40.1	67.6	53.7	—	—
600	2	324	198	14	11	0.0286	0.0343	0.0311	55.8	44.9	84.8	68.2	113.9	91.5	—	—
	4	308	188	14	10	0.0136	0.0163	0.0148	53.1	42.6	80.7	64.8	108.2	86.9	—	—
	6	284	158	14	10	0.0083	0.0091	0.0083	48.9	35.8	74.4	54.4	99.8	73.1	—	—
700	2	468	268	16	13	0.0414	0.0464	0.0421	80.4	60.6	122.2	92.1	164.1	123.7	—	—
	4	448	256	17	12	0.0198	0.0222	0.0201	76.9	57.8	117.0	87.9	157.1	118.1	—	—
	6	382	224	15	10	0.0112	0.0129	0.0116	65.6	50.6	99.8	76.9	133.9	103.4	—	—
800	2	610	366	19	15	0.0539	0.0643	0.0575	—	—	158.9	125.4	213.5	168.5	—	—
	4	588	352	18	14	0.0260	0.0305	0.0276	—	—	153.2	120.6	205.8	162.1	—	—
	6	518	316	16	14	0.0152	0.0182	0.0165	—	—	134.9	108.3	181.3	145.5	—	—
900	2	800	472	22	17	0.0707	0.0817	0.0741	—	—	207.6	161.2	279.2	216.8	—	—
	4	776	456	21	16	0.0343	0.0395	0.0353	—	—	201.4	155.7	270.8	209.4	—	—
	6	720	426	21	16	0.0212	0.0246	0.0223	—	—	186.9	145.5	251.3	195.6	—	—
1000	2	1006	606	24	19	0.0890	0.105	0.0952	—	—	260.6	206.6	350.6	277.9	—	—
	4	980	588	23	18	0.0433	0.0509	0.0462	—	—	253.9	200.4	341.6	269.7	—	—
	6	892	564	21	18	0.0262	0.0326	0.0295	—	—	231.1	192.2	311.0	258.7	—	—
1100	2	1240	736	27	21	0.1100	0.1270	0.1160	—	—	320.3	250.2	431.3	336.8	—	—
	4	1212	716	26	20	0.0536	0.0620	0.0562	—	—	313.1	243.4	421.6	327.7	—	—
	6	1120	692	24	20	0.0329	0.0399	0.0362	—	—	289.3	235.2	389.6	316.7	—	—

（2）外导流浮头式换热器的基本参数

DN/mm	N	中心排管数 n				管程流通面积/m²			A/m²	
		d/mm				$d\times\delta_t$/(mm×mm)			L=6m	
		19	25	19	25	19×2	25×2	25×2.5	19	25
500	2	224	132	13	10	0.0198	0.0229	0.0207	78.8	61.1
	4	218	124	12	10	0.0092	0.0107	0.0161	73.2	57.4
600	2	338	206	16	12	0.0298	0.0357	0.0324	118.8	95.2
	4	320	196	15	12	0.0141	0.0170	0.0154	112.4	90.6
700	2	480	280	18	15	0.0425	0.0485	0.0440	168.3	129.2
	4	460	268	17	14	0.0203	0.0232	0.0210	161.3	123.6
800	2	636	378	21	16	0.0562	0.0655	0.0594	222.6	174.0
	4	612	364	20	16	0.0271	0.0315	0.0285	214.2	167.6

续表

DN/mm	N	中心排管数 n				管程流通面积/m^2			A/m^2	
		d/mm				$d\times\delta_t$/(mm×mm)			$L=6m$	
		19	25	19	25	19×2	25×2	25×2.5	19	25
900	2	822	490	24	19	0.0726	0.0848	0.0769	286.9	225.1
	4	796	472	23	18	0.0357	0.0409	0.0365	277.8	216.7
	6	742	452	23	16	0.0217	0.0261	0.0237	259.0	207.5
1000	2	1050	628	26	21	0.0929	0.1090	0.0987	365.9	288.0
	4	1020	608	27	20	0.0451	0.0526	0.0478	355.5	278.9
	6	938	580	25	20	0.0276	0.0335	0.0301	327.0	266.0

十二、封头系列标准

公称直径 Dg /mm	曲面高度 h_1 /mm	直边高度 h_2 /mm	壁厚 S/mm		内表面积 F /m^2	容积 V /m^3	质量 G /kg
			碳钢	高合金			
300	75	25		3	0.121	0.0053	2.9
			4	4			3.88
				5			4.91
			6	6			5.89
				7			6.92
			8	8			7.97
				9			8.97
(350)	88	25		3	0.16	0.00802	3.82
			4	4			5.12
				5			6.44
			6	6			7.73
				7			9.12
				8			10.4
				9			11.8
400	100	25	3	3	0.204	0.0115	4.90
			4	4			6.53
				5			8.16
				6			9.90
				7			11.0
			8	8			13.3
				9			15.5
		40	10	10	0.223	0.0134	18.3
			12	12			22.1
			14	14			26.0
			16	16			30.0
(450)	112	25		3	0.254	0.158	6.07
			4	4			8.20
				5			10.3
			6	6			12.3
				7			14.7
				8			16.6
				9			18.6
		40		10	0.275	0.0183	22.7
				12			27.0
				14			32.0
				16			36.9
				18			42.0

续表

公称直径 Dg /mm	曲面高度 h_1 /mm	直边高度 h_2 /mm	壁厚 S/mm		内表面积 F /m^2	容积 V /m^3	质量 G /kg
			碳钢	高合金			
500	125	25		3	0.309	0.0213	7.30
			4	4			10.0
				5			12.5
			6	6			15.1
				7			17.6
			8	8			20.1
		40		9	0.333	0.0242	22.6
			10	10			27.1
			12	12			32.7
			14	14			38.5
			16	16			45.2
			18	18			50.5
		50	20	20	0.349	0.0262	59.0
600	150	25		3	0.436	0.0352	10.4
			4	4			13.8
				5			17.6
			6	6			21.2
				7			24.7
			8	8			28.3
				9			31.8
		40		10	0.464	0.0396	37.7
			10	12			46.0
			12	14			53.9
			14	16			61.5
			16	18			70.0
		50	20	20	0.483	0.0425	80.5
			22	22			83.6
			24	24			97.6
(650)	162	25		3	0.507	0.0442	12.0
			4	4			16.3
				5			20.3
			6	6			24.5
				7			28.5
			8	8			32.7
				9			36.7
		40		10	0.538	0.0493	44.0
				12			53.0
				14			62.0
			4	16			72.0
				18			80.0
		50	6	20	0.558	0.0526	93.0
				22			104
			8	24			113

续表

公称直径 Dg /mm	曲面高度 h_1 /mm	直边高度 h_2 /mm	壁厚 S/mm		内表面积 F /m²	容积 V /m³	质量 G /kg
			碳钢	高合金			
700	175	25		3	0.584	0.0545	14.0
			4	4			18.5
				5			23.4
			6	6			28.2
				7			33.0
			8	8			37.7
				9			42.6
		40	10	10	0.617	0.0603	50.3
			12	12			60.0
			14	14			71.4
			16	16			81.6
			18	18			91.6
		50	20	20	0.639	0.0642	106
			22	22			118
			24	24			130
800	200	25		3	0.754	0.0796	17.9
			4	4			23.9
				5			29.9
			6	6			36.0
				7			42.2
			8	8			48.2
				9			54.6
		40	10	10	0.792	0.0871	63.6
			12	12			77.2
			14	14			91.3
			16	16			104
			18	18			117
		50	20	20	0.814	0.0921	136
			22	22			150
			24	24			165
			26				179
900	225	25		3	0.945	0.112	22.5
			4	4			30.2
				5			38.0
			6	6			45.2
				7			52.6
			8	8			60.9
				9			68.5
		40	10	10	0.988	0.121	79.6
			12	12			97.2
			14	14			113
			16	16			129
			18	18			147
		50	20	20	1.02	0.127	168
			22	22			186
			24	24			204
			26				222
			28				

续表

公称直径 Dg /mm	曲面高度 h_1 /mm	直边高度 h_2 /mm	壁厚 S/mm		内表面积 F /m^2	容积 V /m^3	质量 G /kg
			碳钢	高合金			
1000	250	25		3	1.16	0.151	27.4
			4	4			36.7
				5			46.2
			6	6			55.5
				7			64.8
			8	8			74.1
				9			83.5
		40	10	10	1.21	0.162	97.2
			12	12			117
			14	14			137
			16	16			157
			18	18			178
		50	20	20	1.24	0.170	203
			22	22			224
			24	24			246
			26				268
			28				290
			30				311
(1100)	275	25		5	1.40	0.198	55.5
			6	6			66.8
				7			78.0
			8	8			89.2
				9			101
		40		10	1.45	0.212	116
			10	12			140
				14			164
				16			188
				18			211
		50		20	1.49	0.222	242
				22			268
				24			292
1200	300	25		5	1.65	0.255	65.1
			6	6			78.6
				7			92.2
			8	8			106
				9			118
		40	10	10	1.71	0.272	137
			12	12			165
			14	14			194
			16	16			222
			18	18			250
		50	20	20	1.75	0.283	285
			22	22			315
			24	24			344
			26				374
			28				404
			30				435
			32				466
			34				497

续表

公称直径 Dg /mm	曲面高度 h_1 /mm	直边高度 h_2 /mm	壁厚 S/mm 碳钢	壁厚 S/mm 高合金	内表面积 F /m^2	容积 V /m^3	质量 G /kg
(1300)	325	25	6	6	1.93	0.321	91.6
				7			108
			8	8			123
				9			138
		40	10	10	1.99	0.341	159
				12			192
				14			224
				16			258
				18			289
		50		20	2.03	0.354	330
				22			363
				24			398
1400	350	25	6	6	2.23	0.398	106
				7			124
			8	8			142
				9			160
		40	10	10	2.29	0.421	184
			12	12			221
			14	14			258
			16	16			296
			18	18			334
		50	20	20	2.33	0.436	380
			22	22			420
			24	24			458
			26				498
			28				538
			30				579
			32				629
			34				659
			36				702
			38				743
(1500)	375	25	6	6	2.55	0.487	121
				7			142
			8	8			162
				9			183
		40	10	10	2.62	0.513	209
				12			252
				14			295
				16			338
				18			380
		50		20	2.67	0.530	431
				22			475
				24			520

续表

公称直径 Dg /mm	曲面高度 h_1 /mm	直边高度 h_2 /mm	壁厚 S/mm		内表面积 F /m^2	容积 V /m^3	质量 G /kg
			碳钢	高合金			
1600	400	25	6	6	2.89	0.587	
				7			
			8	8			
				9			
		40	10	10	2.97	0.617	
			12	12			
			14	14			
			16	16			
			18	18			
		50	20	20	3.02	0.637	
			22	22			
			24	24			
			26				
			28				
			30				
			32				
			34				
			36				
1700	425	25		6	3.25	0.70	153.7
				7			179.5
			8	8			205.3
				9			231.3
		40	10	10	3.34	0.734	263.6
			12	12			317.0
				14			370.7
				16			424.6
				18			478.8
		50		20	3.39	0.757	541.6
				22			597.1
				24			652.9
				26			708.9
				28			765.1
				30			821.5
				32			876.3
				34			935.2
				36			992.4
				38			1049.9
				40			1107.6
				42			1165.5
1800	450	25		6	3.64	0.826	171.8
				7			200.6
			8	8			229.6
				9			258.5
		40	10	10	3.73	0.866	294.3
			12	12			353.9
			14	14			413.7
			16	16			473.9
			18	18			534.2
		50	20	20	3.78	0.889	603.8
			22	22			665.6
			24	24			727.7
			26	26			790.0

续表

公称直径 Dg /mm	曲面高度 h_1 /mm	直边高度 h_2 /mm	壁厚 S/mm		内表面积 F /m^2	容积 V /m^3	质量 G /kg
			碳钢	高合金			
1900	475	25		8	4.05	0.971	255.1
				10			319.6
				12			384.3
		40		14	4.14	1.01	459.2
				16			525.8
				18			592.7
				20			659.9
2000	500	25	8	8	4.48	1.13	282.1
				9			317.6
		40	10	10	4.57	1.18	360.7
			12	12			433.7
			14	14			506.9
			16	16			580.5
			18	18			654.3
			20	20			728.4
		50	22	22	4.63	1.20	813.7
			24	24			889.4
			26				959.2
			28				1041.6
(2100)	525	40	6		5.03	1.36	237.0
			8				316.6
			10				396.4
			12				476.6
			14				557.1
			16				637.8
2200	550	25	6		5.4	1.49	254.5
			8				340.0
			10				425.7
			12				511.8
			14				598.1
		40	16		5.5	1.54	698.0
			18				786.5
			20				875.4
		50	22		5.57	1.58	976.7
			24				1067.4
2300	575	40	10		6.00	1.76	473
			12				568.6
			14				664.4
			16				760.6
2400	600	25	6		6.41	1.93	302.0
			7				352.6
			8				403.3
			9				454.1
		40	10		6.52	2.00	513.9
			12				617.7
			14				721.8
			16				826.3
			18				931.0
			20				1036.2
		50	22		6.60	2.05	1154.8
			24				1261.8
			26				1369.1
			28				1476.8
			30				1584.8

续表

公称直径 Dg /mm	曲面高度 h_1 /mm	直边高度 h_2 /mm	壁厚 S/mm		内表面积 F /m^2	容积 V /m^3	质量 G /kg
			碳钢	高合金			
2600	650	25	6		7.50	2.43	353.5
			7				412.7
			8				472.0
			9				531.5
		40	10		7.63	2.51	600.6
			12				721.8
			14				843.4
			16				965.3
			18				1087.6
		50	20		7.71	2.56	1223.2
			22				1347.5
			24				1472.1
			26				1597.2
			28				1722.6
			30				1848.4
2800	700	40	10		8.82	3.12	694.1
			12				834.0
			14				974.4
			16				1115.1
			18				1256.3
		50	20		8.91	3.18	1411.7
			22				1555.6
			24				1692.3
			26				1842.9
			28				1987.3
3000	750	40	10		10.1	3.82	794.3
			12				954.3
			14				1114.9
			16				1275.8
			18				1437.1
		50	20		10.2	3.89	1613.8
			22				1777.4
			24				1941.5
			26				2106.1
			28				2271.0
3200	800	40	12		11.5	4.61	1087.8
			14				1264.8
			16				1447.2
			18				1630.1
		50	20		11.6	4.96	1829.3
			22				2014.7
			24				2200.5
			26				2386.8
3400	850	50	20		13.0	5.60	2058.4
			22				2266.8
			24				2475.7

续表

公称直径 Dg /mm	曲面高度 h_1 /mm	直边高度 h_2 /mm	壁厚 S/mm		内表面积 F /m^2	容积 V /m^3	质量 G /kg
			碳钢	高合金			
3600	900	50	20		14.6	6.62	2301.0
			22				2533.8
			24				2767.6
3800	950	50	20		16.2	7.75	2557.0
			22				2815.6
			24				3074.8
4000	1000	50	20		17.9	9.02	3112.3
			22				3398.6
			24				3685.4

注:1. 表中带括号的公称直径应尽量不用。

2. 厚度系指成形前的钢板厚度规格。

3. 质量按材料密度为7.85kg/cm^3计算。

参考文献

[1] 中国石化集团上海工程有限公司．化工工艺设计手册．北京：化学工业出版社，2009.

[2] 上海化学工业设计院医药农药工业设计建设组．化工工艺设计手册．北京：化学工业出版社，1996.

[3] 《化学工程手册》编辑委员会．化学工程手册．北京：化学工业出版社，1991.

[4] 时钧，汪家鼎，等．化学工程手册．北京：化学工业出版，1996.

[5] 朱有庭．化工设备设计手册．北京：化学工业出版社，2005.

[6] 向寓华．化工容器与设备．北京：高等教育出版社，2009.

[7] 姚玉英．化工原理．天津：天津科学技术出版社，2004.

[8] 涂伟萍，陈佩珍，程达芬．化工过程及设备设计．北京：化学工业出版社，2000.

[9] 贾绍义，柴诚敬．化工原理课程设计．天津：天津大学出版社，2002.

[10] 路秀林，王者相．塔设备．北京：化学工业出版社，2004.

[11] 李功样、陈兰英、崔英德．常用化工单元设备设计．广州：华南理工大学出版社，2003.

[12] 贾绍义．化工传质与分离过程．北京：化学工业出版社，2001.

[13] 谭天恩，麦本熙，丁惠华．化工原理．北京：化学工业出版社，1990.

[14] 蔡建国，周永传．轻化工设备及设计．北京：化学工业出版社，2007.

[15] 王卫东．化工原理课程设计．北京：化学工业出版社，2011.

[16] 任晓光，宋永吉，李翠清．化工原理课程设计指导．北京：化学工业出版社，2011.

[17] 伍钦，梁坤．板式精馏塔设计．北京：化学工业出版社，2010.

[18] 姚平经．全过程系统能量优化综合．大连：大连理工大学出版社，2000.

[19] 天津大学物理化学教研室．物理化学．北京：高等教育出版社，2010.

[20] 董其伍，张垚，等．换热器．北京：化学工业出版社，2009.

[21] 钱颂文．换热器设计手册．北京：化学工业出版社，2002.

[22] Kuppan T. 换热器设计手册．钱颂文，廖景娱，邓先和，等．译．北京：中国石化出版社，2004.

[23] 马江权，冷一欣．化工原理课程设计．北京：中国石化出版社，2010.

[24] 于才源，王宝和，王喜忠．干燥设计手册．北京：化学工业出版社，2004.

[25] 刘广文．干燥设备设计手册．北京：机械工业出版社，2009.

[26] 厉玉鸣．化工仪表及自动化．北京：化学工业出版社，2010.

[27] 黄璐，王保国．化工设计．北京：化学工业出版社，2004.

[28] GB/T 14689—2008 技术制图 图纸幅面和格式．

[29] GB/T 10609.2—2009 技术制图 明细栏．

[30] HG/T 20519—2009 化工工艺设计施工内容和深度统一规定．